U0221294

电力设备腐蚀与防护

Corrosion and Protection of Electric Power Equipment

谢学军 等 编著

科学出版社

北京

内 容 简 介

全书贯穿应用腐蚀基本原理研究解决火力发电设备、核能发电设备、水力及其他新能源发电设备和输变电设备问题的学术思想,对于火力发电设备、核能发电设备、水力及其他新能源发电设备和输变电设备所发生的腐蚀,从腐蚀发生的原因、部位、特点、机理、影响因素和防护方法进行系统、全面、深入的介绍。

本书不但可用作应用化学、能源化学工程、水质科学与技术等专业本科生和应用化学、化学工艺等学科研究生的教材,也可作为电力企事业单位从事电力化学相关工作的技术、管理人员的参考用书。

图书在版编目(CIP)数据

电力设备腐蚀与防护 =Corrosion and Protection of Electric Power Equipment/
谢学军等编著. —北京:科学出版社,2019.6
　　ISBN 978-7-03-061288-5

　　Ⅰ.①电… Ⅱ.①谢… Ⅲ.①电力设备-防腐 Ⅳ.①TM4

中国版本图书馆CIP数据核字(2019)第100075号

责任编辑:刘翠娜　纪四稳/责任校对:王瑞
责任印制:师艳茹/封面设计:无极书装

科 学 出 版 社 出版
北京东黄城根北街 16 号
邮政编码:100717
http://www.sciencep.com
保定市中画美凯印刷有限公司 印刷
科学出版社发行　各地新华书店经销
*
2019 年 6 月第 一 版　开本:720×1000　1/16
2019 年 6 月第一次印刷　印张:18 1/2
字数:356 000
定价:118.00 元
(如有印装质量问题,我社负责调换)

前　　言

　　本书内容分为五部分，涵盖金属腐蚀的定义、特点、危害、防护方法和几乎所有发、供电设备的腐蚀与防护。各部分内容既环环相扣，又相对独立成篇。

　　第一部分也就是第一章，介绍金属腐蚀的定义、分类、特点、危害、防护方法；第二部分即第二章到第九章，介绍火力发电设备的腐蚀与防护，包括火力发电机组热力设备的氧腐蚀与防护、火力发电机组热力设备运行时的酸性腐蚀与防护、火力发电机组钢制热力设备的应力腐蚀与防护、火力发电机组的水化学工况与水汽品质监督、火力发电机组热力设备烟气侧的腐蚀与防护、汽轮机的腐蚀与防护、凝汽器的腐蚀与防护、发电机内冷水系统的腐蚀与防护；第三部分是第十章，介绍压水堆核电站第一回路结构材料的腐蚀与防护；第四部分是第十一章，介绍水力及其他新能源发电设备的腐蚀与防护；第五部分是第十二章，介绍输变电设备的腐蚀与防护，包括输变电线路和变电站地上、地下设备的腐蚀与防护。

　　本书反映了腐蚀防护学科的最新进展，特别是热力设备的腐蚀及其防护的最新原理和方法，做到电力设备腐蚀与防护内容全面、基本理论既经典又推陈出新、技术既先进又实用。

作　者
2019 年 1 月

目　　录

第一章　金属腐蚀与防护基本原理

第一节　金属腐蚀的定义

"腐蚀(corrosion)"一词源自拉丁文"corrdere"，原意是"腐烂"、"损坏"，是指材料在其周围环境的作用下发生变质或破坏的现象。

一些学者曾对腐蚀下过其他定义，例如：①腐蚀是材料与环境反应而发生的损坏或变质；②腐蚀是除了单纯机械破坏之外的一切破坏；③腐蚀是冶金的逆过程；④腐蚀是材料与环境的有害反应等。以上定义除了③外，其所指的材料，包括金属材料和非金属材料，即各种金属与合金，陶瓷、塑料、橡胶和其他非金属材料。

本书只讨论金属腐蚀，不涉及非金属腐蚀。考虑到金属腐蚀的本质，通常把金属腐蚀定义为金属与周围环境(介质)之间的化学或电化学作用引起的变质或破坏。

金属腐蚀是发生在金属与介质界面上的复杂多相反应，破坏总是从金属表面逐渐向内部深入的。因此，金属在发生腐蚀时，一般同时发生外貌变化，如表面有溃疡斑、小孔、腐蚀产物或金属材料变薄等；金属的机械性能、组织结构也发生变化，如金属变脆、强度降低、金属中某种元素的含量发生变化或金属组织结构发生相变等。要特别指出的是，金属还没有腐蚀到严重变质或破坏的程度时，已经足以造成设备损坏或事故。

众所周知，金属材料在使用过程中常见的破坏形式除了腐蚀，还有断裂和磨损。断裂是指金属构件受力超过其弹性极限、塑性极限而发生的破坏。断裂使构件失效，但金属材料还可重新熔炼再用。磨损是指金属表面与其相接触的物体或与周围环境发生相对运动(摩擦)而产生的损耗或破坏。有时磨损了的零件可以修复。腐蚀与磨损经常同时存在，甚至难以区分。

金属腐蚀是在金属学、物理化学、电化学、工程力学等学科基础上发展起来的，融合了多门学科的新兴边缘学科。金属腐蚀的主要研究内容如下：

(1)研究和了解金属材料与环境介质作用的普遍规律，既从热力学角度研究金属腐蚀进行的可能性，也从动力学角度研究腐蚀进行的速度和机理。

(2)研究在各种条件下控制或防止设备腐蚀的措施。

(3)研究和掌握金属腐蚀测试技术，发展腐蚀的现场监控方法等。

从热力学的角度看，金属腐蚀是一个自发的过程，是难以避免的(因为腐蚀反应 Me$-ne^-\longrightarrow$Me^{n+}一般在等温等压条件下发生，其$\Delta G<0$）。因此，无论是人们的日常生活用具，还是生产设备或设施都普遍存在腐蚀问题。可以说有金属存在的地方，就有可能发生腐蚀。金属腐蚀问题遍及国民经济的各个领域、各行各业，包括冶金、化工、能源、矿山、交通、机械、航空航天、信息、农业、食品、医药、海洋开发和基础设施等，都存在腐蚀。例如，经常听说的石油、化工、电力等行业的跑、冒、漏、滴现象，许多就是金属被腐蚀而产生的后果。电力系统经常说的"四管爆漏"、凝汽器泄漏，许多也是金属被腐蚀产生的后果。

第二节 金属腐蚀的分类

金属腐蚀是一个十分复杂的过程，因此金属腐蚀的分类方法也是多样的，这里只介绍几种常用的分类方法。

一、按腐蚀机理分类

根据腐蚀机理，即腐蚀过程中发生的反应是化学反应还是电化学反应，把金属腐蚀分为化学腐蚀（chemical corrosion）和电化学腐蚀（electrochemical corrosion）。

金属腐蚀过程中发生的反应都是氧化还原反应，都有电子得失，其中金属失电子被氧化发生氧化反应，氧化剂如 O_2 或 H^+等得电子被还原发生还原反应。得失电子产生电流的氧化还原反应称为电化学反应，产生的腐蚀称为电化学腐蚀；非氧化还原反应和得失电子但不产生电流的氧化还原反应称为化学反应，产生的腐蚀称为化学腐蚀。显然，化学腐蚀和电化学腐蚀的区别是腐蚀过程中是否有电流产生。

1. 化学腐蚀

化学腐蚀是指金属表面与非电解质直接发生化学作用而引起的变质或破坏。

化学腐蚀的特点：①电子的传递在金属与非电解质中的氧化剂之间直接进行，即金属表面的原子与非电解质中的氧化剂直接发生氧化还原反应，形成腐蚀产物。②腐蚀过程中没有电流产生。化学腐蚀在非电解质中发生，由于非电解质不导电，所以不可能产生电流。但金属化学腐蚀过程中发生的也是氧化还原反应，也有电子的得失，只是电子的传递在金属与氧化剂之间直接进行。

实际上，单纯化学腐蚀的例子是较少见的。一般金属在干燥气体和有机介质中的腐蚀，如高温氧化、温度在露点以上的锅炉烟气侧腐蚀、过热蒸汽腐蚀、石油输送管部件的腐蚀、天然气管腐蚀、金属钠在氯化氢气体中的腐蚀等，都属于化学腐蚀，但这些腐蚀往往因介质中含有少量水分而使化学腐蚀转变为电化学腐蚀。

2. 电化学腐蚀

电化学腐蚀是指金属表面与通过离子导电的介质发生电化学作用而产生的破坏，如锅炉水侧的腐蚀。任何以电化学反应机理进行的腐蚀反应，至少包含一个氧化反应(即阳极反应)和一个还原反应(即阴极反应)，流过金属内部的电子流和介质中的离子流形成回路。阳极反应是金属离子从金属转移到介质中并放出电子的氧化过程；阴极反应是介质中的氧化剂组分吸收来自阳极的电子的还原过程。例如，碳钢在酸液中腐蚀时，在阳极区铁被氧化为 Fe^{2+}，所放出的电子由阳极(Fe)流至钢中的阴极(Fe_3C)，H^+ 吸收电子而还原成氢气，所发生的反应如下。

阳极反应为

$$Fe \longrightarrow Fe^{2+} + 2e^-$$

阴极反应为

$$2H^+ + 2e^- \longrightarrow H_2 \uparrow$$

总反应为

$$Fe + 2H^+ \longrightarrow Fe^{2+} + H_2 \uparrow$$

金属腐蚀时发生氧化还原反应、得失电子，怎么会产生电流呢？是因为形成了原电池。

原电池是把化学能转化为电能的装置，如铜锌原电池。铜锌原电池的工作过程是锌失去电子被氧化变成 Zn^{2+}，是原电池的负极(阳极)；铜是原电池的正极(阴极)，硫酸电离产生的氢离子(H^+)在正极得电子，被还原成氢原子(H)。在原电池工作期间，作为负极的锌不断被腐蚀，溶液中的 H^+ 不断在正极被还原；流过金属内部的电子流和流过电解质的离子流形成电流回路。这样，金属腐蚀发生氧化还原反应，得失电子，产生电流，原电池的化学能转化为电能。

构成原电池的条件：一是有活泼性不同的两个电极，如活泼性不同的两种金属或一种金属和一种导电非金属；二是两电极都接触酸、碱、盐、工业水等电解质溶液；三是形成闭合回路。也就是说，活泼性不同的两种金属或一种金属和一种导电非金属在酸、碱、盐、工业水等电解质溶液中接触，形成闭合回路，活泼的金属就会失电子、遭受腐蚀，并有其他物质，如氧、H^+ 等得电子，电子、离子定向移动形成电流。

综上所述，金属的电化学腐蚀是指不纯的金属或合金接触到电解质溶液后发生原电池反应，比较活泼的金属失电子而被氧化的过程。

　　由此可见，电化学腐蚀的特点在于腐蚀过程可分为两个相对独立、同时进行的阴极反应和阳极反应过程；阳极反应和阴极反应在被腐蚀金属表面上不同区域（阳极区和阴极区）进行，腐蚀反应过程中通过电子的传递（从阳极区流向阴极区）和离子的定向移动产生电流。

　　这种因电化学腐蚀而产生的电流与反应物质的转移量即金属被腐蚀的物质的量，可通过法拉第定律定量地联系起来，即对于金属腐蚀，金属被腐蚀的物质的量与其腐蚀过程中失电子而形成的电量成正比。

　　但实际发生电化学腐蚀时，其产生的电流一般都不可利用，因为电流是电子通过金属从阳极区流向阴极区产生的。也就是说，电化学腐蚀实际上是短路原电池反应的结果，这种原电池又称为腐蚀原电池，在腐蚀过程中腐蚀原电池反应所释放出来的化学能，刚转化为电能，就马上全部以热能形式散失，不能产生任何有用功，原电池反应的结果只是金属被腐蚀破坏。

　　而且，一般实际的电化学腐蚀是从无数微小的原电池反应开始的；作为负极的较活泼金属不断被腐蚀，不活泼的其他材料则被保护，并伴有微电流产生。但这些原电池都是短路的，因为这些原电池的阴极和阳极，即正极和负极都直接连接在一起。

　　电化学腐蚀是最普遍、最常见的腐蚀，自然环境中金属的腐蚀大部分是金属本身既是阳极即负极，也是阴极即正极，其中电位较低的部位是阳极，电位较高的部位是阴极。阳极金属失电子被氧化形成金属离子，水溶液中的氢离子或溶解在水中的氧在阴极得电子被还原，其中阴极是氢离子得电子被还原的，称为析氢腐蚀，阴极是氧得电子被还原的，称为吸氧或耗氧腐蚀，如钢铁在自然环境中的电化学析氢腐蚀、吸氧（或耗氧）腐蚀。

　　自然环境中金属（用 Me 表示，失去 n 个电子后的化合价为 $+n$）的电化学腐蚀可表示为：

　　负（阳）极金属被氧化，发生氧化反应 $Me-ne^- \longrightarrow Me^{n+}$；正（阴）极上得电子物质被还原，发生还原反应 $2H^++2e^- \longrightarrow H_2\uparrow$（析氢腐蚀）或 $2H_2O+O_2+4e^- \longrightarrow 4OH^-$（吸氧或耗氧腐蚀）（$n$ 有确定值后，阴、阳极或正、负极反应的得失电子数要相等）。

　　因为钢铁中含有少量碳等杂质，在潮湿空气中钢铁表面会形成一层电解质溶液薄膜，所以金属接触电解质溶液后，较活泼的金属铁被氧化而腐蚀（$Fe-2e^- \longrightarrow Fe^{2+}$），溶液中的氢离子或氧则在碳（阴极）上得到电子被还原，分别发生析氢、吸氧（或耗氧）腐蚀。

发生析氢腐蚀的原因是钢铁处在潮湿空气环境中，并且其表面形成了酸性水膜。水膜之所以呈酸性，是因为空气中的二氧化碳、二氧化硫等溶入水膜并电离产生了氢离子，反应式为

$$H_2O + CO_2(SO_2) \rightleftharpoons H_2CO_3(H_2SO_3) \rightleftharpoons H^+ + HCO_3^-(HSO_3^-)$$

析氢腐蚀的负极反应为

$$Fe - 2e^- \longrightarrow Fe^{2+}$$

正极反应为

$$2H^+ + 2e^- \longrightarrow H_2\uparrow$$

总反应为

$$Fe + 2H^+ \longrightarrow Fe^{2+} + H_2\uparrow$$

所以，钢铁发生析氢腐蚀的条件是钢铁处在潮湿空气中，其表面形成酸性水膜。钢铁发生析氢腐蚀的特点是有氢气产生。

钢铁发生吸氧腐蚀的原因是处在潮湿空气中的钢铁表面所形成的水膜中溶有空气中的氧。吸氧腐蚀的负极反应为

$$Fe - 2e^- \longrightarrow Fe^{2+}$$

正极反应为

$$H_2O + \frac{1}{2}O_2 + 2e^- \longrightarrow 2OH^-$$

总反应为

$$Fe + H_2O + \frac{1}{2}O_2 \longrightarrow Fe^{2+} + 2OH^- \text{（或 } Fe(OH)_2)$$

后续反应可能形成橙色的 γ-FeOOH、黄色的 α-FeOOH、黑色的 Fe_3O_4 和砖红色的 Fe_2O_3 等，这是由铁的不同腐蚀产物的物理性质决定的。因为 $Fe(OH)_2$ 在有氧的环境中不稳定，一方面在室温下可通过反应 $Fe(OH)_2 \longrightarrow \gamma$-FeOOH/$\alpha$-FeOOH/$Fe_3O_4$，变为橙色的 γ-FeOOH，或黄色的 α-FeOOH，或黑色的 Fe_3O_4；另一方面 $Fe(OH)_2$ 可通过反应 $4Fe(OH)_2 + 2H_2O + O_2 \longrightarrow 4Fe(OH)_3$ 被氧化为 $Fe(OH)_3$，$Fe(OH)_3$ 再通过反应 $2Fe(OH)_3 \longrightarrow (3-n)H_2O + Fe_2O_3 \cdot nH_2O$ 失水变成砖红色的 Fe_2O_3。橙色的 γ-FeOOH、黄色的 α-FeOOH、黑色的 Fe_3O_4、砖红色的 Fe_2O_3，都是铁锈的组成成分。

常温下，一般开始看到的是黄色或橙色的铁锈，过一段时间则看到表面的是砖红色的铁锈，表层是黑色的。

一个有趣的吸氧腐蚀试验是将腐蚀液 $\{NaCl+K_3[Fe(CN)_6]+酚酞\}$ 滴在光滑碳钢片上，则碳钢片中央变蓝、边缘变红。碳钢片中央变蓝，是因为中央液层厚，扩散进来的 O_2 少，此处铁作为阳极失电子变成亚铁离子（$Fe-2e^- \longrightarrow Fe^{2+}$），$Fe^{2+}$ 遇 $[Fe(CN)_6]^{3-}$ 变蓝；碳钢片边缘变红，是因为边缘液层薄，扩散进来的 O_2 多，此处铁为阴极，O_2 在此处得电子变成 OH^-（$H_2O+1/2O_2+2e^- \longrightarrow 2OH^-$），生成的 OH^- 使酚酞变红。

所以，钢铁发生吸氧腐蚀的条件是钢铁处在弱酸性或中性有氧环境中，钢铁发生吸氧腐蚀的特点是有氧气参与反应。

比较钢铁发生的析氢腐蚀和吸氧腐蚀，发现二者的差异主要是水膜的性质不同和阴极得电子发生还原反应的物质不同。析氢腐蚀的水膜呈酸性，氢离子得电子，吸氧或耗氧腐蚀的水膜呈弱酸性或中性，氧得电子；析氢腐蚀和吸氧腐蚀的共同点是阳极反应都是铁失电子被氧化成二价铁离子，析氢腐蚀和吸氧或耗氧腐蚀的联系是两种腐蚀通常同时发生，但吸氧或耗氧腐蚀更普遍，因为呈酸性的水膜中往往溶有氧。

3. 电化学腐蚀与化学腐蚀的比较

化学腐蚀发生的条件是金属与非电解质直接接触，电化学腐蚀发生的条件是不纯金属或合金与电解质溶液接触；化学腐蚀过程中无电流产生，电化学腐蚀过程中有微弱电流产生；化学腐蚀受温度影响较大，电化学腐蚀受电解质影响较大；化学腐蚀的本质是金属被氧化，电化学腐蚀的本质是较活泼金属被氧化。化学腐蚀和电化学腐蚀往往同时发生，但电化学腐蚀更普遍，腐蚀速度更快。

二、按腐蚀形态分类

按腐蚀形态分类，即根据金属被腐蚀之后的外观特征，也就是金属被破坏的形貌如何来对腐蚀进行分类。一般根据金属被破坏的基本特征，把腐蚀分为全面腐蚀（general corrosion）和局部腐蚀（local corrosion）两大类。

1. 全面腐蚀

全面腐蚀是腐蚀发生在整个金属表面，或金属表面几乎全面遭受腐蚀，它可能是均匀的（称为均匀腐蚀），也可能是不均匀的。全面腐蚀的特征是腐蚀分布在整个金属表面，结果是金属构件截面尺寸减小，直至完全破坏。

纯金属和成分、组织均匀的合金在均匀的介质环境中表现出全面腐蚀形态，例如，碳钢在非氧化性盐酸溶液中通常发生均匀腐蚀。全面腐蚀，尤其是均匀腐蚀的危险性，相对而言比较小，因为若知道了金属材料的腐蚀速度和设备的使用寿命，则可估算出材料的腐蚀容差，并在设计时将其考虑在内，如加大厚度。

2. 局部腐蚀

局部腐蚀是腐蚀集中在金属表面局部区域，即金属表面只有一部分遭受腐蚀，而其他大部分表面几乎不腐蚀。局部腐蚀的特征是，局部腐蚀有明晰固定的腐蚀电池阳极区、阴极区，阳极区的面积相对较小；局部腐蚀的电化学过程具有自催化性。

腐蚀事例中局部腐蚀占 80% 以上，工程中的重大突发腐蚀事故多是由局部腐蚀造成的。常见的局部腐蚀形态有八种，即电偶腐蚀(galvanic corrosion)、点蚀(pitting corrosion)、缝隙腐蚀(crevice corrosion)、晶间腐蚀(intergranular corrosion)、选择性腐蚀(selective corrosion)、磨损腐蚀(erosion corrosion)、应力腐蚀(stress corrosion)和氢损伤(hydrogen damage)。

三、按腐蚀环境分类

根据腐蚀环境不同，金属腐蚀可分为干腐蚀(dry corrosion)、湿腐蚀(wet corrosion)、熔盐腐蚀(fused salt corrosion)和有机介质中的腐蚀(corrosion in the organic medium)。

1. 干腐蚀

干腐蚀是金属在干燥气体介质中发生的腐蚀，主要是指金属与环境介质中的氧反应而生成金属氧化物，又称为金属的氧化。例如，煤粉在炉膛内燃烧产生的烟气是干燥的，水冷壁管、过热器管、再热器管、省煤器管外壁发生的高温氧化，即干腐蚀。

2. 湿腐蚀

湿腐蚀是金属在潮湿环境和含水介质中发生的腐蚀，包括自然环境中的腐蚀和工业介质中的腐蚀，自然环境中的腐蚀有大气腐蚀(atmosphere corrosion)、土壤腐蚀(soil corrosion)、海水腐蚀(corrosion in sea water)等，工业介质中的腐蚀有酸、碱、盐溶液和工业水中的腐蚀等。

3. 熔盐腐蚀

熔盐腐蚀是金属在熔融盐中发生的腐蚀，如锅炉烟气侧的高温硫酸盐腐蚀。

4. 有机介质中的腐蚀

有机介质中的腐蚀是指金属在无水的有机液体和气体(非电解质)中的腐蚀,如铝在四氯化碳、三氯甲烷等卤代烃中的腐蚀,以及铝在乙醇中、镁和钛在甲醇中的腐蚀等。

第三节　金属腐蚀速度的表示方法

金属受到腐蚀后,其外形、厚度、质量、机械性能、金相组织等都会发生变化。这些性能的变化率都可用来表示金属腐蚀的程度,即腐蚀速度。腐蚀速度通常用单位时间内单位表面耗损的金属质量或厚度表示,也可以用电流密度表示。

一、用单位时间内单位表面耗损的金属质量或单位时间内耗损的金属厚度表示腐蚀速度

1. 用单位时间内单位表面耗损的金属质量表示腐蚀速度

这种表示方法是把腐蚀耗损的金属质量换算成单位时间内单位金属表面质量的变化值。失重值是金属腐蚀前的质量与清除腐蚀产物后质量间的差值;增重值是金属腐蚀后带有腐蚀产物的质量与腐蚀前质量间的差值。

一般用单位时间内单位表面的失重表示腐蚀速度:

$$\upsilon^- = (m_0 - m_1)/(At)$$

式中, υ^-——腐蚀速度(以失重表示), $g/(m^2 \cdot h)$;

m_0——金属腐蚀前的初始质量, g;

m_1——金属腐蚀后已去除腐蚀产物的质量, g;

A——金属的表面积, m^2;

t——腐蚀进行的时间, h。

如果腐蚀产物牢固附着在金属表面不易去除,也可用单位时间内单位表面的增重表示腐蚀速度:

$$\upsilon^+ = (m_2 - m_0)/(At)$$

式中, υ^+——腐蚀速度(以增重表示), $g/(m^2 \cdot h)$;

m_2——金属腐蚀后带有腐蚀产物的质量, g。

2. 用单位时间内耗损的金属厚度表示腐蚀速度

用单位时间内耗损的金属厚度表示腐蚀速度，可通过下式计算：

$$v_t=(\bar{v}\times365\times24)\times10/[(100)^2\times\rho]=(\bar{v}\times8.76)/\rho$$

式中，v_t——以单位时间内耗损的金属厚度表示的腐蚀速度，mm/a；

ρ——金属的密度，g/cm³。

用单位时间内耗损的金属厚度表示腐蚀速度是将一定时间内金属均匀腐蚀耗损的质量，通过质量、体积(厚度×面积)、密度之间的关系，换算成单位时间内的厚度损失。

腐蚀速度用单位时间内耗损的金属厚度表示，也可通过直接测量一定时间内局部腐蚀损失的厚度得到，单位一般也是 mm/a。

对于均匀腐蚀，用单位时间内耗损的金属厚度表示腐蚀速度时，可粗略分为三级以评定金属材料在介质中的耐蚀性(表 1-1)。注意，不能用此方法评定局部腐蚀。

表 1-1　金属材料在介质中的耐蚀性

耐蚀性评定	耐蚀性等级	年腐蚀厚度/(mm/a)
耐蚀	1	<0.1
一般(可采用)	2	0.1~1.0
不耐蚀(不可采用)	3	>1.0

二、用电流密度表示电化学腐蚀速度

对于电化学腐蚀，腐蚀速度除了可用单位时间内单位面积上金属被腐蚀的质量，或单位时间内金属被腐蚀的厚度表示外，通常还可以用电流密度(单位面积上通过的电流强度)来表示，即用电流密度表示电化学腐蚀速度。

在金属的电化学腐蚀过程中，被腐蚀的金属作为阳极，发生氧化反应不断被溶解，同时释放出电子。释放出的电子数量越多，即输出的电量越多，意味着金属被溶解的量越多。显然，金属电极上输出的电量与金属电极的溶解量之间存在定量关系，这个定量关系就是法拉第定律(Faraday's law)。

根据法拉第定律，当电极上有 1F 电量(1F=96484.6C/mol)通过时，电极上参加反应的物质的量恰好是 1mol(以 Na 计)。例如，当电极通过 1F 的电量时，电极上阳极溶解或阴极沉积的金属的量就正好是 1mol(以 Na 计)；如果电极上发生的是 H^+ 的阴极还原过程，那么就有 1mol(以 Na 计)的氢气析出。因此，根据通过的电量，可以计算出溶解或析出的物质的质量：

$$m = QM/(Fn)$$

式中，m——电极上溶解或析出的物质的质量，g；

　　　　Q——电极上流过的电量，C；

　　　　M——反应物质的摩尔质量，g/mol；

　　　　n——反应物质的得失电子数；

　　　　F——法拉第常数，为 96484.6C/mol。

已知 $Q=It$，将 $Q=It$ 代入 $m=QM/(Fn)$，得

$$I = nFm/(Mt)$$

式中，I——电流强度，A；

　　　　t——反应时间（通电时间），s。

由上式可以看出，流过电极的电流强度与单位时间内电极上溶解或析出的物质的摩尔数成正比。然而，电化学反应的速度是用单位时间单位电极表面上溶解或析出的物质的质量来表示的，因此更实用的是用电流密度来表示金属腐蚀的速度：

$$i = I/A = nFm/(AMt)$$

式中，i——电流密度（单位面积上通过的电流强度），$\mu A/cm^2$；

　　　　A——金属腐蚀部位的面积，cm^2。

根据以上讨论，可推导出金属电化学腐蚀速度的电流指标、质量指标和厚度指标之间的关系。

因为

$$\bar{\upsilon} = m/(At), \quad \upsilon_t = \bar{\upsilon}/\rho, \quad i = I/A = nFm/(AMt)$$

所以

$$i = (nF)(1/M)\bar{\upsilon}$$

$$\bar{\upsilon} = (M/nF)i$$

$$\upsilon_t = M/(nF\rho)i$$

注意，如果上述各式中的参数采用的单位与前面注明的单位不同，则具体表达式中的系数不一样，例如，$\bar{\upsilon}$ 的单位还可以是 $g/(m^2 \cdot d)$ 或 $mg/(dm^2 \cdot d)$；υ_t 的单位还可以是 mm/a 或 in/a（1in=2.54cm）；i 的单还可以是 A/m^2 或 $\mu A/cm^2$。

当 $\bar{\upsilon}$ 的单位为 $g/(m^2 \cdot d)$、i 的单位为 $\mu A/cm^2$ 时，有

$$\bar{\upsilon} = 8.95 \times 10^{-3} iM/n$$

当 $\bar{\upsilon}$ 的单位为 $mg/(dm^2 \cdot d)$、i 的单位为 $\mu A/cm^2$ 时，有

$$\bar{\upsilon}=8.95\times10^{-2}iM/n$$

第四节　金属腐蚀防护的重要性

腐蚀问题不仅极其广泛，而且所造成的危害非常严重。腐蚀造成的危害可以从腐蚀导致巨大的经济损失、资源和能源的严重浪费、环境损害和社会危害，以及腐蚀阻碍新技术的应用和发展四个方面来认识。

一、腐蚀导致巨大的经济损失

据统计，腐蚀带来的经济损失比自然灾害带来的损失之和还要大，由此可知腐蚀损失之巨大。

发达国家的统计数字表明，腐蚀造成的直接经济损失占其国民生产总值（gross national product，GNP）的 3.0%～4.2%。例如，1995 年美国腐蚀导致的损失为 3000 亿美元，占 GNP 的 4.2%。发展中国家的腐蚀损失比例更大，例如，我国 2000 年的腐蚀损失超过 600 亿美元（约合 5000 亿元人民币），约占 GNP 的 6%。

二、腐蚀导致资源和能源的严重浪费

由于腐蚀，大量得之不易的有用材料变成了废料。

就腐蚀速度而言，全世界每 90s 就有 1t 钢腐蚀成铁锈，全世界每生产 1t 铁，约 50%被用来补充生成铁锈的那一部分。

就腐蚀的量而言，据估计，全世界每年冶炼的金属中，约有 1/3 由于腐蚀报废，即使其中 2/3 可以通过重新冶炼再回收，仍有占总量 10%以上的金属由于腐蚀白白耗损，其数量在 1 亿 t 以上。

不但全世界每年因腐蚀而白白耗损 10%以上金属，与此同时，冶炼这部分金属所耗费的人力、物力、能源也都白白耗损了，而且重新冶炼由于腐蚀报废而回收的金属（2/3）也需要耗费大量的人力、物力、能源（如电力、石油和煤炭等）。虽然这些不是白白耗损，但也是腐蚀造成的资源浪费。

因此，腐蚀不但浪费了宝贵的矿产资源，还对人力、物力、能源造成了极大浪费。

三、腐蚀引起环境损害和社会危害

1. 环境损害

腐蚀引起的环境损害，是指腐蚀产物污染环境，或腐蚀引起有害物质泄漏而导致的大规模环境污染。腐蚀引起的有毒、有害、易燃、易爆物质，如天然气、

石油等泄漏，即使没有引发爆炸、起火、急性中毒等恶性事故，也会污染大气、土壤和水源，直接危害人们的健康，而且环境污染往往难以在短期内消除，还可能殃及子孙，遗患无穷。

2. 社会危害

腐蚀不仅引起严重的经济损失、资源和能源的严重浪费、环境损害，还给人民生活、生命财产带来严重威胁。

腐蚀引起的社会危害是指腐蚀引起的突发性灾难事故，往往群死群伤。灾难性事故严重地威胁着人们的生命安全，破坏经济建设的顺利进行。尽管腐蚀引起的灾难性事故和导致的伤亡人数尚无完整的统计数字，但腐蚀引起的灾难性事故屡见不鲜，如油气田起火、生产设备爆炸、桥梁断裂、舰船沉没、飞机坠毁等不胜枚举，后果都极为严重。

四、腐蚀阻碍新技术的应用和发展

腐蚀阻碍新技术的应用和发展，是指许多新技术的应用和发展往往都会遇到腐蚀问题。如果腐蚀问题解决得好，那么对新技术的应用和发展起促进作用。例如，不锈钢的发明和应用促进了硝酸和合成氨工业的发展；美国的阿波罗(Apollo)号登月飞船也是在解决了高能燃料 N_2O_4 钛合金高压储存容器的应力腐蚀破裂问题之后才得以升空的，否则整个登月计划将被搁浅。反之，如果不能妥善解决腐蚀问题，那么新技术的应用和发展就会受到阻碍，甚至无法实现。例如，法国计划开采拉克油田，由于设备发生 H_2S 应力腐蚀开裂一时得不到解决，开采计划推迟了 6 年才全面实施。我国的发电机组正发展为超临界、超超临界压力机组，若不对热力设备的腐蚀问题采取对策，机组将无法安全、经济运行。

总之，腐蚀问题遍及各行各业。腐蚀防护关系着国民经济的健康发展、自然资源的有效利用、人身和设备的安全、环境保护及人类社会的科技进步。腐蚀不会停止，但可以降低其范围和程度。据专家估计，如果将已掌握的防腐蚀技术在生产实践中推广应用，那么可以使现有的腐蚀损失降低 1/4～1/3。由此可见普及和加强腐蚀与防护知识教育、采取防腐蚀措施的重要性。

第五节　金属腐蚀防护方法概述

腐蚀破坏到处可见，腐蚀事故频频发生，这除了是腐蚀本身所具有的自发性外，很大程度上是由于人们对腐蚀的危害性估计不足，对腐蚀防护的重要意义认识不深，对腐蚀与防护科学缺乏应有的知识。

腐蚀防护是一项系统工程，从提高材料的耐蚀性和减小介质(即环境)的侵蚀性两方面来考虑，防止腐蚀的方法主要有合理选材、表面保护、环境处理和电化学保护，这些也是目前广泛应用的腐蚀防护技术。

一、合理选材

合理选材是根据材料所要接触的介质的性质和条件、材料的耐蚀性能及材料的价格，选择在所接触介质中比较耐蚀、满足设计和经济性要求的材料。例如，发电机组用淡水冷却的凝汽器管，目前普遍采用不锈钢管代替黄铜管，不但防止了腐蚀，而且带来了经济效益。

二、表面保护

表面保护是利用覆盖层尽量避免金属和腐蚀介质直接接触而使金属得到保护。

金属表面的保护性覆盖层，可分为金属镀层、非金属涂层和衬里。金属镀层的制造方法主要有热镀（如镀锌钢管）、渗镀（也称表面合金化）、电镀等。非金属涂层可分为无机涂层（包括搪瓷、玻璃涂层及化学转化涂层，如金属表面的氧化膜和磷化膜等）和有机涂层（包括塑料、涂料和防锈油等）。

表面保护技术常用于电力设备的外部防护，例如，用有机涂层和镀层防止设备、输电线路和杆塔外表面的大气腐蚀，对水冷壁管外壁渗铝防止高温腐蚀等。另外，表面保护技术还常用于一些工作温度较低的发电设备的内部防护，如炉外水处理设备及管道内壁的衬胶保护等。

三、环境处理

环境的特性显著地影响着设备的腐蚀破坏。环境处理就是改变环境的特性，目的是降低介质的腐蚀性，促使金属表面发生钝化。改变环境的特性一般有两条途径：一是控制现有介质中的有害成分；二是添加少量物质降低介质的腐蚀性。具体方法包括控制环境中的有害成分、提高介质的 pH、降低气体介质中的湿分、向介质中添加缓蚀剂。

对火电和核电热力设备来说，腐蚀介质多为高温高压的水或蒸汽，因此主要通过水质调节，对介质的特性进行人为处理、控制，降低介质的腐蚀性，促使金属表面发生钝化而形成稳定、致密、完整、牢固的氧化物膜来防止高温介质的侵蚀，有效减轻介质对设备的腐蚀程度。

1. 控制环境中的有害成分

环境的成分类型、成分浓度、pH、湿度、压力、温度、流速等均影响金属在介质中的腐蚀行为，对这些因素进行恰当的控制可使设备的腐蚀速度大幅度降低。例如，常温下当盐酸中无氧时，铜不发生腐蚀，在有氧条件下，铜会发生腐蚀。

锅炉酸洗过程中，为了抑制 Fe^{3+} 的腐蚀作用，可向酸洗液中添加适量的还原剂以控制 Fe^{3+} 的浓度。

由腐蚀电化学原理可知，凡是能抑制腐蚀原电池阴、阳极过程的措施都能达到防腐蚀的目的。在中性水溶液中，例如，火电机组锅炉的给水，当其电导率较高时，有害成分是溶解在水中的氧，此时的阴极反应是 $2H_2O+4e^-+O_2 \longrightarrow 4OH^-$，该阴极反应速度的快慢，决定着作为阳极的金属发生活性溶解的快慢。试验证明，在 $Fe-H_2O$ 体系、$4<pH<10$ 范围内，铁的腐蚀速度几乎与 pH 无关，只与其中溶解氧含量有关。因此，除氧是改善耐蚀性的有效措施，除氧方法有两种，一种是热力除氧；另一种是化学除氧。为了控制火电机组水汽系统热力设备的氧腐蚀，主要采取给水除氧(热力除氧或联氨化学除氧)的方法。为了控制直流炉火电机组水汽系统热力设备的氧腐蚀，不仅可采取给水除氧的方法，也可采取给水除氧后再加氧(钝化)的方法，通过金属与氧的作用使金属的电位正移到钝化区而钝化。给水除氧后再加氧，目的是通过控制水中溶解氧的浓度来防止氧腐蚀。

上述例子都说明控制环境中的有害成分，特别是控制其中的关键性有害成分，对防止金属设备的腐蚀是极其重要的。

2. 提高介质的 pH

常用金属的腐蚀速度与介质 pH 的关系如图 1-1 所示。由此可知，贵金属在强酸、强碱性介质中耐腐蚀；两性金属在强酸、强碱性介质中不耐蚀；其他金属在 pH＞10 时耐蚀性大幅度提高(但 pH 过高，耐蚀性又会下降，例如，铁在碱浓度更高的介质中腐蚀加快)。为减少腐蚀，应控制介质的 pH 在适当的范围内。

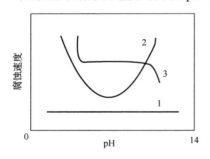

图 1-1　pH 对金属腐蚀速度的影响
1-Au、Pt；2-Al、Zn、Pb；3-Fe、Cd、Mg、Ni 等

提高介质 pH 的方法是在介质中加入氨水、氢氧化钠等碱性物质，一方面可以中和介质中的酸性物质，防止金属的酸性腐蚀；另一方面可以使溶液呈碱性，促进金属的钝化。例如，发电锅炉给水和工业用冷却水中，若有酸性物质，则应向其中加入氨水等碱性物质。发电锅炉给水 pH 调节的目的之一就是使铁进入钝化区，因为氨可以中和水中的 CO_2，提高溶液的 pH，使溶液呈碱性，促进金属的钝化。给水加氨处理可能导致黄铜的腐蚀开裂，但若水中无氧则不会发生腐蚀开裂现象。因此，加氨处理的水，应先进行除氧处理，当难以进行除氧处理时可用有机胺代替氨来调整 pH，如用吗啉(C_4H_8ONH)和环己胺($C_6H_{11}NH_2$)等代替氨水。这类胺具有碱性，能中和水中的酸，又不会腐蚀黄铜，但药品价格太贵，

高温下可能分解。

3. 降低气体介质中的湿分

当气体介质中含水多，其水蒸气的压力达到饱和蒸汽压时，水蒸气会从大气中凝结出来，慢慢地沉积在材料表面，形成水膜，加速材料腐蚀。例如，潮湿大气比干燥大气的腐蚀性强，且腐蚀速度随气体湿度的增加而增加，因此降低气体的湿度是减缓腐蚀的有效措施之一。降低湿度的方法有以下几种：

（1）采用干燥剂吸收气体中的水分，例如，在发电机组热力设备干法停用保护过程中，使用干燥剂吸收空气中的湿分；

（2）采用冷凝法从气体中除去水分或采用升高温度的方法降低湿度，使水蒸气不凝结。

4. 向介质中添加缓蚀剂

在腐蚀介质中加入少量就能大大降低金属腐蚀速度的物质，称为缓蚀剂，如发电锅炉酸洗时要加缓蚀剂。

四、电化学保护

电化学保护是利用外部电流使金属的电极电位发生改变，从而防止其腐蚀，包括阴极保护和阳极保护两种方法。

1. 阴极保护

阴极保护是将被保护的金属作为腐蚀电池的阴极而不受腐蚀，即在金属表面通过足够大的外部阴极电流，使金属的电极电位负移、阳极溶解速度减小，从而防止金属腐蚀的一种电化学保护方法。这种保护方法又可分为牺牲阳极的阴极保护和外加电流阴极保护两种。

1）牺牲阳极的阴极保护

牺牲阳极的阴极保护是在被保护金属上连接一个电位较低的金属充当牺牲阳极，使被保护金属成为它与牺牲阳极所构成的短路原电池的阴极，从而以牺牲阳极的溶解为代价来防止被保护金属的腐蚀。例如，在铁表面镶嵌比铁活泼的金属锌，使活泼金属锌被氧化，而铁被保护。

2）外加电流的阴极保护

外加电流的阴极保护是将被保护金属与直流电源的负极相连，该电源的正极与在同一腐蚀介质中的另一种电子导体材料(辅助阳极)相连，被保护金属在它与辅助阳极构成的电解池中作为阴极，发生阴极极化，电极电位被控制在阴极保护的电位范围内，从而以消耗电能为代价来防止被保护金属腐蚀。

发电机组凝汽器水侧管板和管端部、地下取水管道外壁等，均可采用牺牲阳极或外加电流阴极保护。

2. 阳极保护

阳极保护是在金属表面上通入足够大的阳极电流，使金属的电极电位正移，达到并保持在钝化区内，从而防止金属腐蚀的一种电化学保护方法。

阳极保护通常是将被保护金属与直流电源的正极相连，这样被保护金属在它与辅助阴极构成的电解池中作为阳极，发生阳极极化，电极电位被控制在钝化区的电位范围内而得到保护。此时，由于金属表面可形成在腐蚀介质中非常稳定的保护膜，从而使金属的腐蚀速度大为降低。因此，阳极保护只适用于可能发生钝化的金属，如碳钢或不锈钢浓硫酸储槽的阳极保护。

一台设备或一项工程设施要获得良好的腐蚀防护效果，必须根据设备或工程设施的工作状况、环境条件相应地采取适宜的腐蚀防护技术，切不可简单地生搬硬套。只有正确理解腐蚀的基本原理，掌握腐蚀过程的基本规律，才能因地制宜、灵活应用现有的腐蚀防护技术，并积极开发新的腐蚀防护技术，保证设备能长期安全运行，取得最佳的经济效益。良好的腐蚀防护方法往往是上述几种技术的联合使用。

第二章　火力发电机组热力设备的氧腐蚀与防护

根据腐蚀电化学的基本原理，在铁-水体系或铜-水体系中，氧有双重作用，可以作为阴极去极化剂，参加阴极反应，使金属的溶解加快，起腐蚀剂作用；也可以作为阳极钝化剂，阻碍阳极反应过程的进行，起保护作用。在某一个体系中，究竟是哪一个作用为主，要根据具体条件进行具体分析。

本章主要讨论氧对火力发电机组热力设备的腐蚀作用，以及怎样抑制它的腐蚀作用。

氧腐蚀是火力发电机组热力设备腐蚀中较常见的一种腐蚀形式。火力发电机组的热力设备在安装、运行和停用期间都可能发生氧腐蚀，其中锅炉在运行和停运期间的氧腐蚀最为严重。

人们对金属氧腐蚀的了解比较早，防止氧腐蚀的方法也比较成熟。早在20世纪30年代，就已经采取了有效防止氧腐蚀的方法，例如，在给水系统安装热力除氧器，采用 Na_2SO_3 作为辅助除氧剂等。锅炉参数不断提高，对给水溶解氧含量的限制逐步严格，促使热力除氧技术不断改进，化学除氧方法也进一步完善。50年代用 N_2H_4 代替 Na_2SO_3 作为除氧剂，就是为了适应高参数锅炉的需要。在一些高参数大容量机组中，将补给水补入凝汽器，而不是补入除氧器，进一步改善了除氧器的运行，这样可使给水达到"无氧"，以减少锅炉的氧腐蚀。当然，除氧技术还在不断发展，80年代以来，在锅炉给水化学除氧剂方面又开发出了一些新品种，如二甲基酮肟等。

第一节　热力设备的运行氧腐蚀与防止

一、运行氧腐蚀的部位

金属发生氧腐蚀的根本原因是金属所接触的介质中含有溶解氧，所以凡有溶解氧的部位，都可能发生氧腐蚀。机组运行正常时，给水中的氧一般在省煤器就已耗尽，所以锅炉本体不会遭受氧腐蚀。但当汽包锅炉的除氧器运行不正常，或者新安装的除氧器没有调整好时，溶解氧可能进入锅炉本体，造成汽包和下降管的腐蚀，而水冷壁管一般不会出现氧腐蚀，因为水冷壁管内一般不可能有溶解氧。锅炉运行时，省煤器入口段的氧腐蚀一般比较严重。

因此，锅炉运行时，氧腐蚀通常发生在给水管道、省煤器、补给水管道、疏水系统的管道和设备、炉外水处理设备。凝结水系统也会遭受氧腐蚀，但由于凝结水中正常氧含量较低（如湿冷亚临界汽包锅炉机组凝结水溶解氧浓度的标准值为不大于 30μg/L），且水温较低，腐蚀程度较轻。

二、氧腐蚀的特征

在讨论热力设备运行氧腐蚀的特征之前，先分析钢铁氧腐蚀的一般特征。钢铁发生氧腐蚀时，其表面形成许多小鼓包或瘤状小丘，形同"溃疡"。这些鼓包或小丘的大小差别很大，表面的颜色也有很大差别，有的呈黄褐色，有的呈砖红色或黑褐色。鼓包或小丘次层是黑色粉末状物质，将这些腐蚀产物去掉以后，可以看到因腐蚀造成的小坑，如图 2-1 所示。各层腐蚀产物之所以有不同的颜色，是因为它们的组成不同或晶态不同。表 2-1 列出了铁的不同腐蚀产物的有关特征。

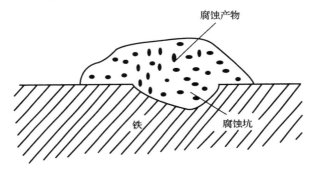

图 2-1　氧腐蚀特征示意图

表 2-1　铁的不同腐蚀产物的特性

组成	颜色	磁性	密度/(g/cm³)	热稳定性
$Fe(OH)_2$[①]	白	顺磁性	3.40	在100℃时分解为Fe_3O_4和H_2
FeO	黑	顺磁性	5.40～5.73	在1371～1424℃时熔化，在低于570℃时分解为Fe和Fe_3O_4
Fe_3O_4	黑褐	铁磁性	5.20	在1597℃时熔化
α-FeOOH	黄	顺磁性	4.20	约200℃时失水生成α-Fe_2O_3
β-FeOOH	淡褐	—	—	约230℃时失水生成α-Fe_2O_3
γ-FeOOH	橙	顺磁性	3.97	约200℃时转变为α-Fe_2O_3
γ-Fe_2O_3	褐	铁磁性	4.88	在大于250℃时转变为α-Fe_2O_3
α-Fe_2O_3	由砖红至黑	顺磁性	5.25	在0.098MPa，1457℃时分解为Fe_3O_4

注：①$Fe(OH)_2$在有氧的环境中是不稳定的，在室温下可变为γ-FeOOH、α-FeOOH 或 Fe_3O_4。

由表 2-1 可知，低温时铁的腐蚀产物颜色较浅，以黄褐色为主；温度较高时，腐蚀产物的颜色较深，为砖红色或黑褐色。热力设备运行时，接触的水温一般比较高，所以小型鼓包表面的颜色具有高温时的特点，即表面的腐蚀产物多为砖红色的 Fe_2O_3 或黑褐色的 Fe_3O_4；当然，所接触水温较低的部位，例如，凝结水系统的腐蚀产物是低温时产生的黄褐色 FeOOH，这是热力设备运行氧腐蚀的一个特点。

三、氧腐蚀机理

在讨论热力设备运行氧腐蚀机理之前,先介绍碳钢在中性 NaCl 溶液中氧腐蚀的机理。有的学者用碳钢浸在中性的充气 NaCl 溶液中进行氧腐蚀试验,根据试验结果提出了氧腐蚀的机理,其要点如下。

碳钢表面由于电化学不均匀性,包括金相组织的差别、夹杂物的存在、氧化膜的不完整、氧浓度差别等因素,造成各部分电位不同,形成微电池,腐蚀反应如下。

阳极反应为

$$Fe \longrightarrow Fe^{2+} + 2e^-$$

阴极反应为

$$O_2 + 2H_2O + 4e^- \longrightarrow 4OH^-$$

所生成的 Fe^{2+} 进一步反应,即 Fe^{2+} 水解产生 H^+,反应式为

$$Fe^{2+} + H_2O \longrightarrow FeOH^+ + H^+$$

钢中的夹杂物如 MnS 和 H^+ 反应,其反应式为

$$MnS + 2H^+ \longrightarrow H_2S + Mn^{2+}$$

所生成的 H_2S 可以加速铁的溶解,由于 H_2S 的加速溶解作用,腐蚀所形成的微小蚀坑进一步发展。

由于小蚀坑的形成,Fe^{2+} 的水解,坑内溶液和坑外溶液相比,pH 下降,溶解氧的浓度下降,形成电位差异,坑内的钢进一步腐蚀,蚀坑得到扩展和加深,其反应如图 2-2 所示。

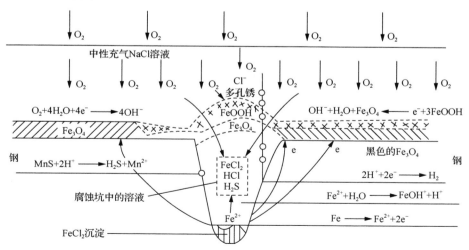

图 2-2　铁在中性 NaCl 溶液中氧腐蚀机理示意图

其中，蚀坑内部反应如下：

阳极反应为

$$Fe \longrightarrow Fe^{2+}+2e^-$$

Fe^{2+} 水解反应为

$$Fe^{2+}+H_2O \longrightarrow FeOH^++H^+$$

硫化物溶解反应为

$$MnS+2H^+ \longrightarrow H_2S+Mn^{2+}$$

阴极反应为

$$2H^++2e^- \longrightarrow H_2$$

蚀坑口反应如下：

$FeOH^+$ 氧化反应为

$$2FeOH^++\frac{1}{2}O_2+2H^+ \longrightarrow 2FeOH^{2+}+H_2O$$

Fe^{2+} 氧化反应为

$$2Fe^{2+}+\frac{1}{2}O_2+2H^+ \longrightarrow 2Fe^{3+}+H_2O$$

Fe^{3+} 水解反应为

$$Fe^{3+}+H_2O \longrightarrow FeOH^{2+}+H^+$$

$FeOH^{2+}$ 水解反应为

$$FeOH^{2+}+H_2O \longrightarrow Fe(OH)_2^++H^+$$

形成 Fe_3O_4 反应为

$$2FeOH^{2+}+2H_2O+Fe^{2+} \longrightarrow Fe_3O_4+6H^+$$

形成 FeOOH 反应为

$$Fe(OH)_2^++OH^- \longrightarrow FeOOH+H_2O$$

蚀坑外反应如下：

氧还原反应为

$$O_2+2H_2O+4e^- \longrightarrow 4OH^-$$

FeOOH 还原反应为

$$3FeOOH+e^- \longrightarrow Fe_3O_4+H_2O+OH^-$$

生成的腐蚀产物覆盖坑口，这样氧很难扩散进入坑内。坑内由于 Fe^{2+} 水解，溶液的 pH 进一步下降；硫化物溶解产生加速铁溶解的 H_2S；而 Cl^- 可以通过电迁移进入坑内，H^+ 和 Cl^- 都使蚀坑内部的阳极反应加速。这样蚀坑可进一步扩展，形成闭塞腐蚀电池 (occluded corrosion cell，OCC)。

　　热力设备运行时氧腐蚀的机理和碳钢在充气 NaCl 溶液中的机理相似。虽然在充气 NaCl 溶液中氧、Cl$^-$的浓度高，而热力设备运行时，水中氧和 Cl$^-$的浓度都低得多，但同样具备闭塞腐蚀电池腐蚀的条件。第一，由于炉管表面的电化学不均匀性，可以组成腐蚀电池。阳极反应为铁的离子化，生成的 Fe^{2+}会水解使溶液酸化，阴极反应为氧的还原。第二，可以形成闭塞腐蚀电池。因为腐蚀反应的结果产生铁的氧化物，所生成的氧化物不能形成保护膜，却阻碍氧的扩散，腐蚀产物下面的氧在反应耗尽后，得不到补充，所以形成闭塞区。第三，闭塞区内继续腐蚀。由于钢变成 Fe^{2+}，并且水解产生 H$^+$，为了保持电中性，Cl$^-$可以通过腐蚀产物电迁移进入闭塞区，O$_2$ 在腐蚀产物外面蚀坑的周围还原成为阴极反应产物 OH$^-$。

四、热力设备运行氧腐蚀的影响因素

　　热力设备运行时发生氧腐蚀，关键在于形成闭塞电池。凡是促使闭塞电池形成的因素，都会加速氧腐蚀；反之，凡是破坏闭塞电池形成的因素，都会降低氧腐蚀速度。金属表面保护膜的完整性直接影响闭塞电池的形成。当保护膜完整时，腐蚀速度小；当保护膜不完整时，形成蚀点就能发展成为闭塞电池。因此，影响膜完整性的因素，也是影响氧腐蚀总速度和腐蚀分布状况的因素。各种因素对氧腐蚀所起的作用，要进行具体分析。

1. 水中溶解氧浓度的影响

　　溶解氧可能导致金属材料腐蚀，也可能使金属表面发生钝化。究竟起何种作用，取决于溶解氧的浓度和水的纯度等因素。当水中杂质较多时，氧只起腐蚀作用。在发生氧腐蚀的条件下，氧浓度增加，能加速电池反应。疏水系统中由于疏水箱一般不密闭，溶解氧浓度接近饱和值，因此氧腐蚀比较严重。

2. 水的 pH 的影响

　　(1)当水的 pH 小于 4 时，随 pH 降低，钢的腐蚀速度增加。主要原因有两个，一是 H$^+$浓度较高，钢铁将发生强烈的酸性腐蚀，闭塞电池中的 H$^+$增加，阳极金属的溶解速度也增加；二是此时溶解氧的腐蚀作用相对较小，但氧腐蚀速度同样随溶解氧浓度的增大而增加。

　　(2)当水的 pH 为 4~10 时，水中 H$^+$浓度很低，析氢腐蚀作用的影响很小，钢的腐蚀主要取决于氧浓度，钢的腐蚀速度随溶解氧浓度的增大而增加，与水的 pH 关系很小，腐蚀速度几乎不随溶液 pH 的变化而改变。例如，在凝结水系统和疏水系统，可能同时存在 O$_2$ 和 CO$_2$，由于凝结水和疏水的含盐量低、缓冲性能小，CO$_2$ 的存在使水的 pH 下降，但不会小于 4。而在这个 pH 范围内，溶解氧的浓度没有改变，所以氧还原的阴极反应速度几乎不变，但存在 H$^+$还原的阴极反应，并

且水中 CO_2 使水的 pH 下降得越低，H^+ 还原的阴极反应速度越快，钢的腐蚀速度也越快。

（3）当水的 pH 在 10～13 范围时，钢的腐蚀速度下降。因为在这个 pH 范围内钢表面能生成较完整的保护膜，从而抑制氧腐蚀。并且 pH 越高，上述氧化物膜越稳定，所以钢的腐蚀速度越低。

（4）当水的 pH 大于 13 时，由于钢的腐蚀产物变为可溶性的亚铁酸盐，因此腐蚀速度又随 pH 的升高而再次上升，此时溶解氧含量对腐蚀速度的影响不大。

3. 水的温度的影响

在密闭系统中，当氧的浓度一定时，水温升高，阴、阳极反应速度即氧的还原反应速度和铁的溶解反应速度都增加，因此腐蚀加速；试验指出，温度和腐蚀速度之间的关系是直线关系。在敞口系统中，情况不一样，腐蚀速度在 80℃ 左右达到最大值。因为在敞口系统中，水温升高可以起两方面的作用：一方面可以使水中氧的溶解度下降，降低氧的腐蚀速度；另一方面，又使氧的扩散速度加快，从而使氧的腐蚀速度增加。究竟哪一方面起主要作用，取决于温度的高低。试验指出，在 80℃ 以下时，水温升高使氧的扩散速度加快的作用超过了氧的溶解度降低所起的作用，所以水温升高，腐蚀速度上升。在 80℃ 以上，氧的溶解度迅速下降，它对腐蚀的影响超过了氧的扩散速度加快所产生的作用，所以水温升高，腐蚀速度下降。例如，因为凝汽器有除气作用，所以凝结水的氧含量低，再加上凝结水温低，所以腐蚀速度小。但凝结水系统常因 CO_2 存在而使凝结水的 pH 较低，产生酸性腐蚀而使腐蚀程度加剧。

温度对腐蚀表面和腐蚀产物的特征也有影响，在敞口系统中，常温或温度较低的情况下，钢铁氧腐蚀的蚀坑面积较大，腐蚀产物松软，如在疏水箱里所见到的情况；而密闭系统中，温度较高时形成的氧腐蚀的蚀坑面积较小，腐蚀产物较坚硬，如在给水系统中所见到的情况。

4. 水中离子成分的影响

水中不同离子对腐蚀速度影响的差别很大，有的离子能减缓腐蚀，起钝化作用；有的离子起活化作用，加速腐蚀。例如，水中的 H^+、Cl^- 和 SO_4^{2-} 对腐蚀起加速作用，因此随 Cl^- 和 SO_4^{2-} 浓度的增加，腐蚀速度加快，原因是它们对钢铁表面的氧化膜起破坏作用。水中的 OH^- 浓度不是很大时，对腐蚀起抑制作用。因为 OH^- 小于一定数量时有利于金属表面保护膜的形成，所以能减轻腐蚀；但其浓度很大时，则会破坏表面保护膜，使腐蚀加剧。由于水中不可能只有一种离子，往往有多种离子成分，且各种离子对腐蚀的影响不一样，因此各种离子共存时，判断它们对腐蚀是起促进作用还是抑制作用，应该综合分析。例如，当水中 Cl^-、SO_4^{2-}、

OH^- 共存时，判断它们对腐蚀的作用，要看 OH^- 和 $(Cl^- + SO_4^{2-})$ 的比值，如果 $OH^-/(Cl^- + SO_4^{2-})$ 比值大，那么它们对腐蚀起抑制作用；该比值小，它们对腐蚀有促进作用。

5. 水的流速的影响

一般情况下，水的流速增加，钢铁的氧腐蚀速度加快。这是因为随着水的流速加快，到达金属表面的溶解氧浓度增加，并且由于滞流层变薄，氧的扩散速度增加。当水的流速增大到一定程度时，金属表面溶解氧的浓度达到钝化的临界浓度，铁出现钝化；同时，由于水流可以将金属表面的腐蚀产物或沉积物冲走，使之不能形成闭塞电池，腐蚀速度又有所下降。当水流速度进一步增加时，钝化膜被水的冲刷作用破坏，形成其他形态的腐蚀，腐蚀速度重新上升。

上面介绍的都是环境因素对氧腐蚀的影响。金属的成分、热处理方式和加工工艺等内在因素，对氧的扩散速度没有影响，但对钢表面氧化膜的性质有影响，在一定程度上会影响腐蚀速度。对于已经安装好的锅炉和各种热力设备，这些因素不会发生变化。因此，讨论热力设备运行时氧腐蚀的影响因素时，没有讨论这些内在因素的影响。

五、热力设备运行氧腐蚀的防止方法

从前面所讨论的影响因素可以看到，氧的浓度是主要影响因素。要防止氧腐蚀，主要的方法是减少水中的溶解氧。为了防止热力设备运行期间的氧腐蚀，主要的方法是进行给水除氧，使给水的氧含量降低到最低水平。

目前，给水除氧通常采用热力除氧法和化学除氧法。热力除氧法是采用热力除氧器除氧，是给水除氧的主要措施。化学除氧法是在给水中加入还原剂除去热力除氧后残留的氧，是给水除氧的辅助措施。

1. 热力除氧法

因为天然水中溶有大量的氧气，所以补给水中含有氧气。汽轮机凝结水也可能溶解有氧气，因为空气可以从汽轮机低压缸、凝汽器、凝结水泵的轴封处、低压加热器和其他处于真空状态下运行的设备不严密处漏入凝结水。敞口的水箱、疏水系统和生产返回水中，也会漏入空气。所以，补给水、凝结水、疏水和生产返回水都必须除氧。

1）原理

根据亨利定律，任何气体在水中的溶解度与它在汽水分界面上的平衡分压成正比。在敞口设备中将水温提高时，水面上水蒸气的分压增大，其他气体的分压下降，结果使其他气体不断从水中析出，在水中的溶解度下降。当水温达到沸点时，水面上水蒸气的压力和外界压力相等，其他气体的分压为零。此时，溶解在水中的气体将全部分离出来。

因此，热力除氧的原理是根据亨利定律所阐明的规律，在敞口设备(如热力除氧器)中将水加热至沸点，使氧在汽水分界面上的分压等于零，从而使水中溶解的氧解析出来。

由于二氧化碳的溶解度也和氧一样，在一定压力下随水温升高而降低，因此，当水温达到相应压力下的沸点时，热力除氧法不仅能够除去水中的溶解氧，而且能除去大部分二氧化碳等气体。在热力除氧过程中，还可以使水中的碳酸氢盐分解。因为 HCO_3^- 分解时产生 CO_2，除氧过程中将 CO_2 除去了，所以反应 $2HCO_3^- \rightleftharpoons CO_2\uparrow + CO_3^{2-} + H_2O$ 向右方移动。当然，HCO_3^- 只是分解一部分；温度越高，沸腾时间越长，加热蒸汽中游离 CO_2 浓度越低，则 HCO_3^- 的分解率越高。所以热力除氧法还可除去水中的部分碳酸氢盐。

2) 除氧器的分类及特点

(1) 热力除氧器的分类。

热力除氧器的功能是将要除氧的水加热到除氧器工作压力下相应的沸点，并且尽可能地使水流分散，使溶解于水中的氧和其他气体顺利解析出来。因此，热力除氧器可按结构形式、工作压力及水的加热方式来分类。

热力除氧器按结构形式分，可以分为淋水盘式、喷雾填料式、膜式等。淋水盘式除氧器是目前我国火力发电厂常用的一种。单纯的喷雾式除氧器实际应用不多，喷雾填料式除氧器由于除氧效率较高，应用日益广泛。膜式除氧器的除氧效率也较高，正在逐步推广应用。

热力除氧器按其工作压力不同，可以分为真空式、大气式和高压式三种。真空式除氧器的工作压力低于大气压力，凝汽器就具有真空除氧作用。大气式除氧器的工作压力(约为 0.12MPa)稍高于大气压力，常称为低压除氧器。高压式除氧器在较高的压力(一般大于 0.5MPa)下工作，其工作压力随机组参数的提高而增大。电厂中常用的工作压力是 0.6MPa，称为高压除氧器。亚临界机组通常采用卧式高压除氧器。

热力除氧器按水的加热方式可以分为两大类，第一类是混合式除氧器，水在除氧器内与蒸汽直接接触，使水加热到除氧器压力下的沸点。第二类是过热式除氧器，首先将要除氧的水加热，使水温超过除氧器压力下的沸点，然后将加热的水引入除氧器内进行除氧，此时，过热的水由于减压，一部分自行汽化，其余的处于沸腾状态。

电厂应用的除氧器，从加热方式讲，一般是混合式；从工作压力讲，既有大气式，又有高压式；有的电厂将凝汽器兼作除氧器，即真空式除氧器。

（2）热力除氧器的特点。

热力除氧器一般由除氧头和储水箱两部分组成，各种类型除氧器的区别主要是除氧头内部结构不同。下面简要介绍电厂应用的各种除氧器的特点。

①淋水盘式除氧器：淋水盘式除氧器对于运行变化工况的适应性较差，同时，因为除氧器中汽和水进行传热、传质过程的表面积小，所以除氧效率较低。

②喷雾填料式除氧器：喷雾填料式除氧器的优点是除氧效果好。运行经验表明，只要加热汽源充足，水的雾化程度又较好，在雾化区内就能较快地将水加热至相应压力下的沸点，90%的溶解氧可以除去。同时，在填料层表面，由于形成水膜，表面张力大大降低。因此，水中残余的氧会较快地自水中扩散到蒸汽空间去。这样，经过填料层再次除氧，又能除去残留溶解氧的95%以上，除氧器出口水溶解氧可降低到 5～10μg/L，有时还可降得更低。同时，喷雾填料式除氧器能适应负荷的变化，因为即使雾化区受工况变化造成雾化水滴加热不足，也会在填料层继续受热，使水加热到相应压力的沸点。所以，除氧器在负荷变化时仍能保持稳定的运行工况。此外，这种除氧器还具有结构简单、检查方便、设备体积小、除氧器中的水和蒸汽混合速度快、不易产生水击现象等优点。

③凝汽器真空除氧：凝汽器也是一个除氧器。因为凝汽器运行时，凝结水的温度通常相当于凝汽器工作压力下水的沸点，所以它相当于一个真空除氧器。为了提高除氧效果，除了保证凝结水不要过冷，使凝结水温度处于相应压力下水的沸点之外，还要在凝汽器中安装使水流分散成小股水流或小水滴的装置。图 2-3 是安装在凝汽器集水箱中的一种真空除氧装置。凝结水自除氧装置的凝结水入口 2 进入淋水盘 3，在淋水盘上开有小孔，水经过淋

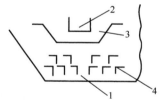

图 2-3　凝汽器中的真空除氧装置
1-集水箱；2-凝结水入口；3-淋水盘；4-角铁

水盘后分成小水流，表面积增大，有利于除氧。水流到角铁 4 溅成小水滴，可进一步起除氧作用，水中不能凝结的气体通过集水箱和设于凝汽器上的除气联通管进入空气冷却区的低压区，最后从空气抽出口由抽气器抽走。

为了利用凝汽器真空除氧的能力，还可以将补给水引至凝汽器中，使补给水在凝汽器中进行除氧。图 2-4 就是一种将补给水引入凝汽器的装置，在喷淋管侧面向下开有许多孔，水从孔中喷出，在喷淋管上部装有一个罩以防水滴向上溅。

因此，在高参数大容量机组中，通常是将补给水补入凝汽器，而不是补入除氧器，这进一步改善了除氧效果，可使给水达到"无氧"状态。

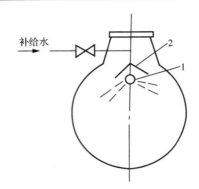

图 2-4　凝汽器汽侧顶部装喷淋管示意
1-喷淋管；2-罩

④膜式除氧器：有的电厂将淋水盘式和喷雾式除氧器改为膜式除氧器，以提高除氧效果。膜式除氧器的除氧头结构为：上层布置膜式喷管，中层布置空心轴弹簧喷嘴，下层布置不锈钢丝填料层。补给水由膜式喷管引进，凝结水和疏水由空心轴弹簧喷嘴引入，膜式喷管将需除氧的水变为高速旋转薄膜，强化了汽水间的对流换热；同时，也有利于氧的解析和扩散。膜式喷管和机械旋流雾化喷嘴相比，在传热和传质方面具有明显的优越性。膜式除氧器运行稳定，除氧效果好，能适应负荷变化。

3）提高除氧效果的辅助措施

为了提高除氧器的效能，可以采取以下一些辅助措施。

(1) 在喷雾填料除氧器中，加装挡水环。除氧器中有一部分水会喷到除氧头的筒壁上，然后沿筒壁从填料层的边缘流入水箱。因这部分水不能和蒸汽充分接触，故影响除氧效果。为了防止出现此问题，可以在内壁的合适位置装一个挡水环，使这部分水返回除氧头的加热蒸汽空间；也可以在填料层上部加装挡水淋水盘，使这部分水以淋水的方式下落，这样就改善了传热和传质的条件。

(2) 在水箱内加装再沸腾装置。为提高除氧效果，可以在水箱内安装再沸腾装置，使水在水箱内经常保持沸腾状态。再沸腾装置分为两种，一种是在靠近水箱底部或中心线附近沿水箱长度装一根开孔的管子进汽，或是在除氧头垂直中心线下部装几个环形的开口管子进汽；另一种是在水箱中心线附近装一根蒸汽管，并在其上装喷嘴。

(3) 增设泡沸装置。有的除氧器，在除氧头的下部装泡沸装置，它和再沸腾装置的主要区别是对水的加热方式不同。在有再沸腾装置的情况下，除氧头下来的水不一定全部和再沸腾装置接触。而加装泡沸装置时，除氧头下来的水要全部通过泡沸装置，再次加热沸腾。

为了取得满意的除氧效果，除了采取上面的一些辅助措施之外，在除氧器的结构和运行方面，还应当注意以下几点：

(1)水应加热至与除氧器压力相应的沸点。运行经验指出，如果水温低于沸点1℃，那么出水氧含量增加到大约0.1mg/L。为保持水沸腾，要注意调节进汽量和进水量。由于人工调节效果不好，通常安装进汽和进水的自动调节装置。

(2)气体的解析过程应进行得完全。除氧器的除氧效果，取决于传热和传质两个过程。传热过程就是将水加热到相应压力下的沸点，传质过程就是使溶解气体自水中解析出来。没有传热过程就不能有传质过程。水在除氧过程中，大约90%的溶解氧以小气泡形式放出，其余的10%靠扩散作用从水滴内部扩散到表面。水滴越小，比表面积(每立方米水具有的表面积)越大，传热和传质过程进行得越快。但是，水滴越细，表面张力越大，溶解氧的扩散过程越困难。如果进一步使水形成水膜，表面张力将降低，少量残留氧将容易扩散出去。所以，在确定除氧器结构时，应考虑使传热和传质过程进行得顺利，使除氧效果最高。

(3)保证水和蒸汽有足够的接触时间。水加热时，溶解氧的解析速度为

$$dc/dt = K_g A(c_1 - c_2)$$

式中，dc/dt——水中溶解氧的解析速度，g/h；

　　　K_g——溶解氧的传质常数，m/h；

　　　A——汽水接触表面积，m^2；

　　　c_1——在某一瞬间水中溶解氧的浓度，g/m^3；

　　　c_2——达到平衡时水中溶解氧的浓度，g/m^3。

在除氧头内，c_2很小，可以忽略不计，而K_g、A在一定条件下也是常数，令$K_g A = K'$，这样，上式可以简化为：$dc/dt = K' c_1$。

从上式可知，水中溶解氧的解析速度与其浓度成正比。因此，要使c_1降到零，除氧时间t将无限长。也就是说，对除氧程度要求越高，除氧所需的时间越长。当然，在除氧器中，无限延长除氧时间是不可能的。但是，采用多级淋水盘、增加填料层高度等方法，适当延长水的加热除氧过程，可以提高除氧效率。

(4)应使解析出来的气体顺畅地排出。气体不能从除氧器中及时排出，会使蒸汽中氧分压加大，出水残留氧量增加。大气式除氧器的排气，主要靠除氧头的压力与外界压力之差。由于除氧器压力不可避免地会有波动，特别是用手调节时会出现波动，因此除氧器运行时最好保持压力不低于0.02MPa。如果压力过低，那么当压力波动时，除氧器内的气体就不能顺畅地排出。

(5)如果将补给水补到除氧器，那么补给水应连续均匀地加入，以保持补给水量的稳定。因为补给水氧含量高，一般达6~8mg/L，温度常低于40℃，所以当加入除氧器的补给水量过大或加入量波动太大时，除氧器的除氧效果差，出水氧含量不符合水质标准。

(6)几台除氧器并列运行时负荷应均匀分配。如果各台除氧器的水汽分配不均匀，使个别除氧器的负荷过大或者补给水量太大，会造成给水氧含量增高。为了使水汽分布均匀，储水箱的蒸汽空间和水空间应该用平衡管连接起来。

为了掌握除氧器的运行特性，以便确定除氧器的最优运行条件，需要进行试验对除氧器的运行进行调整。除氧器调整试验的内容包括确定除氧器的工作温度和压力、除氧器的负荷、进水温度、排气量和补给水率等。

2. 化学除氧法

给水化学除氧所使用的药品，目前高参数大容量锅炉多数采用联氨，参数比较低的锅炉也有采用亚硫酸钠的。此外，目前国内外已开发出若干新型化学除氧剂，如异抗坏血酸钠、二甲基酮肟等。

1)联氨处理

给水联氨处理最早是 20 世纪 40 年代由德国开始应用的，以后英国、美国、法国、俄罗斯等国相继使用，我国从 50 年代末期开始采用。对联氨处理的效果，各国都是肯定的。因为联氨处理不增加水中的固形物，所以它不仅在汽包锅炉广泛应用，也是直流炉给水的除氧剂。

(1)联氨的性质。

联氨，又名肼，分子式为 N_2H_4，在常温下是一种无色液体，易溶于水，它和水结合形成稳定的水合联氨（$N_2H_4 \cdot H_2O$），水合联氨在常温下也是一种无色液体。联氨和水合联氨的物理性质如表 2-2 所示。

表 2-2 联氨和水合联氨的物理性质

物理性质 药品	N_2H_4	$N_2H_4 \cdot H_2O$
沸点/℃ (101325Pa)	113.5	119.5
凝固点/℃ (101325Pa)	2.0	−51.7
密度/（g/cm³）（25℃）	1.004	1.032(100%浓度) 或 1.01(24%浓度)

联氨易挥发，但当溶液中 N_2H_4 的浓度不超过 40%时，常温下联氨的蒸发量不大。联氨是强的侵蚀性物质，有毒，浓的联氨溶液会刺激皮肤，它的蒸气对呼吸系统和皮肤有侵害作用。因此，空气中联氨的蒸气量最大不允许超过 1mg/L。联氨能在空气中燃烧，其蒸气和空气混合达到 4.7%（按体积计）时，遇火会发生爆炸。无水联氨的闪点为 52℃，85%的水合联氨溶液的闪点可达 90℃。水合联氨的浓度低于 24%时，不会燃烧。

联氨的水溶液和氨相似，呈弱碱性，它在水中按下列反应式电离：

$$N_2H_4 + H_2O \rightleftharpoons N_2H_5^+ + OH^-，电离常数 K_1 为 8.5 \times 10^{-7}（25℃）$$

$$N_2H_5^+ + H_2O \Longrightarrow N_2H_6^{2+} + OH^-,\ \text{电离常数}\ K_2\ \text{为}\ 8.9 \times 10^{-16}(25℃)$$

25℃时，氨的电离常数为 1.8×10^{-5}，因此联氨溶液的碱性比氨的水溶液弱。25℃时，1%的 N_2H_4 水溶液的 pH 约为 9.9。

联氨遇热会分解，至于分解产物，不同的学者有不同看法，有的认为是 NH_3 和 N_2，分解反应是

$$3N_2H_4 \longrightarrow 4NH_3 + N_2$$

有的认为是 NH_3、N_2 和 H_2，分解反应是

$$3N_2H_4 \longrightarrow 2NH_3 + 2N_2 + 3H_2$$

在没有催化剂的情况下，联氨的分解速度主要取决于温度和 pH。温度越高，分解速度越快；pH 升高，分解速度降低。在 50℃ 以下时分解速度很慢；温度达 113.5℃时每天分解 0.01%～0.1%；在 250℃时，分解速度大大加快，每分钟分解 10%。在 300℃，当 pH 为 8 时，联氨能在 10min 内分解完；当 pH 提高到 9 时，要 20min 才能分解完全；pH 为 11 时，要 40min 才能分解完全。由此可见，高压及以上锅炉采用联氨处理时，联氨即使有一定的过剩量，也会很快分解，不会带到蒸汽中去。

联氨是还原剂，不但可以和水中溶解氧直接反应，将氧还原（$N_2H_4 + O_2 \Longrightarrow N_2 + 2H_2O$），还能将金属的高价氧化物还原为低价氧化物，例如，将 Fe_2O_3 还原为 Fe_3O_4，将 CuO 还原为 Cu_2O 等。

联氨和酸作用生成盐，例如，硫酸单联氨（$N_2H_4 \cdot H_2SO_4$）、硫酸双联氨（$(N_2H_4)_2 \cdot H_2SO_4$）、单盐酸联氨（$N_2H_4 \cdot HCl$）、双盐酸联氨（$N_2H_4 \cdot 2HCl$），这些盐类在常温下是固体。硫酸单联氨、单盐酸联氨均为白色固体，很稳定，毒性比水合联氨小得多，便于使用、储存和运输。

由于联氨有毒，易挥发，易燃烧，所以在保存、运输、使用时要特别注意。联氨浓溶液应密封保存，水合联氨应储存在露天仓库或易燃材料仓库，联氨储存处应严禁明火。操作或分析联氨的人员应戴眼镜和橡皮手套，严禁用嘴吸管移取联氨。药品溅入眼中应立即用大量水冲洗，若溅到皮肤上，可以先用乙醇冲洗受伤处，然后用水冲洗，也可以用肥皂洗。在操作联氨的地方应当通风良好，水源充足，以便当联氨溅到地上时用水冲洗。

(2)联氨的作用机理。

联氨虽然已经在电厂的给水处理中得到了广泛应用，但是人们对于它的作用机理却有不同的看法。大体上有三种看法，多数人认为它是阴极缓蚀剂，有人认为它是阳极缓蚀剂，也有人认为它发生了替代反应。现简要介绍如下。

①联氨是阴极缓蚀剂。这种观点认为，联氨是一种还原剂，特别是在碱性溶液中，它的还原性更强。联氨在水中和氧发生反应，其反应式为

$$N_2H_4+O_2 \longrightarrow N_2+2H_2O$$

由于联氨和氧反应降低了氧的浓度，使阴极反应的速度下降，因此属于阴极缓蚀剂。

②联氨是阳极缓蚀剂。这种观点认为，联氨减缓腐蚀的机理是联氨优先吸附在阳极，引起阳极极化，使总的腐蚀速度减小。当阳极被联氨不完全覆盖时，总的腐蚀集中在更小的阳极面积上，使局部腐蚀强度增加，当达到某一临界浓度（$\geqslant 10^{-2}$mol/L）时，钢的电位发生突跃，阳极被联氨完全覆盖，腐蚀速度明显下降，此时钢的稳定电位约为–150mV，与钢在铬酸盐和苯甲酸盐(浓度超过临界浓度)中的稳定电位(分别为–180mV 和–200mV)接近，这说明联氨和铬酸盐、苯甲酸盐一样属于阳极缓蚀剂。

③替代反应。有的学者认为，联氨不是和氧直接反应，而是发生一种替代反应。这种观点认为，不加 N_2H_4 时，在阳极发生的反应是 $Fe \longrightarrow Fe^{2+}+2e^-$，在阴极是氧的还原，即 $O_2+2H_2O+4e^- \longrightarrow 4OH^-$。加 N_2H_4 时，阴极反应仍然是氧的还原，而阳极反应却是 $N_2H_4+4OH^- \longrightarrow N_2+4H_2O+4e^-$，这就防止了铁的腐蚀，同时又将氧除掉了。$N_2H_4$ 有些类似阴极保护中的牺牲阳极，如镁或锌。

从以上介绍可以看出，联氨的缓蚀机理还需要进一步研究。但是，不管对联氨的缓蚀机理作何种分析，N_2H_4 是还原剂这一点是无疑的。

因此，联氨不仅可以除氧，还可以将 Fe_2O_3 还原为 Fe_3O_4 或 Fe、将 CuO 还原为 Cu_2O 或 Cu，反应式为

$$6Fe_2O_3+N_2H_4 \longrightarrow 4Fe_3O_4+N_2+2H_2O$$

$$2Fe_3O_4+N_2H_4 \longrightarrow 6FeO+N_2+2H_2O$$

$$2FeO+N_2H_4 \longrightarrow 2Fe+N_2+2H_2O$$

$$4CuO+N_2H_4 \longrightarrow 2Cu_2O+N_2+2H_2O$$

$$2Cu_2O+N_2H_4 \longrightarrow 4Cu+N_2+2H_2O$$

据文献介绍，温度在 49℃ 以上时，N_2H_4 能够促使 Fe 表面生成 Fe_3O_4 保护层；当温度高于 137℃ 时，Fe_2O_3 能迅速地被 N_2H_4 还原为 Fe_3O_4。由于联氨能使铁的氧化物和铜的氧化物还原，所以联氨可以防止锅炉内生成铁垢和铜垢。

(3)高压及以上压力机组给水加联氨除氧的工艺条件。

根据运行经验，联氨除氧的效果与联氨的浓度、溶液 pH、温度、催化剂等因

素有密切关系。联氨在碱性水中才显强还原性，和氧的反应速度与水的 pH 关系密切，水的 pH 在 9～11 时，反应速度最大。温度越高，联氨和氧的反应越快。水温在 100℃ 以下时，反应很慢；水温高于 150℃ 时，反应很快。但是溶解氧量在 10μg/L 以下时，实际上联氨和氧之间不再反应，即使升高温度也无明显效果。因此，为了取得良好的除氧效果，联氨处理的合适条件为水温在 200℃ 以上，介质的 pH 在 8.7～11，有一定的过剩量，一般正常运行中控制省煤器入口处给水中的联氨量为 20～50μg/L，最好能加催化剂。常用的催化剂是有机物，如 1-苯基-3-吡唑烷酮、对氨基苯酚、对甲氨基苯酚及其加成盐、邻醌或对醌化合物、芳氨和醌化合物的混合物等。联氨中加入催化剂以后，这种联氨称为活性联氨或催化联氨，在配制催化联氨时，催化剂和联氨的浓度比例不太严格。对于高压和超高压及以上压力高参数机组，给水温度一般等于或大于 215℃，如果给水 pH 调节到 8.8～9.3，则联氨处理可以得到满意的效果。

确定联氨加药量时，第一，要考虑除去给水溶解氧所需的量；第二，要考虑与给水中铁、铜氧化物反应所需的量；第三，要考虑为了保证反应完全以及防止出现偶然漏氧时所需的过剩量。有的文献介绍了联氨加药量的计算方法，由于联氨在锅炉中的反应比较复杂，计算结果不太可靠。通常掌握联氨的加药量可以控制省煤器入口给水的 N_2H_4 含量。按照运行经验，当联氨处理的目的是除氧时，给水 N_2H_4 的含量控制在 20～50μg/L。在联氨处理的开始阶段，由于 N_2H_4 不仅消耗于给水中的氧及铁、铜的氧化物，而且给水系统金属表面的氧化物也会消耗一部分，因此省煤器入口的给水中不含 N_2H_4。当 N_2H_4 处理到一定时候，这些氧化物和 N_2H_4 的反应基本上完成以后，在省煤器入口的给水中才会出现 N_2H_4。为了加快反应速度，N_2H_4 的最初加药量要大些，在设计联氨加药设备时，一般按给水中需加 100μg/L 计算，在联氨处理的开始阶段，可按此加药量控制，当给水中有过剩 N_2H_4 时逐步减少加药量。

联氨处理所用的药品一般为含 40% 或更稀一些的联氨的水合联氨溶液，如 24% 的水合联氨。因为采用联氨盐会增加炉水的溶解固形物，降低 pH，而且溶液呈酸性，加药设备要防腐，所以尽管保存、运输和使用联氨盐时比较方便，联氨盐也很少被采用。

(4) 联氨的加入部位。

联氨一般在高压除氧器水箱出口的给水母管中加入，通过给水泵搅动，使药液和给水均匀混合。

根据运行经验，当水温在 270℃ 以下时，如果给水溶解氧的含量低于 10μg/L，那么联氨和氧的反应实际上不进行。当高压除氧器运行正常时，给水溶解氧含量小于 10μg/L，这时，联氨和氧的反应进行得很慢，而除氧器出口至省煤器入口的距离较短，给水流经这一段的时间也就短，在这么短的时间内，联氨和溶解氧的反应基本上也没有进行，省煤器入口处给水的溶解氧含量没有明显降低，联氨的除氧效果差。为了提高除氧效果，目前大多增加凝结水泵的出口(有精处理的是精处理出口)作为联氨的加入位置，使联氨和氧的反应时间延长，以提高除氧效果。据文献介绍，在凝结水泵出口(有精处理的是精处理出口)加联氨，一般情况下除氧器入口的溶解氧可能降至 7μg/L 以下。此外，在凝结水泵出口(有精处理的是精处理出口)加联氨，还可以减轻低压加热器铜管的腐蚀。

(5)联氨的加药系统及操作。

图 2-5 是高压、超高压机组较常用的给水联氨配药、加药系统。其配药、加药的主要操作步骤是，先开动喷射器 7 抽真空，将联氨吸到计量器 2，当联氨达到需要量时，关掉抽气门，停喷射器，打开计量器的空气门和下部阀门，将联氨引至加药箱 3，同时加入除盐水，使联氨稀释至一定浓度(如 0.1%)，启动加药泵将联氨加入系统。

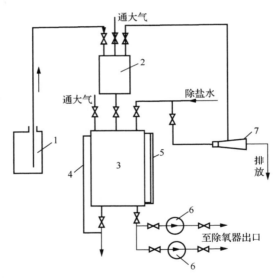

图 2-5　联氨配药、加药系统

1-联氨箱；2-计量器；3-加药箱；4-溢流管；5-液位计；6-加药泵；7-喷射器

图 2-6 是可供两台大容量机组共用的给水、凝结水联氨加药系统。该系统设有浓联氨计量器。加药前先将浓联氨通过输送泵注入该计量器进行计量，再打开加药箱进口门将浓联氨引入加药箱，并加水将其稀释至一定浓度(如 0.1%)，搅拌均匀，然后启动联氨加药泵将联氨加入系统。加药过程中，可根据凝结水和给水氧含量手工调整联氨加药泵的行程，也可根据凝结水和给水氧含量监测信号，采用可编程控制器或工控机通过变频器控制联氨加药泵进行自动加药，以控制水中氧含量<7μg/L。

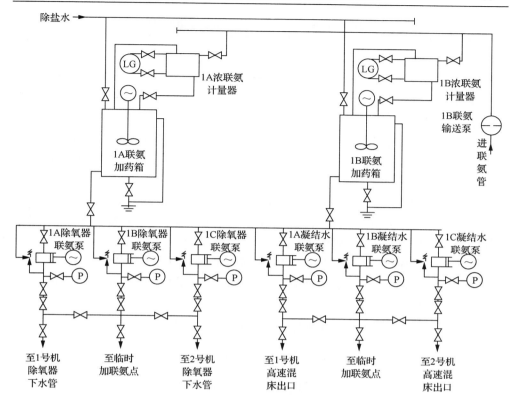

图 2-6　联氨加药系统(供两台机组给水、凝结水加联氨用)

　　由于以上两种加药系统基本上是密闭的，工作人员不和联氨直接接触，联氨在空气中的挥发量很小，因此比较安全。

　　2）亚硫酸钠处理

　　亚硫酸钠(Na_2SO_3)是白色或无色结晶，易溶于水。它是一种还原剂，能和水中的氧反应生成硫酸钠，其反应式为

$$2Na_2SO_3 + O_2 \longrightarrow 2Na_2SO_4$$

　　按质量计算，除去 1g 氧大约需 8g Na_2SO_3，为了提高除氧效果，需要一定的 Na_2SO_3 过剩量。

　　亚硫酸钠和氧反应的速度与温度、氧的浓度、Na_2SO_3 的过剩量、水中是否存在催化剂或阻化剂有密切关系。

　　温度越高，反应速度也越快，除氧作用越完全。当 Na_2SO_3 的过剩量为 25%～30%时，反应速度大大加快。Na_2SO_3 在不同温度下反应完全的时间如表 2-3 所示。

表 2-3　Na₂SO₃ 在不同温度下反应完全的时间

温度/℃	40	60	80
反应时间/min	2.5～3	1.5	0.5

水的 pH 对反应速度的影响也很大，pH 升高，反应速度降低，在中性的时候，反应速度最快。

当水中含有机物时，会显著降低反应速度。当水中的耗氧量从 0.2mg/L 增加到 7mg/L 时，Na_2SO_3 与氧的反应速度降低 35%，当水中存在铜、钴、锰及碱土金属离子时，反应速度加快。

Na_2SO_3 的加药方式是通常将 Na_2SO_3 配成 2%～10%的稀溶液，用活塞泵加入系统中，一般加在给水泵前的管道中。由于 Na_2SO_3 易与空气中的氧反应，所以使用的溶液箱和加药系统必须密封。

进行亚硫酸钠处理，人们关心的一个问题是 Na_2SO_3 的分解问题。目前，各国对此问题的看法不一致。有人认为，Na_2SO_3 在温度为 275～285℃时会自氧化还原，分解产生 Na_2S，其反应式为

$$4Na_2SO_3 \longrightarrow Na_2S + 3Na_2SO_4$$

还有人认为，Na_2S 在锅炉内部水解产生 H_2S，其反应式为

$$Na_2S + 2H_2O \longrightarrow 2NaOH + H_2S$$

当然，对此也有不同的看法，如有的试验结果认为，即使压力为 9.31MPa 的锅炉，也没有发现 Na_2SO_3 分解产生 Na_2S，只是在压力高于 11.76MPa 时才发现炉水中有微量 S^{2-} 存在。

还有的文献介绍，Na_2SO_3 在锅炉中水解产生 SO_2，其反应式为

$$Na_2SO_3 + H_2O \longrightarrow 2NaOH + SO_2$$

据文献介绍，在锅炉工作压力不超过 6.86MPa、炉水中 Na_2SO_3 浓度不超过 10mg/L 时，Na_2SO_3 处理是安全的。同时，Na_2SO_3 和氧反应生成 Na_2SO_4，炉水中总的溶解固形物增加，排污量也随之增加，蒸汽品质也可能受到影响。所以，Na_2SO_3 处理只适用于软化水补给的中低压锅炉。

3) 异抗坏血酸钠和二甲基酮肟处理

由于联氨有一定的毒性，近年来开始采用新型除氧剂代替联氨，这些新型除氧剂主要有对苯二酚、碳酰肼、异抗坏血酸及其钠盐、二乙基羟胺、二甲基酮肟和氨基乙醇胺等。我国有采用异抗坏血酸钠和二甲基酮肟作为除氧剂的，以下分别进行介绍。

（1）异抗坏血酸钠处理。

异抗坏血酸钠的分子式为 $C_6H_7NaO_6 \cdot H_2O$，结构式为

$$O=C-C=C-C-C-CH_2OH \cdot H_2O$$

异抗坏血酸钠为白色或稍带黄色的结晶颗粒或粉末，无臭，稍有咸味，易溶于水；是一种强还原剂，和氧发生如下反应：

$$2O=C-C=C-C-C-CH_2OH+O_2 \longrightarrow 2O=C-C-C-C-C-CH_2OH+2NaOH$$

同时，异抗坏血酸钠还可以和 Fe_2O_3、CuO 发生反应。在室温时，异抗坏血酸钠与氧的反应速度比联氨与氧的反应速度快，约为联氨的 17000 倍，90℃时为联氨的 8500 倍。所以，异抗坏血酸钠在常温时与氧的反应速度快。异抗坏血酸钠的热分解产物主要是乳酸，最终分解产物是 CO_2，若运行控制得当，对设备不会产生危害。异抗坏血酸钠属无毒物质，我国卫生部于 1986 年批准其作为食品添加剂。

据试验，异抗坏血酸钠的加药量可控制在 $200\mu g/L$ 左右。异抗坏血酸钠的处理费用高于联氨，若能降低加药量，费用可下降。加药系统可以直接使用原有的联氨加药系统。加药部位也可和联氨的加药部位相同。异抗坏血酸钠适用于汽包锅炉，对于直流炉，因加入钠盐会导致给水含钠量超标，可以改用异抗坏血酸或异抗坏血酸铵。

（2）二甲基酮肟处理。

国内曾在相当数量的机组上采用过新型除氧剂二甲基酮肟辅助除氧。二甲基酮肟的分子式为 $(CH_3)_2CNOH$，是固体结晶或粉末，易溶于水和醇。二甲基酮肟具有很强的还原性，能在常温下与水中溶解氧直接反应，其反应式为

$$2(CH_3)_2CNOH+O_2 \longrightarrow 2(CH_3)_2CO+N_2O+H_2O$$

同时，二甲基酮肟还可以将 Fe_2O_3 和 CuO 分别还原为 Fe_3O_4 和 Cu_2O。二甲基酮肟的热分解产物是氨与微量乙酸，对设备不产生危害。二甲基酮肟的毒性小，只有 N_2H_4 的 1/19。

据试验，二甲基酮肟的加药量以控制在 $100\mu g/L$ 为宜，其处理费用高于联氨。加药系统可使用原有的联氨加药系统，加药部位也可以和联氨的加药部位相同。

第二节　热力设备的停用腐蚀与停用保护

一、停用腐蚀

锅炉、汽轮机、凝汽器、加热器等热力设备停运期间，如果不采取有效的保护措施，那么设备金属表面会发生强烈腐蚀，这种腐蚀称为热力设备的停用腐蚀，其本质属于氧腐蚀。多年来，我国火电机组常因停用后未采取防腐蚀措施或采取的防腐蚀措施不当，造成锈蚀和损坏，尤其是水汽侧的腐蚀，对电厂的安全经济运行造成严重影响。

1. 停用腐蚀产生的原因

停用腐蚀产生的主要原因如下：

(1)水汽系统内部有氧气。由于热力设备停用时，水汽系统内部的温度和压力逐渐下降，蒸汽凝结，空气会从设备不严密处或检修处大量进入设备内部，带入的氧会溶解在水中。

(2)金属表面潮湿，在表面生成一层水膜，或者金属浸在水中。因为热力设备停用放水时不可能彻底放空，有的设备内部仍然充满水，有的设备虽然将水放掉了，但积存有水。这样，一部分金属就浸在水中；积存的水不断蒸发，使水汽系统内部湿度变大，导致未浸在水中的金属表面形成水膜。

2. 停用腐蚀的特征

各种热力设备的停用腐蚀均属于氧腐蚀，但各有其特点，在此简要介绍锅炉和汽轮机停用腐蚀的特征。

锅炉的停用腐蚀，即停炉腐蚀，其腐蚀形态主要是点蚀。停炉腐蚀与运行氧腐蚀相比，其腐蚀产物的颜色、组成，腐蚀的严重程度和腐蚀的部位、形态方面有明显差别。因为停炉腐蚀时温度较低，所以腐蚀产物是疏松的，附着力小，易被水带走，腐蚀产物的表层常常为黄褐色。由于停炉时氧的浓度大，腐蚀面积广，因此停炉腐蚀往往比运行氧腐蚀严重。因为停炉时氧可以扩散到各个部位，所以停炉腐蚀的部位和运行氧腐蚀的部位有显著差别，例如：

(1)过热器运行时不发生氧腐蚀，停炉时立式过热器下弯头常发生严重的氧腐蚀。

(2)再热器运行时不会有氧腐蚀，停用时有积水部位会严重腐蚀。

(3)锅炉运行时省煤器出口部分腐蚀较轻，入口部分腐蚀较重。停炉时整个省煤器均有腐蚀，且出口部分往往腐蚀严重一些。

(4)锅炉运行时，只有当除氧器运行工况显著恶化时，氧腐蚀才会扩展到汽包和下降管，而上升管(水冷壁管)是不会发生氧腐蚀的。停炉时，汽包、下降管、水冷壁管中均会遭受氧腐蚀，且汽包的水侧比汽侧腐蚀严重。

汽轮机的停用腐蚀，即停机腐蚀，其腐蚀形态也是点蚀，主要发生在有氯化物污染的机组，通常在喷嘴和叶片上出现，有时也在转子叶轮和转子本体上发生。

3. 停用腐蚀的影响因素

停用腐蚀的影响因素与大气腐蚀相似，对放水停用的设备，影响因素主要是温度、湿度、金属表面液膜成分和金属表面的清洁程度等。对于充水停用的锅炉，金属浸在水中，影响腐蚀的因素主要是湿度、含盐量和金属表面清洁程度。

(1)湿度：对于充水停用的设备，金属表面的湿度对腐蚀速度影响大。对于大气腐蚀来说，在不同成分的大气中，金属都有一个临界湿度，当超过这一临界值时，腐蚀速度迅速增加，在临界值之前，腐蚀速度很小或几乎不腐蚀。临界湿度随金属种类、金属表面状态和大气成分不同而变化。一般来说，金属受大气腐蚀的临界湿度为70%左右。根据运行经验，当停用的热力设备内部湿度小于20%时，就能避免腐蚀；当湿度大于20%时，会产生停用腐蚀。并且，湿度大，腐蚀速度就大，例如，母管式蒸汽系统的锅炉，当主气门不严，蒸汽从蒸汽母管漏入锅炉时，锅炉内的湿度增大，腐蚀速度加快。

(2)含盐量：当水中或金属表面液膜中盐的浓度增加时，腐蚀速度增加，特别是氯化物和硫酸盐浓度增加时，腐蚀速度增加十分明显。因此，当汽轮机停用，且其叶片等部件上有氯化物存在时，会发生腐蚀。

(3)金属表面清洁程度：当金属表面有沉积物或水渣时，停用腐蚀速度增加。因为金属表面有沉积物或水渣时，会造成氧的浓度差异。沉积物或水渣下部，氧不易扩散进来，电位较负，成为阳极；而沉积物或水渣周围氧容易扩散到金属表面，电位较正，为阴极。氧浓差电池的存在，使腐蚀速度增加。

4. 停用腐蚀的危害

停用腐蚀的危害性有以下两方面：

(1)在短期内使停用设备金属表面遭到大面积破坏，甚至腐蚀穿孔。

(2)加剧热力设备运行时的腐蚀。锅炉再启动时，停用腐蚀的腐蚀产物会进入锅炉，造成锅炉炉水浓缩、腐蚀速度增加、炉管内摩擦阻力增大、水质恶化等；同时，停用腐蚀的部位往往有腐蚀产物，表面粗糙不平，保护膜被破坏，成为腐蚀电池的阳极。停用腐蚀的部位可能成为汽轮机应力腐蚀破裂或腐蚀疲劳裂纹的起始点。

二、停用保护

为保证热力设备的安全、经济运行，热力设备在停、备用期间，必须采取有效的防锈蚀措施，避免或减轻停用腐蚀。

1. 停用保护方法分类

按照保护方法或措施的作用原理，停用保护方法大体上可分为以下三类：

第一类是阻止空气进入热力设备水汽系统内部，其实质是减小氧的浓度，此类方法有充氮法、保持蒸汽压力法等。

第二类是降低热力设备水汽系统内部的湿度，其实质是防止金属表面凝结水膜而形成腐蚀电池。此类方法有烘干法、干燥剂法等。

第三类是使用缓蚀剂(包括气相缓蚀剂和高温成膜缓蚀剂等)；或加碱化剂调整溶液的 pH，使金属表面形成保护膜，减缓金属表面的腐蚀；或使用除氧剂，除去水中的溶解氧，使腐蚀减轻。所用药剂有气相缓蚀剂、高温成膜缓蚀剂、氨、联氨等。这类方法的实质是使腐蚀电池的阳极和/或阴极过程受到阻滞。

根据热力设备在停(备)用期间所处防锈蚀状态的不同，停用保护方法可分为干式保护法和湿式保护法两大类。干式保护法有热炉放水余热烘干法、负压余热烘干法、邻炉热风烘干法、干燥剂法、充氮法、气相缓蚀剂法、高温成膜缓蚀剂法等。湿式保护法有氨水法、氨-联氨法、蒸汽压力法、给水压力法等。

2. 停用保护方法的选择原则

在选择停用保护方法时，应主要考虑以下原则：

(1)机组的参数和类型。首先是机组的类别，直流炉对水质要求高，只能采用挥发性的药品保护，如高温成膜缓蚀剂、联氨和氨或充氮保护；汽包锅炉则根据锅炉参数不同使用挥发性药品，或者使用非挥发性药品。其次是机组的参数，高参数机组对水质要求高，使用高温成膜缓蚀剂，或联氨和氨。同时，高参数机组的水汽系统结构复杂，机组停用放水后，有些部位容易积水，不宜采用干燥剂法。再次是过热器的结构，由于立式过热器的底部容易积水，不能将过热器存水吹净和烘干，所以不宜使用干燥剂法。

(2)停(备)用时间的长短和性质。停用时间不同，选用的方法也不同。热备用锅炉必须考虑能够随时投入运行，要求所采用的方法不能排掉机组内水，也不宜改变水的成分，以免延误投入运行的时间，一般采用保持蒸汽压力法。短期停用的机组要求短期保护以后能投入运行，锅炉一般采用湿法保护，其他热力设备可以采用湿法保护，也可以采用干法保护。长期停用的机组要求所采用保护方法的防腐蚀作用持久，一般放水保护，也可以用湿法保护，例如，采用高温成膜缓蚀剂法，或加联氨、充氮保护。

(3)现场条件、可操作性和经济性。选择保护方法时，要考虑采用某种保护方法的现实可能性。如果某一方法虽然从机组的特点和停用时间考虑是合理的，但现场不具备条件，也不能采用。现场条件包括设备条件、给水的水质、环境的温度、大气条件(如海滨电厂的盐雾环境)和药品的来源等。例如，对于北方电厂来说，采用湿法保护的各种方法，要具备防冻的条件。

(4)给水、炉水处理方式。

(5)机组停(备)用保护方法要与机组运行所采用的给水处理工艺兼容，不影响凝结水精处理设备的正常投运。

(6)停(备)用保护方法不能影响机组按电网要求随时启动运行，也不能影响机组启动、正常运行时水汽品质和机组正常运行时热力系统所形成的保护膜。

(7)要有废液处理措施，废液排放符合《污水综合排放标准》(GB 8978—1996)及当地环保部门的相关规定。

(8)所采用的保护方法不影响热力设备的检修工作和检修人员的安全。

其中，机组的参数和类型、停(备)用时间的长短是主要的。只有充分考虑机组的特点，才能选择合适的药品和恰当的保护方法。只有区分保护时间的长短，才能选择出既能得到满意的防腐蚀效果，又能方便机组启动的方法。

3. 停用保护方法的效果评价

根据热力设备腐蚀检查结果和机组启动时冷态、热态水冲洗时间的长短，以及机组并网后 8h 水汽质量，特别是给水铁含量是否符合《火力发电机组及蒸汽动力设备水汽质量》(GB/T 12145—2016)和《火力发电厂水汽化学监督导则》(DL/T 561—2013)的要求等方面，对停(备)用保护效果进行评价。

(1)D 级、C 级检修时，应检查高压加热器、低压加热器、除氧器、汽包和水冷壁下水包或下联箱的积水和腐蚀状态。机组 B 级及以上检修期间，应对重要热力设备进行腐蚀检查，例如，对锅炉受热面进行割管检查，对汽包、下水包或下联箱、除氧器、凝汽器、高压加热器、低压加热器、汽轮机低压缸进行目视检查，这些部位应无明显停用腐蚀现象。应将检查结果与上次检查结果和其他机组的检查结果比较，完善停用保护措施。

(2)保护效果良好的机组，机组启动过程中，冲洗时间短；启动后，给水质量和并汽或汽轮机冲转前的蒸汽质量，应符合《火力发电机组及蒸汽动力设备水汽质量》(GB/T 12145—2016)的要求，且在机组并网 8h 内达到正常运行的标准值。

4. 锅炉的停用保护方法

锅炉的停用保护方法较多，以下介绍几种常用的、效果较好的方法。

1) 烘干法

烘干法的保护原理是维持停（备）用热力设备内相对湿度小于碳钢腐蚀速度急剧增大的临界值（60%）。为了使受热面在放水后保持干燥，无积水，可采用热炉放水。热炉放水是指锅炉停运后迅速关闭锅炉各风门、挡板，封闭炉膛，防止热量过快散失；待压力降到锅炉制造厂规定值（例如，固态排渣汽包锅炉为汽包压力降至 0.6～1.6MPa，固态排渣直流炉为分离器压力降至 1.6～3.0MPa、对应进水温度下降到 201～334℃）时，迅速放尽锅炉内存水，利用炉膛余热烘干受热面。水排尽后，利用炉内余热或利用点火设备在炉内点微火，烘干水汽系统内表面。也可采用邻炉热风烘干法，将邻炉热风引入炉膛烘干水汽系统内表面。还可以采用负压抽干的办法，使金属表面干燥。

(1) 热炉放水余热烘干法。放水过程中应全开空气门、排气门和放水门，自然通风排出炉内湿气，直至炉内空气相对湿度小于 60%或等于环境相对湿度。放水结束后应关闭空气门、排气门和放水门，封闭锅炉。烘干过程中，应定时测定炉内相对湿度。热炉放水余热烘干法适用于停用时间短于 3 天或 1 个月的锅炉临时检修、C 级及以下检修，要求炉膛有足够余热、系统严密。

(2) 负压余热烘干法。迅速放尽锅炉存水后利用凝汽器抽真空系统抽真空，加速排出锅炉内湿气，以提高烘干效果。抽真空时，打开一、二级启动旁路，对再热器、过热器和水冷系统抽真空，使汽包（分离器）真空度大于 50kPa，并维持 1h；开启省煤器和汽包空气门 1～2h，用空气置换锅炉内残存湿气，关闭空气门，继续抽真空至 2～4h，直至锅炉内空气相对湿度降到 60%以下或等于环境相对湿度。负压余热烘干法适用于停用时间短于 1 周或 1 季度的 A 级及以下检修，可保护锅炉、汽轮机，要求炉膛有足够余热、配备有抽气系统、系统严密。

(3) 邻炉热风烘干法。热炉放水后，为补充炉膛余热的不足，将正在运行的邻炉的热风引入炉膛，继续烘干水汽系统内表面，直到锅炉内空气相对湿度低于60%。邻炉热风烘干法适用于锅炉冷备用和大、小修。

烘干法都要求锅炉内相对湿度小于 60%或不大于环境相对湿度，烘干过程中每小时测定一次相对湿度，停（备）用期间每周测定一次相对湿度。汽包锅炉降压、放水过程中，应严格控制汽包上、下壁温度差不超过制造厂允许值，即温差＜40℃。直流锅炉降压、放水过程中，应控制联箱和分离器的壁温差不超过制造厂的允许值。

烘干法常用于锅炉检修期间的防腐蚀。锅炉检修完毕以后，若不立即投入运行，应采取其他保护措施。

2) 热风干燥法

锅炉停运后迅速关闭锅炉各风门、挡板，封闭炉膛，防止热量过快散失；当汽包锅炉汽包压力降至 1.0～2.5MPa、直流炉分离器压力降至 2.0～3.0MPa 时，打开过热器、再热器对空排汽，疏放水门和空气门排汽；待压力降到锅炉制造厂规定值(例如，固态排渣汽包锅炉为汽包压力降至 0.6～1.6MPa，固态排渣直流炉为分离器压力降至 1.6～3.0MPa、对应进水温度下降到 201～334℃)时，迅速放尽锅炉内存水(液态排渣炉可根据锅炉制造厂要求执行热炉带压放水)，利用炉膛余热烘干受热面。放水结束后，启动专门正压吹干装置，用 180～200℃压缩空气依次吹干再热器、过热器、水冷系统和省煤器，监督各排气点空气相对湿度，要求相对湿度不大于当时大气相对湿度。锅炉短期停用的停炉时吹干即可；长期停用时一般每周启动正压吹干装置一次，维持受热面内相对湿度不大于当时大气相对湿度。锅炉受热面排汽和放水过程中，应严格控制管壁温度差不超过制造厂的允许值。过热器、再热器对空排汽压力、温度尽量高，使垂直布置的过热器、再热器下弯头无积水，排汽、放水、吹干三个步骤应紧密联系，无缝对接完成。正压吹干装置的压缩空气气源可以是仪用或杂用压缩空气，压力为 0.3～0.8MPa，流量为 5～10m³/h。干燥过程中每小时测定一次各排气点相对湿度，停(备)用期间每周测定一次相对湿度。热风干燥法适用于冷备用和停用时间短于 1 个月、1 个季度或长于 1 个季度的 A 级及以下检修，可保护锅炉、汽轮机。要求备有干风系统和设备，干风应能连续供给。

3) 干风干燥法

干风干燥法的保护原理是保证热力设备内相对湿度处于免受腐蚀的临界值以下。热炉放水后，启动除湿机，将常温空气通过专门的转轮吸附除湿设备和冷冻除湿设备，除去空气中的湿分，产生常温干燥空气(干风)，将干风通入热力设备，除去热力设备中的残留水分，使热力设备表面干燥而得到保护。干风干燥的特点是采用常温空气，因此设备内部处于常温状态，可有效减轻因温度降低引起相对湿度升高而发生的腐蚀。与热风干燥相比，干风干燥所消耗的能量要少得多。在停(备)用保护期间，维持锅炉各排气点的相对湿度为 30%～50%，并由此控制除湿机的启停。干燥过程中每小时测定一次相对湿度，停(备)用期间每 48h 测定一次相对湿度。干风干燥法适用于冷备用和停用时间短于 1 个月、1 个季度或长于 1 个季度的 A 级及以下检修，可保护锅炉、汽轮机、凝汽器、高压加热器、低压加热器等。要求备有干风系统和设备，干风应能连续供给。注意：应尽量提高锅炉受热面放水压力和温度，严格控制管壁温度差不超过制造厂允许值；根据每小时置换锅炉内空气 5～10 次的要求选择除湿机的容量；定期用相对湿度计监测各排气点的相对湿度。

4) 干燥剂法

干燥剂法是应用吸湿能力很强的干燥剂，使锅炉内部金属表面经常处于干燥状态。应用此法时，先用烘干法将锅炉各部分的水放净并烘干，除去具有吸湿能力、促进腐蚀的水渣和水垢后，放入干燥剂。常用的干燥剂有无水氯化钙、生石灰和硅胶，其用量按照锅炉容积计算，标准如表 2-4 所示。

表 2-4   各种干燥剂用量表

药品名称	用量/(kg/cm³)	粒径/mm
无水氯化钙	1～2	10～15
生石灰	2～3	—
硅胶	1～2	10～30

干燥剂的放置方法是将药品分别盛于几个搪瓷盘中，沿汽包长度均匀放入汽包内部，联箱也应放入干燥剂。完成上述工作之后，立即封闭汽包、联箱和所有阀门，锅炉即进入保护期。经 7～10 天以后，打开汽包检查干燥剂情况，如果已失效便进行更新，此后每隔一定时期(一般为一个月)检查和更换失效的干燥剂。用氯化钙时，要防止因吸湿溢出造成锅炉腐蚀。

此法保护效果良好，但只适用于低参数小容量锅炉和汽轮机的冷备用和封存。要求设备相对严密，内部空气相对湿度不高于 60%。高参数锅炉结构比较复杂，锅炉内各部分的水往往难以放尽，一般不采用。近年来，国外对大型直流炉的保护，有的采用经氯化锂干燥的空气吹入锅炉内部保持干燥的方法。

5) 气相缓蚀剂法

气相缓蚀剂具有保护性基团，同时又有一定的挥发性。一种气相缓蚀剂的优劣，由这两种性能的综合表现决定。

一般气相缓蚀剂应具备以下基本条件：①化学稳定性高；②有一定蒸汽压，以保证充满被保护设备的各个部位，还应能保留较长时间；③在水中有一定溶解度；④有较高的防腐能力。

常用的气相缓蚀剂有碳酸环己胺、碳酸铵等，它们都有较大的挥发性，溶入水后能解离出具有缓蚀性基团的化合物。加入气相缓蚀剂的方法是在锅炉停炉后，热炉放水、余热烘干。当锅炉内空气相对湿度(室温值)小于 90% 时，采用专门设备从锅炉底部的放水管或疏水管充入气化的气相缓蚀剂，自下而上逐渐充满锅炉。当气相缓蚀剂浓度达到厂家要求的浓度(如碳酸环己胺含量控制大于 $30g/m^3$)后，停止充入气相缓蚀剂，并迅速封闭锅炉。充入气相缓蚀剂前，用不低于 50℃ 的热风经汽化器旁路先对充气管路进行暖管，以免气相缓蚀剂遇冷析出，造成堵管。当充气管路温度达到 50℃ 时，停止暖管并将热风导入汽化器，使气相缓蚀剂气化并充入锅炉。充入气相缓蚀剂时，利用凝汽器真空系统或辅助抽气措施对过热器和再热器抽气，并使抽气量和进气量基本一致。要配置热风气化系统，系统应严密，锅炉、高低压加热器应基本干燥。气相缓蚀剂气化时应有稳定的压缩空气气源，其压力为 0.6～0.8MPa、气量≥6m³/min，且能连续排气。对于碳酸环己胺，可以用加热的压缩空气(40～50℃)为载体,将有氨味的白色粉末状药品加入锅炉;碳酸环己胺对铜部件有腐蚀,应有隔离措施。此法适用于保护中压以上参数的锅炉,可以作短期和长期(1 周以上)停用锅炉的保护,可以冷备用、封存锅炉,可以保护锅炉、高低压加热器、凝汽器。

6) 充氮法

氮气本身不与钢铁反应,无腐蚀性,它的作用是阻止氧气进入锅炉。

短期停炉的充氮方法是,停止给水加氧,无铜给水系统适当提高凝结水精处理出口加氨量,使给水 pH 为 9.4～9.6,有铜给水系统的给水维持运行水质;锅炉停炉后不换水,维持运行水质,当过热器出口压力降至 0.5MPa 时,关闭锅炉受热面所有疏水门、放水门和空气门,打开锅炉受热面充氮门充入氮气,用氮气覆盖汽空间,在锅炉冷却和保护过程中维持氮气压力为 0.03～0.05MPa,这称为充氮覆盖法。

长期停炉、给水采用还原性全挥发小 2 次(AVT(R))机组的充氮方法是机组停机前 6～8h,汽包锅炉炉水停止加磷酸盐和氢氧化钠;锅炉停运后维持凝结水泵和给水泵运行,提高凝结水和给水联氨加药量,使省煤器入口给水联氨含量为 0.5～10mg/L,无铜给水系统 pH 为 9.6～10.5,有铜给水系统 pH 为 9.1～9.3,用给水更换炉水并冷却;当锅炉汽包压力降至 4MPa 时,利用炉水磷酸盐加药系统向炉水加入浓联氨,并使炉水联氨浓度达 5～10mg/L;当锅炉汽包压力降至 0.5MPa 时,关闭锅炉受热面所有疏水门、放水门和空气门,打开锅炉受热面充氮门充入氮气,在锅炉冷却和保护过程中维持氮气压力在 0.03～0.05MPa。

长期停炉、给水采用氧化性全挥发小 2 次(AVT(O))或加氧处理(OT)机组的充氮方法是机组停机前 4h,汽包锅炉炉水停止加磷酸盐和氢氧化钠,给水停止加氧,旁路凝结水精除盐设备,加大凝结水泵出口氨的加入量,提高省煤器入口给水的 pH 至 9.6～10.5;当凝结水泵出口加氨量不能满足要求时,可启动给水泵入口加氨泵加氨;锅炉停运后用高 pH 给水置换炉水并冷却;当锅炉压力降至 0.5MPa 时,停止换水,关闭锅炉受热面所有疏水门、放水门和空气门,打开锅炉受热面充氮门充入氮气,在锅炉冷却和保护过程中维持氮气压力为 0.03～0.05MPa。

锅炉停炉需要放水的充氮方法是机组停机前 4h,炉水停止加磷酸盐和氢氧化钠,给水停止加氧,旁路凝结水精除盐设备,提高凝结水和给水加氨量使无铜给水系统省煤器入口给水的 pH 为 9.6～10.5,有铜给水系统的给水维持给水正常运行水质;锅炉停运后用给水置换炉水并冷却;当锅炉压力降至 0.5MPa 时停止换水,打开锅炉受热面充氮门充入氮气,在保证氮气压力 0.01～0.03MPa 前提下,微开放水门或疏水门,用氮气置换炉水和疏水、密封水汽空间,保护过程中维持氮气压力为 0.01～0.03MPa,这称为充氮密封法。当炉水、疏水排尽后,检测排出来的氮气的纯度,大于 98%后关闭所有疏水门和放水门。

注意,使用的氮气纯度以大于 99.5%为宜,最低不应小于 98%。充氮过程中每小时监测记录一次氮压、纯度和水质,充氮结束时测定排出来的氮气纯度,停(备)用期间每班记录一次氮压。当设备检修完后,应重新进行充氮保护。

充氮法适用于各种参数的锅炉,对于高参数大容量机组,可以普遍采用。此方法既可以保护长期停用的锅炉、高低压给水系统、热网加热器汽侧,如冷备用、封存采用,又可以用于保护不少于 3 天的短期停用锅炉。

7)氨水法

因为氨水呈碱性,当氨水达到一定浓度后,钢铁表面会形成一层完整的保护膜,所以用氨水法可以防止停用腐蚀。

锅炉停用后,压力降至锅炉规定放水压力时开启空气门、排气门、疏水门和放水门,将锅炉内存水放尽。在除氧器、凝汽器或专用疏水箱中用除盐水配制氨含量为 500～700mg/L、pH≥10.5 的保护液,用专用保护液输送泵或电动给水泵将保护液先从过热器、再热器疏水管、减温水管或反冲洗管充入过热器、再热器。过热器、再热器空气门见保护液后关闭,由过热器充入的保护液量应是过热器容积的 1.5～2.0 倍。过热器内充满保护液后,再经省煤器放水门、锅炉反冲洗或锅炉正常上水系统,向锅炉水冷系统充保护液,直至充满锅炉,即汽包锅炉汽包水位至最高可见水位、空气门见保护液,直流锅炉分离器水位至最高可见水位、最高处空气门见保护液,使保护液在系统内循环,直到氨浓度均匀。保护期间如发生汽包或分离器水位下降,应及时补充保护液,必要时可向汽包、分离器或过热器、再热器出口充入氮气,维持氮气压力为 0.03～0.05MPa。

采用氨水法保护时应注意防止铜部件的腐蚀,如使用时应有隔离铜质部件的措施。锅炉启动时,应先将保护液排空,并用合格的给水彻底冲洗锅炉本体、过热器、再热器,排出的保护液必须经过处理至符合排放标准后才能排放;升压后,用蒸汽冲洗过热器,待蒸汽中氨含量小于2mg/kg 时才能并汽,以免氨液浓度过大腐蚀铜。由于氨的挥发性大,要特别注意系统的严密性和监督氨水的浓度。充氨溶液时每 2h 测定一次 pH 和氨含量,保护期间每周分析一次 pH 和氨含量。氨水法适用于保护长期停用的锅炉、高低压给水系统,如锅炉水压试验后长期冷备用和封存、供热机组停止供热无检修或检修后的长期停运,也适用于热备用等短期(1 周以内)停用。

8)联氨法

锅炉停用以后,将锅炉内水换成给水,然后加入联氨,同时添加氨水以保持水的pH。为了取得满意的保护效果,联氨的过剩量为 200mg/L,pH 大于 10。在保护过程中,应定期检查联氨浓度和 pH,若不符合要求,应及时采取措施。联氨法适用于停用时间较长或者备用的锅炉,也适用于短期停用的锅炉。

使用联氨法保护的锅炉，在启动前，应将联氨和氨水排放干净，并进行冲洗。在锅炉点火以后，应先向空排汽，在蒸汽中氨含量小于 2mg/kg 时才可送汽。

9) 二甲基酮肟法

由于二甲基酮肟的强还原性，它能在钢铁表面生成良好的保护膜，因此具有良好的保护作用，适合停炉保护使用。二甲基酮肟作保护剂时，溶液的 pH 非常重要，保护液的起始 pH 必须大于 10.5。若保护期为一年，保护液应采用 400mg/L 的浓度；若保护期缩短，保护液的浓度则可降低。因为二甲基酮肟对铜有一定的腐蚀作用，所以要避免保护液与铜合金设备接触。二甲基酮肟的保护范围，除锅炉本体之外，还包括过热器和再热器。

10) 给水压力法

给水压力法是锅炉停用后，用符合运行水质要求的给水充满锅炉，并保持一定的压力及溢流量，以防止空气漏入。

汽包锅炉停用后，停止向炉水加磷酸盐和氢氧化钠，保持汽包内最高可见水位，自然降压至给水温度对应的饱和蒸汽压力时，用符合运行水质要求的给水置换炉水。炉水全用磷酸盐处理的锅炉，当炉水的磷酸根含量小于 1mg/L、水质澄清时，停止换水。直流锅炉停运后，加大精处理出口加氨量，提高给水 pH 为 9.4～9.6。

当过热器壁温低于给水温度时，开启锅炉最高点空气门，由过热器减温水管或反冲洗管充入给水，至空气门溢流后关闭空气门。在保持锅炉压力为 0.5～1.0MPa 和给水 pH、溶解氧含量、氢电导率满足运行条件下，使给水从饱和蒸汽取样器处溢流，溢流量控制在 50～200L/h 范围内。

一般保护期间应保持系统严密，定期检查锅炉压力和给水品质，若不符合标准要求，则应立即采取措施，使其符合标准。每班记录一次压力，分析一次 pH、溶解氧含量、氢电导率。此法适用于短期(1 周内)停用的锅炉及给水系统，如热备用时采用。

11) 蒸汽压力法

有的锅炉因临时小故障或外部电负荷需求经常开停，处于热备用状态。锅炉停用时，必须采取措施进行保护，以免产生停炉腐蚀。但是，锅炉必须随时投入运行，所以锅炉不能放水，也不能改变锅炉内水的成分。在这种情况下，宜采用蒸汽压力法。此法是锅炉短时间停运时，停炉后炉水水质仍然维持运行时的水质，关闭炉膛各挡板、炉门、各放水门和取样门，减少炉膛热量散失。中压汽包锅炉自然降压至 1MPa、高压及以上压力汽包锅炉自然降压至 2MPa 时，进行一次锅炉底部排污，排污时间一般为 0.5～1h，排污时及时补充给水以维持汽包水位不变。利用炉膛余热，引入邻炉蒸汽加热或间断点火，以维持锅炉蒸汽压力在 0.4～0.6MPa，防止空气漏入锅炉内，并使锅炉处于热备用状态。保护期间，应经常监督锅炉内的水质，每班记录一次压力。

12）氨-联氨法

锅炉停运后，压力降至锅炉规定放水压力时开启空气门、排气门、疏水门和放水门，将锅炉内存水放尽；在除氧器、凝汽器或专用疏水箱中配制好氨-联氨溶液，用氨-联氨溶液作为防锈蚀介质充满锅炉。防锈蚀介质一般用除盐水配制，其中联氨含量为 200～300mg/L，并用氨水调 pH 为 10.0～10.5。用专用保护液输送泵或电动给水泵将保护液先从过热器、再热器疏水管、减温水管或反冲洗管充入过热器、再热器，过热器、再热器空气门见保护液后关闭，由过热器充入的保护液量应是过热器容积的 1.5～2.0 倍。过热器内充满保护液后，再经省煤器放水门、锅炉反冲洗或锅炉正常上水系统，向锅炉水冷系统充保护液，直至充满锅炉，即汽包锅炉汽包水位至最高可见水位、空气门见保护液，直流锅炉分离器水位至最高可见水位、最高处空气门见保护液。保护期间若发生汽包或分离器水位下降，应及时补充保护液，必要时可向汽包、分离器或过热器、再热器出口充入氮气，维持氮气压力为 0.03～0.05MPa。

充氨-联氨溶液时每 2h 测定一次 pH 和联氨含量，保护期间每周分析一次 pH 和联氨含量。

应用氨-联氨法保护的机组再启动时，也应先将保护液排空，并用合格的给水彻底冲洗锅炉本体、过热器、再热器，排出的保护液必须经过处理至符合排放标准后才能排放，以防污染。锅炉点火后，应先向空排汽，直至蒸汽中氨含量小于 2mg/kg 时才可送汽。

氨水法、联氨法和氨-联氨法在汽包锅炉和直流炉上都可采用，是高参数大容量机组普遍采用的保护方法，锅炉本体、过热器、再热器均可采用此法保护，过热器、再热器充保护液时，应注意与汽轮机的隔离，并考虑蒸汽管道的支吊。

氨-联氨法适用于保护长期停用的锅炉、高低压给水系统，例如，锅炉水压试验后长期冷备用和封存、供热机组停止供热无检修或检修后的长期停运，也适用于热备用等短期（1 周以内）停用。

13）氨、联氨钝化烘干法

氨、联氨钝化烘干法是给水采用 AVT（R）处理的锅炉，停运前 4h 利用给水、炉水加药系统，向给水、炉水加氨和联氨，提高 pH 和联氨浓度，在高温下形成保护膜，然后热炉放水、余热烘干。在保证金属壁温差不超过制造厂允许值的前提下尽量提高放水压力和温度。

对于汽包锅炉，停运前 6～8h，炉水停加磷酸盐和氢氧化钠；停运前 4h 省煤器入口给水 pH，无铜系统的提高至 9.6～10.5、有铜系统的提高至 9.1～9.3，给水联氨浓度加大到 0.5～10mg/L，炉水改加联氨至其浓度达 200～400mg/L。停炉过程中，汽包压力降至 4.0MPa 时保持 2h，然后继续降压直至放尽锅炉内存水、余热烘干锅炉。

对于直流锅炉，在停运冷却到分离器压力为 4.0MPa 时，加大给水和凝结水的氨、联氨加入量，提高无铜系统的给水 pH 至 9.6～10.5、有铜系统的给水 pH 至 9.1～9.3，除氧器入口给水联氨浓度加大到 0.5～10mg/L，省煤器入口给水联氨浓度加大到 30mg/L（保护时间小于 1 周时）、200mg/L（保护时间为 1～4 周时）、50mg/L×周数（保护时间为 5～10 周时）、500mg/L（保护时间大于 10 周时），然后继续降压直至放尽炉内存水、余热烘干锅炉。

对于其他热力设备，根据需要放水时，热态下放水；不需要放水时，充满加有氨、联氨的除盐水。锅炉停用时间长时，宜利用凝汽器抽真空系统对锅炉抽真空，保证锅炉干燥。在加药保护期间，宜将凝结水精除盐系统旁路。氨、联氨钝化烘干法适用于冷备用和停用时间不长于 3 天，短于 1 周、1 个月、1 个季度或长于 1 个季度的 A 级及以下检修，可保护锅炉、给水系统。停炉期间每小时测定一次给水、炉水或分离器排水的 pH 和联氨浓度。

14) 氨水碱化烘干法

给水采用 AVT(O) 和 OT 的机组，在锅炉停运前 4h，停止给水加氧，加大给水氨的加入量，提高系统的 pH 至 9.6～10.5，然后热炉放水、余热烘干。在保证金属壁温差不超过制造厂允许值的前提下尽量提高放水压力和温度。

对于汽包锅炉，停运前 4h 炉水停加磷酸盐和氢氧化钠，旁路凝结水精除盐设备，加大凝结水泵出口氨的加入量，提高省煤器入口给水的 pH 至 9.6～10.5（其中给水采用 OT 的机组在停运前 4h 停止给水加氧）并停机。当凝结水泵出口加氨量不能满足要求时，可启动给水泵入口的加氨泵加氨。根据机组停机时间的长短确定停机前的 pH，停机时间长则 pH 宜按高限值控制。锅炉需要放水时，按规定热炉放水、烘干锅炉。锅炉放水结束后，宜启动凝汽器真空系统，启动一、二级旁路对过热器和再热器抽真空 4～6h，其他热力设备和系统同样在热态下放水。当水汽循环系统和设备不需要放水时，也可用 pH 为 9.6～10.5 的除盐水充满。

停炉期间每小时测定一次给水、炉水和凝结水的 pH 和电导率。氨水碱化烘干法适用于冷备用和停用时间不长于 3 天，短于 1 周、1 个月、1 个季度或长于 1 个季度的 A 级及以下检修，可保护锅炉、无铜给水系统。

15) 高温成膜缓蚀剂保护法

高温成膜缓蚀剂保护法是在机组滑参数停运过程中，当锅炉压力、温度降至合适条件时，向热力系统加入成膜胺即正十八胺(ODA)等高温成膜缓蚀剂，在热力设备内表面形成一层单分子或多分子的憎水保护膜，同时进行热炉放水、余热烘干来防止金属腐蚀，不但能保护锅炉，也能保护汽轮机。现在更多的是用作机组的整机保护，因此后文将介绍"整机高温成膜缓蚀剂停用保护方法"。停机过程中应测定 pH 和成膜缓蚀剂含量。高温成膜缓蚀剂保护法适用于冷备用和停用时间不短于 1 周、1 个月、1 个季度或长于 1 个季度的 A 级及以下检修，可保护机组水汽系统。

16）表面活性胺法

表面活性胺法是在机组滑参数停机到一定主蒸汽温度时向水汽系统中加入表面活性胺，提高水汽系统两相区的液相 pH，并促进水汽系统金属设备表面形成具有防腐效果的保护膜，以阻止金属腐蚀。

停炉前 4h 炉水停止加磷酸盐和氢氧化钠，给水停止加氧，加大凝结水泵出口氨的加入量，使给水 pH 大于 9.5；在机组滑参数停机的主蒸汽温度降至 500℃ 以下时，利用凝结水、给水加药装置将表面活性胺加入给水中；按供药厂家要求控制加药剂量和加药时间、循环时间，并保持足够的给水流量，确保表面活性胺在水汽系统均匀分布，并有充分时间在设备表面形成保护膜。针对直接空冷机组凝汽器的保护，可利用系统负压，通过排汽管道上的压力测量点，将表面活性胺溶液加热到 80℃ 后吸入空冷系统，以提高对直接空冷机组凝汽器的保护效果。锅炉停运后若需要放水，则按规定热炉放水，并利用凝汽器抽真空系统对再热器、过热器抽真空 4～6h；热力设备不需要放水时，可充满保护液。

表面活性胺是复合有机胺，在汽液两相中能均匀分配，并能促进金属表面形成保护膜，表面活性胺及其热分解产物不会被凝结水精处理树脂不可逆吸附或交换。表面活性胺加药保护过程中，在线电导率表、氢电导率表和 pH 表应正常投运，其他在线仪表可停运，将凝结水精除盐设备旁路。

加药完成后，加药箱应立即用除盐水冲洗，并继续运行加药泵 10～30min，以充分冲洗加药管道；加药操作过程中，如果出现异常停机，应立即停止加药，并充分冲洗系统。实施表面活性胺保护后，机组再启动冲洗过程中，凝结水精除盐设备、在线化学仪表应正常投运。

表面活性胺法适用于冷备用和停用时间不短于 1 周、1 个月、1 个季度或长于 1 个季度的 A 级及以下检修，可保护机组水汽系统。

5. 汽轮机的停用保护方法

汽轮机在停用期间，采用干法保护。

1）机组停用时间在一周之内的保护方法

机组停用时间在一周之内的保护方法有以下两种。

（1）凝汽器真空能维持的保护方法：机组停用时，维持凝汽器汽侧真空度，提供汽轮机轴封蒸汽，防止空气进入汽轮机，称为维持密封真空法，适用于不超过 1 周的热备用，可保护汽轮机、再热器、凝汽器汽侧。

(2)凝汽器真空不能维持的保护方法:隔绝一切可能进入汽轮机内部的汽、水,并开启汽轮机本体疏水阀;隔绝与公用系统连接的有关汽、水阀门,并放尽其内部剩余的水、汽;主蒸汽管道、再热蒸汽管道、抽汽管道、旁路系统靠汽轮机侧的所有疏水阀门均应打开;放尽凝汽器热井内部的积水;高、低压加热器汽侧和除氧器汽侧宜进行充氮,也可以放尽高、低压加热器汽侧疏水进行保护;高、低压加热器和除氧器水侧充满符合运行水质要求的给水;汽动给水泵、汽动引风机的小汽轮机的有关疏水阀门打开;注意监视汽轮机房污水排放系统是否正常,防止凝汽器阀门坑满水;汽轮机停机期间应按汽轮机停机规程要求盘车,保证其上、下缸和内、外缸的温差不超标;冬季机组停用,应有可靠的防冻措施。

2)机组停用时间超过一周的保护方法

机组停用时间超过一周的保护方法有以下几种。

(1)压缩空气法(汽轮机快冷装置保护法):汽轮机停止进汽后,加强汽轮机本体疏水排放,当汽缸温度降低至允许通热风时,启动汽轮机快冷装置,从汽轮机高、中、低压缸注入点向汽缸通入一定量的热压缩空气(高压缸放气管、中压缸和低压缸抽气管的通入流量分别为 70m^3/h、70m^3/h、260m^3/h),加快汽缸冷却并保持汽缸干燥;注入汽缸内的压缩空气经过轴封装置,高、中压缸调节阀的疏水管,汽轮机本体疏水管,以及凝汽器汽侧人孔和放水门排出。

注意事项:①保护期间定期用相对湿度计测定汽轮机排出空气的相对湿度,应小于 50%;②所使用的压缩空气应是仪用压缩空气,或纯度满足杂质含量小于 1mg/m^3、含油量小于 2mg/m^3、相对湿度小于 30% 的压缩空气;③汽轮机压缩空气充入点应装有滤网。

(2)热风干燥法:停机后,按规程规定,关闭与汽轮机本体有关的汽水管道上的阀门(阀门不严时,应加装堵板,防止汽水进入汽轮机),开启各抽汽管道、疏水管道和进汽管道上的疏水门,放尽与汽轮机本体连通管道内的余汽、存水或疏水,以及凝汽器热水井内和凝结水泵入口管道内的存水。当汽缸壁温度降至 80℃ 以下时,从汽缸顶部的导汽管或低压缸的抽汽管,向汽缸送温度为 50~80℃ 的热风,使汽缸内保持干燥。热风流经汽缸内各部件表面后,从轴封、真空破坏门、凝汽器人孔门等处排出;当排出热风的相对湿度换算为室温相对湿度低于 60% 时,若停止送入热风,则应在汽缸内放入干燥剂,并封闭汽轮机本体;若不放干燥剂,则应保持排气处空气的温度高于周围环境温度 5℃。

注意事项:①在干燥过程中,应定时测定从汽缸排出气体的相对湿度,并通过调整送入热风风量和温度来控制由汽缸排出空气的相对湿度,使之尽快符合控制标准;②汽缸内风压宜小于 0.04MPa。

(3)干风干燥法:停机后,按规程规定,关闭与汽轮机本体有关的汽水管道上的阀门(阀门不严时,应加装堵板,防止汽水进入汽轮机),开启各抽汽管道、疏水管道和进汽管道上的疏水门，放尽汽轮机本体及相关管道、设备内的余汽、积水或疏水，以及凝汽器热水井内和凝结水泵入口管道内的存水。当汽缸壁温度降至 100℃以下时，向汽缸通干风，使汽缸内保持干燥。当设备排出口空气的相对湿度在 30%～50%时，即为合格。

注意事项：①在干燥和保护过程中，应定时用相对湿度计测定排气的相对湿度，当相对湿度超过 50%时启动除湿机；②根据每小时置换汽缸内空气 5～10 次的要求选择除湿机的容量，除湿机所提供的风压应为 150～500Pa；③汽轮机除湿系统可设计成开路或循环方式；④为了简化临时系统，可以选择多台除湿机；⑤每台机组预留专用干风接口，除湿机为多台机组共用。除湿机运行期间，汽轮机宜定期盘车。

(4)干燥剂去湿法：停运后的汽轮机，按规定先对汽轮机进行热风干燥，当汽轮机排气的相对湿度达到 60%时，停送热风；将用纱布袋包装好的变色硅胶按 $2kg/m^3$ 计算需用数量，从排汽缸安全门稳妥地放入凝汽器的上部后，封闭汽轮机，使汽缸内保持干燥状态。

注意事项：①适用于周围环境相对湿度不高于 60%、汽缸内无积水的封存汽轮机防锈蚀保护；②应定期检查硅胶的吸湿情况，发现硅胶变色(即失效)要及时更换；③要记录放入汽缸内硅胶的袋数，解除防锈保护时，必须如数将硅胶取出。
干燥剂去湿法适用于小型汽轮机的长期停用保护。

(5)高温成膜缓蚀剂保护法：汽轮机停用的高温成膜缓蚀剂保护，参见后文将介绍的"整机高温成膜缓蚀剂停用保护方法"。

(6)表面活性胺保护法：与锅炉的表面活性胺保护同时进行。

(7)氨水碱化烘干法：与锅炉的烘干同时进行。在汽轮机打闸、汽轮机系统及本体的疏水结束后，继续利用凝汽器真空系统对汽轮机、低压缸抽真空 4～6h。

6. 凝汽器的停用保护方法

凝汽器的停用保护方法应从凝汽器汽侧和循环器循环水侧两方面着手。

1)凝汽器汽侧

(1)表面式凝汽器。

①短期(一周之内)停用时，应保持真空。不能保持真空时，应放尽热井积水。

②长期停用时，应放尽热井积水，隔离可能的疏水，并清理热井及底部的腐蚀产物和杂物，然后用压缩空气吹干，或将其纳入汽轮机干风保护系统之中。

(2)直接空冷系统及凝汽器。

①停机前 4h，加大凝结水泵出口加氨量，提高水汽系统pH 至 9.6～10.5，或在中低压缸联络管、排汽管加表面活性胺，停机后放尽空冷凝汽器内部凝结水。

②采用高温成膜缓蚀剂法保护时，将直接空冷系统及空冷凝汽器纳入，但保护效果不是很好。

③长期停用可采用干风法进行保护。

2)凝汽器循环水侧

(1)停用三天以内。

凝汽器循环水侧应保持运行状态，当水室有检修工作时可将凝汽器排空，并打开人孔门，保持自然通风状态。

(2)停用三天以上。

宜将凝汽器排空，清理附着物，并保持通风干燥状态，适用于冷备用、A 级及以下检修。

(3)注意事项。

在循环水泵停用前，投运凝汽器胶球清洗装置，清洗凝汽器管。在夏季，循环水泵停运前 8h，进行一次杀菌灭藻处理。

7. 高压加热器的停用保护方法

1)充氮法

水侧充氮：高压加热器停用后，关闭高压加热器的进水门和出水门，开启水侧空气门泄压至 0.5MPa 后开始充氮气。汽侧充氮：高压加热器停运后，关闭高压加热器汽侧进汽门和疏水门，待汽侧压力降至 0.5MPa 时开始充氮气。

需要放水时，微开底部放水门，缓慢排尽存水后关闭放水门，放水及保护过程中维持氮气压力为 $0.01\sim0.03MPa$；不需要放水时，维持氮气压力为 $0.03\sim0.05MPa$，阻止空气进入。

监督和注意事项：①使用的氮气纯度应大于 99.5%，最低不应小于 98%；②充氮保护过程中应定期监测氮气压力、纯度和水质，压力为表压；③应安装专门的充氮系统，配备足够量的氮气；④氮气不能维持人的生命，因此实施充氮保护的高压加热器需要人进入工作时，必须先用空气彻底置换氮气，用合适的测试设备分析需要进入的高压加热器的大气成分，以确保工作人员的生命安全；⑤设备检修完后，重新进行充氮保护。

2)提高给水 pH 法

加氨或加氧处理的机组，机组停运前 4h 加大凝结水精处理出口加氨量，提高给水 pH 至 9.6~10.5，停机后不放水，宜向汽侧和水侧充氮密封。

3)氨水和氨-联氨法

停机后，汽侧压力降至零、水侧温度降至 100℃时，开启水侧(或汽侧)放水门和空气门，放尽水侧存水、汽侧疏水；用加药泵将 pH 大于 10.5 的氨水保护液或联氨含量为 30~500mg/L、加氨调整 pH 至 10.0~10.5 的保护液，从水侧底部、汽侧放水门充入高压加热器的水侧和汽侧，至水侧管系顶部、汽侧顶部空气门有保护药液溢流时，关闭空气门和放水门，停止加药。为防止空气漏入，高压加热器顶部应采用水封或氮气封闭措施。

注意事项：①充保护液过程中，每 2h 分析联氨浓度和 pH 一次，保护期间每 2 天分析一次；②保护期间如发现高压加热器水位下降，应及时补充保护液；③可向汽侧或水侧充入氮气，维持氮气压力为 0.03～0.05MPa；④汽侧充保护液时，应打开各加热器汽侧空气门，并有保护液不会经过抽汽系统进入汽轮机本体的防范措施；⑤保护结束后，先将保护液排空，再用合格的给水冲洗高压加热器汽侧和水侧；⑥高压加热器采用充氮和氨-联氨保护液防锈蚀保护时，宜设置一套专用设备系统。

4) 干风干燥法

高压加热器停用的干风干燥保护与汽轮机停用的干风干燥保护同时进行。

5) 高温成膜缓蚀剂保护法

高压加热器的高温成膜缓蚀剂保护，参见后文将介绍的"整机高温成膜缓蚀剂停用保护方法"。

6) 表面活性胺保护法

高压加热器的表面活性胺保护法，与锅炉的表面活性胺保护同时进行。

8. 低压加热器的停用保护方法

1) 碳钢和不锈钢材质低压加热器的防锈蚀方法

碳钢和不锈钢材质低压加热器停（备）用时，其保护方法可参见高压加热器的保护方法。当低压加热器汽侧与汽轮机、凝汽器无法隔离时，因无法充氮或充保护液，其保护应纳入汽轮机保护系统中。

2) 铜合金低压加热器的防锈蚀方法

铜合金材质低压加热器停（备）用时，水侧应保持还原性环境，以防止铜合金的腐蚀和铜腐蚀产物的转移。湿法保护时，将联氨含量调整为 5～10mg/L、用氨调整 pH 为 8.8～9.3 的溶液充满低压加热器，同时辅以充氮密封，保持氮气压力为 0.03～0.05MPa。干法保护时，可参考汽轮机干风干燥法，保持低压加热器水、汽侧处于干燥状态，也可以考虑用氮气或压缩空气吹干法保护。

低压加热器停用的高温成膜缓蚀剂、表面活性胺法保护，与锅炉的高温成膜缓蚀剂、表面活性胺法保护同时进行。

9. 除氧器的停用保护方法

1) 机组停运时间在一周之内

当机组停运时间在一周之内，并且除氧器不需要放水时，除氧器宜采用热备用保护方法，即向除氧器水箱通辅助蒸汽，定期启动除氧器循环泵，维持除氧器水温高于 105℃。

对短期停运，并且需要放水的除氧器，可在停运放水前，适当加大凝结水加氨量，提高除氧器水的 pH 至 9.5～9.6。

2）机组停用时间在一周以上

当机组停用时间在一周以上时，可用充氮法、水箱充保护液并充氮密封法、通干风干燥法、加高温成膜缓蚀剂法和表面活性胺法保护。

10. 整机高温成膜缓蚀剂停用保护方法

整机高温成膜缓蚀剂停用保护方法是在机组滑参数停机到一定主蒸汽温度和压力时加入高温成膜缓蚀剂，使之在金属表面形成一层保护膜，隔绝金属与空气直接接触，防止水和大气中的氧及二氧化碳对金属腐蚀，达到保护锅炉和汽轮机的目的。整机高温成膜缓蚀剂停用保护方法适用于锅炉冷备用和大、小修。

目前国内应用较多的高温成膜缓蚀剂是正十八胺和一种咪唑啉。

1）汽包锅炉保护方法

(1) 单元制机组汽包锅炉保护方法。

停炉前 4h 停止向炉水加磷酸盐和氢氧化钠，并停止向给水加联氨，凝结水精处理系统退出运行，调节给水加氨量使省煤器入口给水 pH 为 9.2～9.7。在机组滑参数停机过程中，主蒸汽温度降至一定温度以下时，利用给水加药泵或专门的加药泵向热力系统加入高温成膜缓蚀剂。锅炉停运后，按规定热炉放水。

(2) 母管制机组汽包锅炉保护方法。

停炉前 4h 停止向炉水加磷酸盐和氢氧化钠，并停止向给水加联氨，凝结水精处理系统退出运行，调节给水加氨量使省煤器入口给水 pH 为 9.2～9.7。停炉后汽包压力降至 2～3MPa 时，降低汽包水位至最低允许水位后再小流量补水，并从省煤器入口处加入成膜缓蚀剂，加药、补水和锅炉底部放水同步进行。加药完毕后开大过热器对空排气门，使成膜缓蚀剂充满过热器。锅炉停运后按规定热炉放水。

2）直流锅炉保护方法

直流锅炉停炉前，停止向给水加联氨，凝结水精处理系统退出运行，调节给水加氨量，使省煤器入口给水 pH 为 9.2～9.7。机组滑参数停机过程中，主蒸汽温度降至一定温度以下时，利用给水加药泵或专门的加药泵向热力系统加入高温成膜缓蚀剂。锅炉停运后，按规定热炉放水。

3）注意事项

确定使用高温成膜缓蚀剂前，应充分考虑高温成膜缓蚀剂及其分解产物对机组运行水汽品质、精处理树脂可能造成的影响。因此，一方面不采用十八胺的复合配方或用有机溶剂溶解的十八胺,而采用尽量纯的十八胺(如武汉大学谢学军教授只用除盐水配制的十八胺乳浊液)作为高温成膜缓蚀剂;另一方面应在机组滑参数停机过程中主蒸汽温度降至一定温度(如 500℃)以下时才开始加高温成膜缓蚀剂,以免高温成膜缓蚀剂分解或分解较多。有凝结水精处理的机组,开始加高温成膜缓蚀剂前,凝结水精处理系统应退出运行,并将一些化学仪表(如溶解氧表、硅表、钠表、联氨表和磷酸根表等)隔离。实施高温成膜缓蚀剂保护过程中,每 30min 监测一次水、汽的 pH,电导率,每小时测定一次水、汽中的铁或铜含量;应保证炉水或分离器出水 pH 大于 9.2,若预计高温成膜缓蚀剂会造成 pH 降低,则汽包锅炉应提前向炉水加入适量氢氧化钠,直流锅炉应提前加大给水加氨量,提高 pH 至 9.2~9.7。实施高温成膜缓蚀剂保护时,凝结水、给水、炉水、蒸汽的铁含量会升高,这是正常和必然现象。高温成膜缓蚀剂加完后,应立即用除盐水冲洗加药箱,并继续运行加药泵 30~60min,充分冲洗加药管道;应保持有足够的给水流量和循环时间,以防止高温成膜缓蚀剂在局部发生沉积;凝结水不含高温成膜缓蚀剂才能作为发电机冷却水的补充水。加完高温成膜缓蚀剂后进行热炉放水时,应放空凝汽器热井里的水。在使用高温成膜缓蚀剂过程中,如果出现异常停机,应立即停止加药,并充分冲洗系统。实施高温成膜缓蚀剂保护后机组再启动时,在汽轮机冲转后应加强凝结水的排放,只有确认凝结水不含高温成膜缓蚀剂后,才可以投运凝结水精除盐设备。

11. 停(备)用闭式冷却器、轴冷器、冷油器和发电机内冷水系统的防锈蚀方法

(1)机组短期停运时,维持运行状态。

(2)与除盐水接触的换热器的停用防锈蚀方法参见本章第四节"闭式循环水冷却系统的腐蚀与防护"。

(3)与循环水接触的换热器的停用防锈蚀方法参见凝汽器水侧的停用防锈蚀方法。

(4)发电机内冷水系统长期停用时,应在放尽内部存水后采用仪用压缩空气吹干、干风干燥、充氮保护等方法进行保护。

12. 停(备)用闭式循环除盐水冷却系统的防锈蚀方法

停(备)用闭式循环除盐水冷却系统的防锈蚀,包括采用碳钢散热器的间接空冷机组的间接空冷系统不需要放水时的保护,一般按本章第四节"闭式循环水冷却系统的腐蚀与防护"中的方法进行。采用碳钢散热器的间接空冷系统需要放水时将水放空至地下储水箱,长期备用无检修时,散热器宜采用充氮放水。采用铝散热器的间接空冷系统,不需要放水时充满运行时的微碱性除盐水保护;需要放水时将水放空至地下储水箱。

13. 停（备）用锅炉烟气侧的保护

（1）燃煤锅炉停运前应对所有的受热面进行一次全面彻底的吹灰。

（2）锅炉停运冷却后，应及时对炉膛进行吹扫、通风，以排除残余的烟气。

（3）锅炉长期停（备）用时，应将烟道内受热面的积灰清除，防止在受热面堆积的积灰因吸收空气中的水分而产生酸性腐蚀。积灰清除后，应采取措施保持受热面金属的温度在露点温度以上。

（4）海滨电厂和联合循环余热锅炉长期停（备）用时，可安装干风系统对炉膛进行干燥，干风装置容量以每小时置换炉膛内空气 1～3 次为宜。

14. 停（备）用热网加热器及热网首站循环水系统的防锈蚀方法

1）热网加热器汽侧

热网加热器停止供汽前 4h，提高凝结水出口加氨量，使给水的 pH 至 9.5～9.6。停止供汽后关闭加热器汽侧进汽门和疏水门，待汽侧压力降至 0.3～0.5MPa 时开始充入氮气。需要放水时，微开底部放水门，缓慢排尽存水后关闭放水门，放水及保护过程中维持氮气压力在 0.01～0.03MPa 范围内；不需要放水时，维持氮气压力在 0.03～0.05MPa 范围内。

当热网加热器汽侧系统需要检修时，先放水，检修完毕后再实施充氮保护。氮气应从顶部充入、底部排出，待排出氮气纯度大于98%时，关闭排气门，并维持设备内氮气压力为 0.01～0.03MPa。注意事项同高压加热器充氮保护时的注意事项。

2）热网加热器水侧和热网首站循环水系统

当热网首站循环水补水主要是反渗透产水或软化水时，热网加热器水侧和循环水系统宜采用加氢氧化钠、磷酸三钠或专用缓蚀剂进行保护。停止供热前24～48h，向热网首站循环水加氢氧化钠、磷酸三钠或专用缓蚀剂。当加氢氧化钠或磷酸三钠时，pH 宜大于 10.0，专用缓蚀剂的加入量及检测方法由供应厂家确定。

当热网首站循环水补水以生水或自来水为主时，热网加热器水侧及循环水系统宜采用加专用缓蚀剂进行保护。停止供热前 24～48h，向热网首站循环水加专用缓蚀剂。专用缓蚀剂的加入量及检测方法由供应厂家确定。

当热网加热器水侧不需要放水时，宜充满加碱调整 pH 或缓蚀剂的循环水并辅以充氮密封。热网加热器水侧需要放水检修时，在检修结束后，有充水条件的，水侧充满氢氧化钠或磷酸三钠并调整 pH 大于 10.0 的反渗透水或软化水，同时充氮密封；无充水条件的，宜实施充氮保护，氮气应从顶部充入、底部排出，待排出氮气纯度大于98%时，关闭排气门，并维持设备内氮气压力为 0.01～0.03MPa。

第三节　基建期间锅炉的氧腐蚀及其防护

在基建期间，如果不对锅炉采取适当的保护措施，大气会侵入锅炉内。由于大气中含有氧和湿分，锅炉会发生氧腐蚀。基建期间的氧腐蚀产物虽然在启动前的酸洗过程中可以去除，但腐蚀造成的陷坑在以后的运行中仍会成为腐蚀电池的阳极，继续发生腐蚀；若腐蚀产物过多，不仅酸洗负担重，还不易洗净。因此，在基建期间应有防腐蚀措施。

为了防止基建期间锅炉的腐蚀，可采取以下防护措施：

(1)制造厂在锅炉设备出厂时，应对炉管、联箱等采取必要的防腐蚀措施，使金属表面形成合适的保护膜；对所有开口部位加罩和封闭，防止泥沙、灰尘等进入。

(2)各类容器及各类管件在存放保管时，应保证内部和外界空气隔绝，防止水分侵入，保持内部相对湿度不大于65%，或内部封入气相缓蚀剂。各类管件的端口应盖有聚氯乙烯盖。汽包、联箱等设备的开口处，均应密封。

露天存放的金属结构和设备，均应防止积水。对于设备本身能够积水的孔洞，均应用防雨盖或防雨帽封盖。设备的槽形件应借助调整位置的办法防止积水。对于无法消除积水的部位，可根据设备结构情况，留排水孔。

设备和管道要放置在木台上，并经常检查其外罩的情况，发现外罩脱落或设备管道内进水时，应及时处理。

(3)锅炉在组装前，各部件都要进行清理，并注意保管；在安装施工时，应严格按照要求进行操作。

(4)水压试验合格后，应继续使水压试验用水充满锅炉。值得注意的是，水压试验用水的质量必须合乎要求。

为了减少锅炉在水压试验中及其后停放过程中的腐蚀，水压试验要采用加氨(pH调节至10)和联氨($200\sim500mg/L$)的除盐水，并要求每月检查一次水质，或采用加有其他有效缓蚀剂(如武汉大学谢学军教授研究开发的低温咪唑啉缓蚀剂)的除盐水。若过热器是用奥氏体不锈钢制成的，则水压试验用水必须不含氯离子。

第四节　闭式循环水冷却系统的腐蚀与防护

一、闭式循环水冷却系统简介

闭式循环水冷却系统是以凝结水或除盐水为介质的闭式循环回路，为机组辅助设备提供冷却水源，以保证辅助设备及系统的正常运行，并为开式循环冷却水泵和水室真空泵提供轴封水。

闭式循环水冷却系统主要冷却汽轮机润滑油冷却器、锅炉给水电泵润滑油/

工作油冷油器、磨煤机润滑油冷却器、仪用空压机、取样冷却器、发电机定子内冷水冷却器、氢气冷却器、励磁机冷却器、锅炉给水泵电机及轴承、循环泵电机及轴承、凝结水泵电机及轴承和引风机轴承等。

　　一般每台机组配一套闭式循环水冷却系统，包括两台100%容量闭式水泵、两台100%容量闭式冷却水热交换器(管式表面式冷却器)、一个大气式高位事故膨胀水箱和一个氢气分离罐。每台热交换器由一台增压泵供给循环水。热交换器里的闭式凝结水或除盐水侧压力大于开式冷却水侧压力，避免开式冷却水漏入。热交换器之间的连接管道上配备有电动隔离阀，允许任何一台循环水增压泵向每台热交换器供水。高位事故膨胀水箱能保证在两台闭式冷却水泵停运、闭式冷却水中断时向炉水泵、给水泵等重要设备供水三小时以上并对主机冷油器、取样冷却器、仪用空压机的冷却器等提供短时的事故冷却水，以保证机组安全停运。氢气分离罐用于对发电机氢冷器的冷却水回水进行氢气分离，提高系统安全性。系统还设置了事故排放阀，其主要作用是当两台闭式冷却水泵停运时，事故排放阀开启，事故膨胀水箱的水在重力作用下流动，完成对给水泵、炉水泵等重要设备的冷却。

　　闭式循环水冷却系统的补水为凝结水或二级除盐水，因此闭式循环水冷却系统补水的水质标准，也就是凝结水或二级除盐水的水质标准。闭式循环水冷却系统的基本流程为：闭式冷却水水箱→闭式冷却水水泵→闭式冷却水热交换器→闭式冷却水用户→闭式冷却水水箱。闭式冷却水从被冷却设备吸收热量后，通过表面式冷却器，将热量传给来自江河等的冷却水。闭式循环水被冷却到较低温度后又循环进入需要冷却的设备。

二、闭式循环水冷却系统的腐蚀与防止

1. 碳钢在除盐水中腐蚀的热力学原理

　　1个大气压下和25℃的除盐水中，氧的平衡分压为$0.21 \times 1.01 \times 10^5 Pa$；铁的标准平衡电极电位 $\varphi^{\theta}_{e^-, Fe^{2+}/Fe}$ 为$-0.440V$，铁的平衡电极电位 $\varphi_{e^-, Fe^{2+}/Fe} = -0.440 + 0.0295 \lg a_{Fe^{2+}} < -0.440V$(因1个大气压下和25℃的除盐水中，铁的含量若大于或等于1mol/L则表明铁的腐蚀已很严重)。若以铁的含量为10^{-6}mol/L作为钢铁发生腐蚀与否的界限，钢铁在1个大气压下和25℃的除盐水中达到热力学平衡时铁的含量有10^{-6}mol/L，则认为钢铁发生了腐蚀。

　　为简化计算，认为除盐水中铁的含量为亚铁离子的含量，即1个大气压下和25℃的除盐水中，铁发生析氢腐蚀的$\Delta E = \varphi_{e^-, H^+/H_2} - \varphi_{e^-, Fe^{2+}/Fe} = -0.0295 \lg p_{H_2} - 0.0591 pH + 0.440 - 0.0295 \lg a_{Fe^{2+}}$。当pH=5.66(二氧化碳在25℃除盐水中溶解达到平衡时，除盐水的pH为5.66，即25℃时二氧化碳使除盐水pH降低最多只能降

低到 5.66)、$a_{Fe^{2+}} \geq 10^{-6}$mol/L 时，$\Delta E = \varphi_{e^-,H^+/H_2} - \varphi_{e^-,Fe^{2+}/Fe} \leq -0.0295 \lg p_{H_2} + 0.283$。如果 $p_{H_2} < 10^{9.58} \times 1.01 \times 10^5$Pa，可能$\Delta E > 0$；当 pH=7 时，如果 $p_{H_2} < 10^{6.89} \times 1.01 \times 10^5$Pa，也有可能$\Delta E > 0$。实际上，1 个大气压下和 25℃的除盐水中氢的分压远小于 $10^{9.58} \times 1.01 \times 10^5$Pa 或 $10^{6.89} \times 1.01 \times 10^5$Pa，因此钢铁在除盐水中会自发发生析氢腐蚀。

在中性除盐水中，当溶液 pH 为 5.66 或 7.0、氧的平衡分压为 $0.21 \times 1.01 \times 10^5$Pa、温度为 25℃时，氧的平衡电极电位 $\varphi_{e^-,O_2/H_2O} = 1.23 + 0.0148 \lg p_{O_2} - 0.0591$pH=0.885V 或 0.806V，$\Delta E = \varphi_{e^-,O_2/H_2O} - \varphi_{e^-,Fe^{2+}/Fe} \geq 0.885$ 或 $0.806 + 0.440 - 0.0295 \times 10^{-6} = 1.50$ 或 1.42，大于 0。

因此，氧的平衡分压为 $0.21 \times 1.01 \times 10^5$Pa、pH 为 6 或 7 的除盐水中，热力学计算表明，碳钢在其中会自发发生耗氧腐蚀、析氢腐蚀，主要发生耗氧腐蚀。

2. 防止闭式循环水冷却系统腐蚀的方法

从原理上讲，防止金属腐蚀的方法包括合理选材、表面处理、环境(介质)处理和电化学保护。由于闭式循环水冷却系统的设备、管道的材质主要是碳钢，管道较长而且极不规则，安装好后很难再在管道内壁实施表面处理，而且管道内表面积较大，闭式循环水的电阻大，实施电化学保护要求的电流很大，不经济，加上管道不规则，不同部位的电流密度不一样大，容易影响保护效果。因此，闭式循环水冷却系统一般不采取更换材质、表面处理、电化学保护来防止腐蚀，主要通过控制或改变闭式循环水水质来防止腐蚀。

有的闭式循环水冷却系统通过加 Na_3PO_4 来提高和维持闭式循环水的 pH 在 9.5~11.0，使钢铁自然钝化形成保护膜来防止腐蚀。但某厂 4#机组的闭式循环水冷却系统这样保护：B 修检查时发现高位事故膨胀水箱内腐蚀严重，水箱内壁均匀分布 2cm 左右大小鼓包，水箱底部有泥状红色沉积物，腐蚀厚度约 2mm；管道内壁均匀分布许多 1~2mm 的腐蚀鼓包，鼓包次层是黑色粉末状物质，将腐蚀产物除掉以后，可看到因腐蚀造成的小坑；腐蚀产物为铁的氧化物，导致闭式循环水冷却系统启动时冷却水长时间浑浊，同时已造成部分管道堵塞。分析认为，这是典型的氧腐蚀，促进腐蚀的主要因素是 pH、电导率和 Cl^- 等。因为高位事故膨胀水箱通大气，正常运行时闭式循环冷却水泵旁路与高位事故膨胀水箱连通，会连续向闭式循环水中补充 O_2、CO_2，再加上杂用和仪用压缩空气漏入，导致闭式循环水中溶解氧、二氧化碳含量增加，pH 下降，而 Na_3PO_4 是在人工分析 pH 下降时才补加，难免出现监测滞后，导致 pH 不合格、电导率增加；Cl^- 主要来源于工业 Na_3PO_4，同时由于闭式循环水冷却系统运行时一般不进行排污，随着运行时间增加，Cl^- 累积量越来越多。该厂为了防止闭式循环水冷却系统继续腐蚀，只好对高位事故膨胀水箱内壁进行涂层防腐处理，运行时适当提高和维持闭式循环水的 pH，如维持闭式循环水的 pH 为 10.5～11.0，同时用分析纯 Na_3PO_4 代替工业 Na_3PO_4，以降低闭式循环水中的 Cl^- 含量，并加联氨除氧，防腐效果有所改善，但腐蚀仍有发生。

有的闭式循环水冷却系统通过加联氨防止腐蚀，例如，某厂设一箱两泵组合式闭式循环水冷却系统自动加联氨装置一套，自动加联氨以除氧和提高 pH 来防止腐蚀，但也出现了腐蚀。

针对提高和维持闭式循环水的 pH 为 10.5～11.0 和采用 Na_3PO_4 或联氨防止闭式循环除盐水冷却系统腐蚀出现的问题，笔者模拟闭式循环水冷却系统的水质和运行温度，采用失重法、电化学法，通过缓蚀剂筛选、性能测试(适合应用的浓度范围、pH 范围、温度范围、时间等)、缓蚀作用规律研究，开发出了缓蚀效率高、对环境友好的低温咪唑啉缓蚀剂，能应用于发电机组闭式循环水冷却系统的运行、停用防腐，发电机组水汽系统(锅炉、给水、凝汽器系统)长期低温停用保护，哈蒙式(表面式)间接空冷机组凝汽器与空冷岛之间冷却水系统的运行、停用防腐，直流输电系统换流站换流阀冷却水系统的运行、停用防腐等。

第三章 火力发电机组热力设备运行时的酸性腐蚀与防护

第一节 运行时水汽系统中酸性物质的来源

火力发电机组的热力设备运行时，进入水汽系统的工作介质不可能是绝对纯的，多少会有些杂质进入。有些杂质进入水汽系统后，在高温高压条件下会发生热分解、降解或水解作用，产生如二氧化碳、有机酸，甚至无机强酸等酸性物质。

一、二氧化碳的来源

热力设备水汽系统中的二氧化碳主要来源于锅炉补给水中所含的碳酸化合物。补给水中所含碳酸化合物的种类，随水净化方法不同而有所不同。经石灰和钠型离子交换树脂软化处理的软化水中，存在一定量的碳酸氢盐和碳酸盐；经氢型-钠型离子交换树脂处理的水中，存在少量的二氧化碳和碳酸氢盐；在蒸发器提供的蒸馏水中，有少量碳酸氢盐和二氧化碳；而在除盐水中，各种碳酸化合物的量均比软化水或蒸馏水中少得多。其次，凝汽器有泄漏时，漏入汽轮机凝结水的冷却水也带入碳酸化合物，其中主要是碳酸氢盐。

碳酸化合物进入给水系统后，在低压除氧器和高压除氧器中，碳酸氢盐会热分解一部分，碳酸盐也会部分水解，放出二氧化碳，反应式为

$$2HCO_3^- \longrightarrow CO_3^{2-} + H_2O + CO_2 \uparrow$$

$$CO_3^{2-} + H_2O \longrightarrow 2OH^- + CO_2 \uparrow$$

运行经验表明，热力除氧器虽不能将水中的二氧化碳全部除去，但能除去大部分。因为碳酸氢盐的分解和碳酸盐的水解需要较长时间，所以除氧器后给水中的碳酸化合物主要是碳酸氢盐和碳酸盐。当它们进入锅炉后，随温度和压力的增加，分解速度加快，在中压锅炉的工作压力和温度条件下已几乎完全分解成二氧化碳。生成的二氧化碳随蒸汽进入汽轮机和凝汽器。虽然在凝汽器中会有一部分二氧化碳被凝汽器中的抽气器抽走，但仍有相当一部分二氧化碳溶入汽轮机凝结水中，使凝结水受二氧化碳污染。

水汽系统中二氧化碳的来源，除了主要是碳酸化合物在锅炉内的热分解之外，还有来自水汽系统处于真空状态的设备的不严密处漏入的空气。例如，从汽轮机低压缸的接合面、汽轮机端部汽封装置以及凝汽器汽侧漏入空气。尤其是在凝汽器汽侧负荷较低、冷却水的水温低、抽气器的出力不够时，凝结水中氧和二氧化碳的量就会增加。其他如凝结水泵、疏水泵泵体及吸入侧管道的不严密处也会漏入空气，使凝结水中二氧化碳和氧的含量增加。

由上述可知，水汽系统中二氧化碳的含量不仅与补给水中碳酸化合物的含量和补给水量有关，也与在真空状态下运行的设备因不严密而漏入系统的空气量有关，还与凝汽器是否泄漏有关。对于供热锅炉，由于补给水率大，水汽系统中二氧化碳的量主要取决于补给水的质量。

二、有机酸和无机强酸的来源

水汽系统中的有机酸，有可能是补给水中的有机杂质在锅炉高温高压条件下分解产生的。一般火力发电厂使用的生水，若是地下水，则几乎不含有机物质；但若使用地表水，如江、河及湖水，则含有较多的有机物。天然水中的有机物来源于工矿企业的工业废水、城乡生活废水和含农药的农田排水等中的污染物，以及植物等的腐败分解产物。但主要是后者，由污染所带入的有机物量一般只占天然水中有机物总量的1/10。天然水中有机物的主要成分是分子量相当大的弱有机酸——多羧酸。其中主要有两类：腐殖酸和富维酸。腐殖酸是可溶于碱性水溶液而不溶于酸和乙醇的有机物；富维酸则是可溶于酸的有机物。它们的酸性强度相当于甲酸。在正常运行情况下，火电厂的补给水处理系统可除去生水中这些有机物的大约80%，因此仍有部分有机物质进入给水系统。在锅炉的高温下它们发生分解，产生低分子有机酸和其他化合物。同时，由于凝汽器的泄漏，冷却水中的有机物质也会直接进入水汽系统。对热电厂来说，生产返回水也常受有机物的污染而使进入水汽系统的有机物的量增加。

除了生水中的有机物漏入补给水在高温下分解产生低分子有机酸以外，离子交换器运行时产生的破碎树脂进入锅炉水汽系统，在高温高压下分解产生的低分子有机酸也是水汽系统中低分子有机酸的重要来源。一般阴离子交换树脂在温度高于60℃时开始降解，150℃时降解速度已十分迅速；阳离子交换树脂在150℃时开始降解，在200℃时降解十分剧烈。它们在高温、高压下均能释放出低分子有机酸，其主要成分是乙酸，也有甲酸、丙酸等。强酸阳离子交换树脂分解所产生的低分子有机酸量比强碱阴离子交换树脂分解所产生的量多得多。离子交换树脂在高温下降解还将释放出大量的无机阴离子，如氯离子等。值得注意的是，强酸阳离子交换树脂上的磺酸基在高温高压下会从链上脱落而在水溶液中形成强无机酸——硫酸。

　　由此可知，分子量大的有机物及离子交换树脂进入热力设备水汽系统后，在高温高压的运行条件下将分解产生无机强酸和低分子有机酸。这些物质在锅炉水中浓缩，其浓度可能达到相当高的程度，引起锅炉水的 pH 下降。它们还会被携带进入蒸汽中，随之转移到其他设备，在整个水汽系统中循环。

　　此外，用海水作为冷却水的凝结器发生泄漏时，海水会漏入凝结水系统，继而进入锅炉内。海水中的镁盐在高温高压下发生水解会产生无机强酸，反应方程式为

$$MgSO_4+2H_2O =\!=\!= Mg(OH)_2+H_2SO_4$$

$$MgCl_2+2H_2O =\!=\!= Mg(OH)_2+2HCl$$

　　对于使用挥发性化学试剂，如氨和联氨处理的锅炉，锅炉水的缓冲性很小，更容易使锅炉水的 pH 下降。

　　因此，热力设备运行时，水汽系统中有可能产生的酸性物质主要是溶于水中的二氧化碳、一些低分子有机酸和无机强酸。

第二节　运行时水汽系统中二氧化碳的腐蚀与防止

　　水汽系统中的二氧化碳腐蚀是指溶解在水中的游离二氧化碳导致的析氢腐蚀。

一、二氧化碳腐蚀的部位

　　二氧化碳腐蚀比较严重的部位是凝结水系统。由于给水中的碳酸化合物进入锅炉受热分解形成的二氧化碳随蒸汽进入汽轮机，随后虽然有一部分在凝汽器抽气器中被抽走，但仍有部分溶入凝结水中。由于凝结水水质较纯，缓冲性很小，因此溶有少量二氧化碳，pH 就会显著降低。例如，室温时，纯水中溶有 1mg/L 二氧化碳，其 pH 即可降至小于 6。凝结水系统中，漏入空气的可能性较大，尤其在负荷低的情况下更是如此。而空气漏入凝结水管道是危险的，因为这将直接污染凝结水。同样道理，有的发电机组使用蒸发器产生的蒸馏水作补给水，常发现蒸发器的蒸馏水管道遭受二氧化碳腐蚀。此外，在疏水系统中和供热锅炉的供汽管道和回水管道系统中，也会发生二氧化碳腐蚀。

　　若是用软化水作补给水，则在除氧器后的给水管道中，一般不会发生二氧化碳腐蚀，这是因为软化水的碱度较大，缓冲性较高，给水的 pH 不会有显著降低。但若是用蒸馏水、氢型-钠型离子交换树脂处理水，尤其是用除盐水作补给水时，水中残留碱度较小，因此只要除氧器后的给水中仍有少量二氧化碳，就会使水的pH 明显下降，使除氧器后的设备遭受二氧化碳腐蚀。例如，在采用除盐水或全部凝结水作为锅炉补给水的高压电厂，有的给水泵的叶轮、导叶和卡圈上发生严重腐蚀，其中就有二氧化碳的作用。

二、二氧化碳腐蚀的特征

碳钢和低合金钢在流动介质中受二氧化碳腐蚀，在温度不太高的情况下，其特征一般是材料均匀减薄。因为在这种条件下生成的腐蚀产物的溶解度较大，并且在材料表面上保护性膜的生成速度较低，腐蚀产物常被水流带走。所以，一旦设备发生二氧化碳腐蚀，往往出现大面积损坏。

由于凝结水系统等的管道管壁较厚，水中二氧化碳的腐蚀不一定会在很短时间里就造成腐蚀穿透，因此人们往往以为二氧化碳在水中形成的碳酸是电离程度比较低的弱酸，对钢材的腐蚀不会很厉害。但实际经验说明，二氧化碳腐蚀会将大量腐蚀产物带入锅炉内，造成腐蚀产物在锅炉内累积，并引起锅炉内受热面上结垢和腐蚀的严重后果。对某些供热锅炉，由于补给水碱度高，蒸汽中二氧化碳含量较大，会造成供热管道和用户的热交换器在很短时间内就被腐蚀穿透。

三、二氧化碳腐蚀的机理

人们早在 1924 年就知道，含二氧化碳的水溶液对钢材的侵蚀性比相同 pH 的强酸溶液（如盐酸溶液）的更强，但其原因直到近几十年对二氧化碳腐蚀的历程作了系统的研究后才弄清楚。

钢铁腐蚀过程中的阳极反应是铁的溶解：

$$Fe \longrightarrow Fe^{2+} + 2e^-$$

钢在无氧的二氧化碳溶液中的腐蚀速度是由阴极反应，即氢的析出过程的速度控制的。若氢气的析出速度大，则钢的溶解（腐蚀）速度也就快。试验研究表明，氢从二氧化碳水溶液中析出是同时经两个途径进行的：一条途径是水中二氧化碳分子与水分子结合成碳酸分子，碳酸分子电离产生的氢离子扩散到金属表面上，得电子还原为氢气；另一条途径是水中二氧化碳分子向钢铁表面扩散，吸附在金属表面上，在金属表面上与水分子结合形成吸附碳酸分子，直接还原析出氢气。图 3-1 可以更清楚地表示出二氧化碳腐蚀过程中钢铁表面的析氢过程。

由图 3-1 所示析氢过程可知，一方面，由于碳酸是弱酸，在水溶液中存在弱酸的电离平衡：$H_2CO_3 \rightleftharpoons HCO_3^- + H^+$。这样，因腐蚀的进行而在金属表面被消耗的氢离子，可由碳酸分子的继续电离不断得到补充，在水中游离二氧化碳没有消耗完之前，水溶液的 pH 维持不变，钢的腐蚀过程继续进行下去，腐蚀速度基本保持不变。而完全电离的强酸溶液中，随着腐蚀反应的进行，溶液的 pH 不断降低，钢的腐蚀速度也就逐渐减小。另一方面，水中游离二氧化碳能同时通过吸附在钢铁表面上直接得电子还原，从而加速腐蚀反应的阴极过程，促使铁的阳极溶解（腐蚀）速度增大。因此，二氧化碳水溶液对钢铁的腐蚀性比相同 pH、完全电离的强酸溶液的更强。

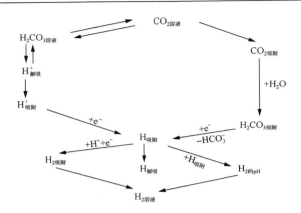

图 3-1　钢铁表面在二氧化碳溶液中腐蚀的析氢过程

四、影响二氧化碳腐蚀的因素

金属在二氧化碳溶液中的腐蚀速度与金属的材质、游离二氧化碳的含量以及溶液的温度和流速有关。

(1) 从金属材质方面看，受二氧化碳腐蚀的金属材料主要是铸铁、铸钢、碳钢和低合金钢，增加合金元素铬的含量，可以提高钢材耐二氧化碳腐蚀的性能，若含铬量增加到 12% 以上，则可耐二氧化碳腐蚀。例如，用化学除盐水作补给水时，高压给水泵的叶轮和导叶材料改用 1Cr13 不锈钢后，原先的腐蚀严重情况就得到了缓解。

(2) 水中游离二氧化碳的含量对腐蚀速度的影响很大。在敞开系统中，水中二氧化碳的溶解量是随温度升高而减少的。但热力系统是一个密闭系统，当温度升高时，压力也相应升高，二氧化碳溶解量随其本身分压的增高而增大，钢材的腐蚀速度随溶解的二氧化碳的量增多而增加。图 3-2 是碳钢的腐蚀速度与水中二氧化碳含量的关系图。

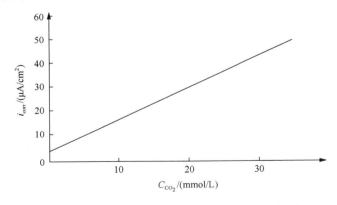

图 3-2　碳钢的腐蚀速度与水中二氧化碳含量的关系图(25℃)

（3）钢铁的二氧化碳腐蚀受温度的影响较大。温度不仅影响碳酸的电离程度和腐蚀反应的动力学过程，而且对腐蚀产物的性质有很大影响。在较低的温度范围，例如，低于 60℃ 时碳钢、低合金钢的二氧化碳腐蚀速度随温度升高而增大。因为这时碳酸的一级电离常数随温度升高而增大，水中的氢离子浓度增加；金属表面上没有腐蚀产物膜，或者即使有也只是极少量的软而无黏附性的膜，难以形成有保护性的膜。在温度 100℃ 附近，出现最大腐蚀速度，这时金属表面上虽然能形成碳酸铁膜，但膜质不致密且多孔隙，因此没有保护性，还有造成点蚀的可能性。温度更高时，腐蚀速度反而降低，这主要是由于表面上生成了比较薄但较致密和黏附性好的碳酸铁膜，起到了保护作用。

（4）介质的流速对二氧化碳腐蚀也有一定影响，腐蚀速度随着流速的增大而增加，但当流速增大到紊流状态时，则腐蚀速度不再随流速变化而有大的变化。

（5）如果水中除了含二氧化碳外，同时还有溶解氧，腐蚀将更加严重。这时金属除受二氧化碳腐蚀外，还受氧腐蚀。并且二氧化碳的存在使水呈酸性，容易破坏原来的保护膜，也不易生成新的有保护性的膜，因此使氧腐蚀更严重。这种腐蚀除了具有酸性腐蚀的一般特征，表面往往没有或有很少腐蚀产物外，还具有氧腐蚀的特征，腐蚀表面呈溃疡状，有腐蚀坑。这种情况常出现在凝结水系统、给水系统及疏水系统中。

当水中含有氧和二氧化碳时，还将引起凝汽器、凝汽器射流式抽气器的冷却器，以及低压加热器的铜合金管的腐蚀。特别是黄铜，在有氧、pH 略低于 7 时，腐蚀速度增加很快。这种腐蚀在温度低于 100℃ 时，随温度升高而加剧。

五、防止二氧化碳腐蚀的措施

为了防止或减轻水汽系统中游离二氧化碳对热力设备及管道金属材料的腐蚀，除了选用不锈钢制造某些部件外，还可以从减少进入系统的二氧化碳量和碳酸盐量，以及减轻二氧化碳的腐蚀程度两个方面采取必要措施。

减少进入系统的二氧化碳的量和碳酸盐的量可以考虑从以下几个方面着手。

（1）降低补给水的碱度。因为热力设备水汽系统中的二氧化碳主要来自于补给水中碳酸盐的热分解，所以降低补给水的碱度，可以使系统中的二氧化碳量减少。降低水中碱度可以采用不同的水净化方法，如石灰处理、氢钠离子交换处理等均可使水汽系统中游离二氧化碳量降到 20mg/L 以下。采用除盐系统可以使水汽系统中二氧化碳含量低于 1mg/L，可以较彻底地除去补给水中的碳酸盐。

（2）尽量减少汽水损失，降低系统的补给水率。尤其是供热电厂应尽量设法增加回水量，收回热力用户的表面式加热设备的凝结水。

（3）防止凝汽器泄漏，提高凝结水质量。对直流锅炉、超高压以上参数的大容量汽包锅炉机组的凝结水应进行净化处理，以除去因凝汽器泄漏而进入凝结水的碳酸盐等杂质以及凝结水中的腐蚀产物。

(4) 注意防止空气漏入水汽系统，提高除氧器的效率。除氧器应尽量维持较高的运行压力和相应温度以及加装再沸腾装置，以提高排除水中游离二氧化碳的效率。

(5) 尽管采取了降低补给水碱度等措施，可以使水汽系统中的游离二氧化碳含量大幅度降低，但由于给水中总还有碳酸盐以及有空气漏入系统，所以还会有二氧化碳腐蚀。为了减轻系统中二氧化碳腐蚀的程度，一般除了采取上述措施外，还普遍采取向水汽系统中加入碱化剂来中和游离二氧化碳的措施，或者添加能在金属表面形成表面保护膜的物质，使金属与腐蚀介质隔离而减轻或防止腐蚀。

第三节　给水 pH 调节

为了防止或减轻给水对金属材料的腐蚀性，目前发电机组热力系统普遍采用的碱性水运行方式里，除了尽量减少给水中的溶解氧含量，还必须进行给水 pH 调节。

一、给水 pH 调节的定义

给水 pH 调节就是在给水中加入一定量的碱性物质，中和给水中的游离二氧化碳，并碱化介质，使给水的 pH 保持在适当的碱性范围内，从而将给水系统中钢和铜合金材料的腐蚀速度控制在较低的范围，以保证铁和铜的含量符合标准。

二、给水 pH 调节的原理

图 3-3 是 25℃时 Fe-H$_2$O 体系的电位-pH 平衡图（平衡固相是 Fe、Fe$_3$O$_4$、Fe$_2$O$_3$）。其中线①～⑨和线ⓐ、ⓑ对应的反应及 25℃时的平衡条件关系式如式(1)～(9)和式(a)、(b)所示。

(1) $Fe^{3+}+e^- \rightleftharpoons Fe^{2+}$

$$\varphi_e=0.771+0.0591\lg(a_{Fe^{3+}}/a_{Fe^{2+}})$$

(2) $Fe_3O_4+8H^++8e^- \rightleftharpoons 3Fe+4H_2O$

$$\varphi_e= -0.0855-0.0591pH$$

(3) $3Fe_2O_3+2H^++2e^- \rightleftharpoons 2Fe_3O_4+H_2O$

$$\varphi_e=0.221-0.0591pH$$

(4) $Fe_2O_3+6H^+ \rightleftharpoons 2Fe^{3+}+3H_2O$

$$\lg a_{Fe^{3+}} = -0.723-3pH$$

(5) $Fe^{2+}+2e^- \rightleftharpoons Fe$

$$\varphi_e= -0.440+0.0295\lg a_{Fe^{2+}}$$

(6) $HFeO_2^- +3H^++2e^- \rightleftharpoons Fe+2H_2O$

$$\varphi_e=0.493-0.0885\text{pH}+0.0295\lg a_{\text{HFeO}_2^-}$$

（7）$Fe_2O_3+6H^++2e^- \rightleftharpoons 2Fe^{2+}+3H_2O$

$$\varphi_e=0.728-0.1773\text{pH}-0.0591\lg a_{\text{Fe}^{2+}}$$

（8）$Fe_3O_4+8H^++2e^- \rightleftharpoons 3Fe^{2+}+4H_2O$

$$\varphi_e=0.980-0.2364\text{pH}-0.0885\lg a_{\text{Fe}^{2+}}$$

（9）$Fe_3O_4+2H_2O+2e^- \rightleftharpoons 3HFeO_2^-+H^+$

$$\varphi_e=-1.819+0.0295\text{pH}-0.0885\lg a_{\text{HFeO}_2^-}$$

（a）$2H^++2e^- \rightleftharpoons H_2$

$$\varphi_e=-0.0591\,\text{pH}\,(p_{\text{H}_2}=101.3\text{kPa})$$

（b）$O_2+4H^++4e^- \rightleftharpoons 2H_2O$

$$\varphi_e=1.229-0.0591\,\text{pH}\,(p_{\text{O}_2}=101.3\text{kPa})$$

　　由图 3-3 可知，在除氧条件下，给水的 pH 在 9.0～9.5 时，铁的电极电位在–0.5V 附近，处于 Fe_3O_4 钝化区，因此钢铁不会受到腐蚀。试验研究表明，在一定范围内提高水的 pH，可明显减慢钢铁和铜合金的腐蚀速度。

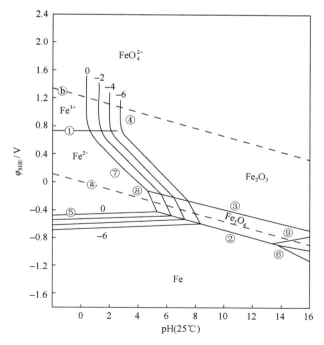

图 3-3　Fe-H_2O 体系的电位-pH 平衡图（25℃，平衡固相：Fe、Fe_3O_4、Fe_2O_3）

　　图 3-4 是碳钢在 232℃、氧含量低于 0.1mg/L 的高温水中的动态腐蚀试验结果，它表明从减缓碳钢的腐蚀考虑，应将给水的 pH 调整到 9.5 以上。但是目前热力系统中的凝汽器、低压加热器等，有的使用了铜合金材料，因此还必须考虑到水的 pH 对水中铜合金腐蚀的影响。

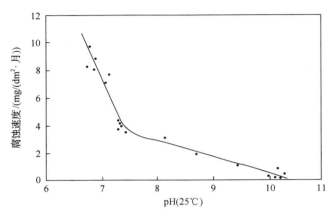

图 3-4　碳钢在高温水中的腐蚀速度和水的 pH 的关系

　　图 3-5 是 90℃时铜合金在用氨碱化的水中的腐蚀试验结果。从图中可以看出，pH 在 8.5～9.5 时，铜合金的腐蚀速度较小；pH 高于 9.5 时，铜合金的腐蚀速度迅速增大；pH 低于 8.5，尤其是低于 7 时，铜合金的腐蚀速度也急剧增大。

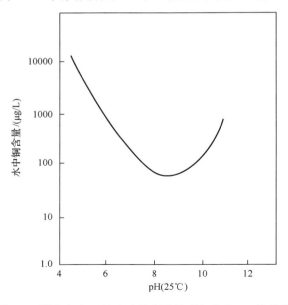

图 3-5　铜合金在 90℃水中的腐蚀速度与水的 pH 的关系

因此，目前对钢铁和铜合金混用的热力系统，为兼顾钢铁和铜合金的防腐蚀要求，一般将给水的 pH 调节在 8.8～9.3 的范围内。应该指出的是，控制给水 pH 在这个范围，对发挥凝结水净化装置中离子交换设备的最佳效能是不利的，因为这将使处理凝结水的混床设备或其他阳离子交换设备的运行周期缩短；并且对保护钢铁材料不受腐蚀来说，这个范围也不是最佳的，因为 pH 不够高。根据试验研究，要使给水的铁含量降到 $10\mu g/L$ 以下，需将给水的 pH 提高到 9.3～9.5 或以上。

三、调节给水 pH 的碱化剂

目前，火力发电机组用来调节给水 pH 的方法都是在给水中添加碱化剂——氨（NH_3）。

1. 给水加氨处理的实质

给水加氨处理的实质是用氨来中和给水中游离的二氧化碳，并碱化水，将给水的 pH 提高到规定的数值。

2. 氨的性质

氨在常温常压下是一种有刺激性气味的无色气体，极易溶于水，其水溶液称为氨水。一般市售氨水的密度为 $0.91g/cm^3$，氨含量约 28%。氨在常温下加压很容易液化。液态氨称为液氨，沸点为 $-33.4℃$。由于氨在高温高压下不会分解、易挥发、无毒，因此可以在各种压力等级的机组及各种类型的电厂中使用。

给水中加氨后，水中存在下面的平衡关系：

$$NH_3 \cdot H_2O \rightleftharpoons NH_4^+ + OH^-$$

因此水呈碱性，可以中和给水中的游离二氧化碳。其中和反应可以认为是

$$NH_3 \cdot H_2O + CO_2 \rightleftharpoons NH_4HCO_3$$

$$NH_3 \cdot H_2O + NH_4HCO_3 \rightleftharpoons (NH_4)_2CO_3 + H_2O$$

实际上，在水汽系统中，存在 NH_3、CO_2、H_2O 之间复杂的平衡关系。

3. 氨水溶液的物理化学性质

1）氨水溶液的摩尔电导率

氨的浓度为 4.73～93.08mmol/L 时，氨水溶液的摩尔电导率（$S \cdot cm^2/mol$），一方面随浓度增大而减小，因为离子的活度减小；另一方面随温度的升高先增大后减小，在温度为 100～150℃时最大，原因是水溶液中氨水的电离常数随温度升高

而减小，离子的活性随温度升高而增大，二者在不同温度下所起作用的程度不一样。100℃以前温度升高起的作用大于电离常数减小起的作用，150℃以后电离常数减小起的作用大于温度升高起的作用。

2）氨水的电离常数

由于氨水是弱碱，在水中仅少量能电离成 NH_4^+ 和 OH^-，因此其电离常数较小，且随温度升高而减小。

3）氨在气液两相的分配

氨是一种挥发性物质，当液体上部存在空间时，氨就会挥发出来：$NH_{3\ 液相} \rightleftharpoons NH_{3\ 气相}$。这种情况可以在汽包、低压缸、凝汽器中遇到。

4）氨的热稳定性

在发电机组运行温度和压力下，氨的热稳定性很好。

5）氨的络合作用

氨是一种络合剂，能与多种离子形成络合物。在水中无氧的情况下，氨与纯铁不发生作用，铁离子主要发生水合作用。但若有氧存在，且水中又没有比铁更强的络合物离子时，氨能与铁形成不稳定络合物，并在高温作用下发生分解，致使铁的氧化物在受热面沉积。因此，使用氨作为 pH 调节剂时，必须尽可能除去水中的氧。

4. 氨的加入

由于氨是一种易挥发的物质，而水汽系统中的某些设备在运行过程中有液相的蒸发、汽相的凝结以及抽气等过程。因此，氨进入锅炉后会挥发进入蒸汽，随蒸汽通过汽轮机后排入凝汽器。在凝汽器中，富集在空冷区的氨一部分会被抽气器抽走，还有一部分氨溶入了凝结水中。当凝结水进入除氧器后，随除氧器排气会损失一些，剩余的氨则进入给水中继续在水汽系统中循环。因此，在加氨处理中估计加氨量时，还要考虑到氨在水汽系统和水处理系统中的实际损失率。试验表明，氨在凝汽器和除氧器中的损失率为 20%～30%。若机组设置有凝结水净化处理系统，则氨将在其中全部被除去。一台机组运行时的实际加氨量，往往比计算所得的量要少，一般通过加氨量调整试验决定。对低压加热器热交换管为铜合金管的机组，给水 pH 调节到 8.8～9.3 的控制范围较为合适；对低压加热器热交换管和凝汽器管材料为钢的机组，给水 pH 调节到 9.0～9.7 更为适宜。

原则上说，由于氨是挥发性很强的物质，不论在水汽系统的哪个部位加入，整个系统的各个部位都会有氨。考虑到水流动工况的影响，在加药部位附近管道中水的 pH 会明显高一些；也考虑到经过凝汽器和除氧器后，水中的氨含量将会显著降低，通过凝结水净化处理系统时水中的氨将全部被除去。因此，根据水汽系统的设备和材料防腐蚀的要求不同，为抑制凝结水-给水系统设备和管道，以及锅炉水冷壁系统炉管的腐蚀，氨在水汽系统中的加入部位是不同的。

若低压加热器热交换管采用铜合金材料，则水的 pH 不宜太高，以免加剧铜合金的腐蚀。给水通过碳钢制的高压加热器后，铁含量上升，为抑制高压加热器碳钢管的腐蚀，要求给水 pH 调节得高一些。因此，在实际发电机组上可以考虑给水分两级加氨处理。对有凝结水净化设备的系统，在凝结水净化装置的出水母管及除氧器出水管道上分别设置加氨点；对无凝结水净化设备的系统，在补给水母管及除氧器出水管道上分别设置加氨点。在第一级加氨时，将水的 pH 调节到控制范围的低端，如 8.8～9.0；在第二级加氨时，将水的 pH 调节到控制范围的高端，如 9.0～9.3。也可按调整试验结果来确定 pH，使系统中铜、铁的腐蚀均较小。

可以有多种方法将氨水加入水汽系统。若使用的是浓氨水，则先将它配成 0.3%～0.5% 的稀溶液，用柱塞加药泵加入除盐水母管或凝结水净化装置的出水母管，以及除氧器的出水母管中。这种加药方式，由于柱塞泵行程的特性，加入的氨液在管道中也呈柱塞状。加药过程中，应根据凝结水和给水 pH 手工调整氨计量泵的行程，也可以根据凝结水和给水 pH 的监测信号，采用可编程控制器或工控机通过变频器控制加药泵进行自动加药。还可以在除盐水或凝结水出水母管上装节流孔板，利用孔板前后的压力差将稀氨水溶液加入管道中，用转子流量计控制氨液的加入量。若使用的是液氨，则可将液氨瓶通过针形阀直接和除盐水或凝结水管道连接，用调节针形阀的开度来控制氨的加入量。

5. 给水加氨处理的不足

给水采用加氨调节 pH，防腐效果十分明显，不仅减轻了水中游离二氧化碳对热力系统钢铁材料和铜合金材料的腐蚀，还降低了各种水和汽中的铁、铜含量，减少了水汽系统中的腐蚀产物，特别是减少了锅炉受热面上的沉积和结垢。但因氨本身的性质和热力系统的特点，给水加氨处理也存在不足之处。

一是因为氨的分配系数较大，所以氨在水汽系统中各部位的分布不均匀。分配系数是水和蒸汽两相共存时，某物质在蒸汽中的浓度同与此蒸汽接触的水中浓度的比值。一般地，一种物质的分配系数的大小除了与该物质的本性有关，还随水汽的温度而变化。氨的分配系数与温度的关系如图 3-6 所示。

由图 3-6 可知，氨的分配系数在很大程度上取决于温度的高低，在温度低于 100℃时更是如此；即使温度较高，氨的分配系数仍大于 1。例如，在 90～110℃ 的范围内，分配系数在 10 以上。这样，为了使蒸汽凝结时凝成的水中也能有足够高的 pH，就要在给水中加入较多的氨。但这会使某些部位如凝汽器空冷区蒸汽中的氨含量过高。另外，二氧化碳的分配系数远大于氨的分配系数，因此当水中同

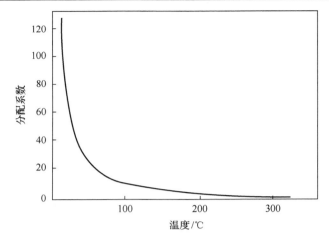

图 3-6　氨的分配系数与温度的关系

时有二氧化碳和氨时，在热力系统汽、水发生相变部位的水和汽中，二氧化碳与氨含量的比值也会改变，例如，蒸发过程中，在最初形成的蒸汽中，二氧化碳与氨含量的比值比在水中的要大；在凝汽器抽气器抽出的蒸汽所凝成的凝结水中，二氧化碳与氨含量的比值要比汽轮机主凝结水中的比值大。这样，更会造成一些部位的水中氨含量不足以中和二氧化碳。

　　二是氨水的电离平衡受温度影响很大，当给水的温度升高时，氨水的电离度降低，氨的碱性减弱，例如，温度从 25℃升高到 270℃时，氨的电离常数值下降了一个数量级，从 1.8×10^{-5} 降到 1.12×10^{-6}，水中 OH^- 的浓度降低。这样，给水温度较低时，为中和游离二氧化碳和维持必要的 pH 所加的氨量，在给水温度升高后就显得不够，不足以维持给水的 pH 在必需的碱性范围。这是造成高压加热器碳钢管束腐蚀加剧的原因之一，由此还会造成高压加热器后给水铁含量增加的不良后果。图 3-7 给出了纯水的 pH 和含氨 1.5mg/L 的水的 pH 随温度变化的曲线。

　　为了维持高温给水中足够高的 pH，必须增加给水氨含量，这就可能造成上面已经提到的凝汽器空冷区氨浓度的进一步升高以及主凝结水的 pH 过高，从而将使处理凝结水的混床设备的运行周期缩短。此时，如果水中又含有相当数量的氧，将使凝汽器空冷区和低压加热器黄铜管遭受严重的腐蚀。因为氧起阴极去极化剂作用，将促使黄铜在氨性溶液中溶解形成 $Cu(NH_3)_4^+$、$Cu(NH_3)_4^{2+}$、$Zn(NH_3)_4^+$、$Zn(NH_3)_4^{2+}$ 等络离子而腐蚀。

　　因此，加氨使给水维持适当的碱性，是保护水汽系统中钢铁和铜合金材料、消除游离二氧化碳腐蚀的一个行之有效的方法，但也并不是完美无缺的，因为水汽系统中游离二氧化碳量越多，氨的用量越大，系统中黄铜材料受腐蚀的可能性也越大。所以，解决给水因含游离二氧化碳而导致 pH 过低的问题，主要措施应是降低给水中碳酸化合物的含量及防止空气漏入系统,加氨处理只能是辅助措施。

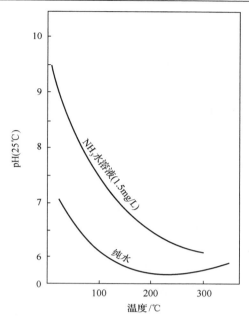

图 3-7　纯水和 NH_3 水溶液 pH 与温度的关系

第四节　运行时锅炉的酸性腐蚀与防止

高参数机组的补给水处理方式由钠离子交换软化改为阳、阴离子交换除盐方式以来，运行时在一些机组的汽轮机中发现有酸性腐蚀现象，在某些机组的给水泵及锅炉本体设备上也曾出现酸性腐蚀损坏现象。为便于对汽轮机的腐蚀有一个全面了解，关于汽轮机的酸性腐蚀，将在第五章介绍。

给水泵的酸性腐蚀破坏主要发生在铸钢或碳钢制的叶轮、导叶、密封环、平衡套、轴套等处，在泵的高压出口端尤其严重。例如，某火电机组一台新安装的给水泵，使用不到两年半，泵出口端盖端面边缘的部分区域已发生腐蚀，深度达4mm。腐蚀部位的金属表面一般比较粗糙，呈现如酸浸洗后的金属光泽。

锅炉本体的某些部位也会发生严重的酸性腐蚀现象。例如，在汽包壁水侧的垢下部位，将垢去掉后可以看到酸性腐蚀的特征，腐蚀的金属表面呈现金属光泽。汽包壁的汽侧也往往能见到原来铁灰色的保护膜被破坏，呈现出如酸洗后的金属光泽。锅炉水冷壁管的酸性腐蚀一般呈现管壁均匀减薄的形态，且向火侧管壁的减薄比背火侧要严重。水冷壁管表面无明显的蚀坑，腐蚀产物附着也较少。这种酸性腐蚀常引起水冷壁管的氢脆型腐蚀破裂。对管壁进行金相检查时，可见到晶间裂纹和脱碳现象。材料机械强度和塑性下降，引起水冷壁管的脆性破裂，这就使它的危害更加严重。

　　锅炉产生酸性腐蚀的原因是给水和炉水的 pH 过低，酚酞碱度降低，甚至完全消失。这种情况的发生是由于高参数锅炉用除盐水作补给水后，炉水的总盐含量比使用软化水作补给水时低得多，一般仅 2～50mg/L，炉水的碱度很小。采用低磷酸盐处理时，磷酸根含量只有 0.5～3mg/L，有的锅炉还采用全挥发性处理，因此给水及炉水的缓冲性变得很小。当运行中除盐水水质不良，或出现其他异常情况时，某些因素会使得给水和炉水的 pH 降低。例如，由于离子交换树脂漏入水汽系统，或在生水中有机物含量高的季节，生水中的有机物漏过了除盐系统进入给水，它们会在锅炉内高温高压条件下分解，形成无机强酸和低分子有机酸。无机强酸使炉水的 pH 下降；低分子有机酸虽然酸性较弱，但它们在锅炉水中浓缩到含量达几毫克每升时，也能使锅炉水的 pH 明显下降。另外，炉水采用磷酸盐处理的锅炉，在启动和停运阶段，水冷壁管管壁上的磷酸盐铁垢溶解，会使炉水出现暂时的低 pH 工况。此外，用海水或永久硬度很高的淡水作凝汽器冷却水时，如果凝汽器泄漏，那么冷却水会漏入凝结水，这种水进入锅炉，其中的镁盐会在锅炉内水解产生无机强酸，导致炉水酚酞碱度为零，pH 降到 7 或更低。

　　锅炉设备发生酸性腐蚀时，低 pH 的水可使金属表面原有的保护膜大面积地破坏，因此可能在金属与水接触的整个面上均产生腐蚀，而不是只限于某些局部。当然，腐蚀破坏的程度与其他因素，如锅炉热负荷、工质的流速等也有关系。热负荷高、管壁温度较高的部位，腐蚀速度也较快。受高速水流冲刷的材料，如给水泵中的某些部件上，不仅呈现冲刷腐蚀的特征，酸性腐蚀也更剧烈。

　　由于锅炉的酸性腐蚀是在给水水质不良或恶化的情况下产生的，因此提高补给的除盐水的质量、防止凝汽器泄漏、保证给水品质，是防止锅炉酸性腐蚀的根本措施。对于直流锅炉，主要是要减少进入锅炉给水中的有机物含量和消除可能引起炉水中产生酸性物质的其他各种因素。对于汽包锅炉，除了上述措施外，临时采用磷酸三钠和氢氧化钠联合处理炉水，提高水的 pH，有助于消除锅炉产生酸性腐蚀的危险。目前，大多数火电机组采用氨来调节给水 pH，但氨是挥发性弱碱，当炉水中不断有新的酸性物质生成时，水中的氢氧根离子不一定能完全中和它们。并且氨与这些酸性物质中和后的产物中有强酸弱碱盐，仍可以水解成酸性溶液。若用氢氧化钠来调节汽包锅炉炉水的 pH，则由于它是非挥发性的，有足够的氢氧根离子来中和那些酸性物质，中和后生成的也是中性盐。有时突然出现事故性的水质恶化、炉水 pH 下降的情况，可采取适当提高汽包锅炉炉水中过剩磷酸盐含量以及增大锅炉排污量的方法，作为减轻汽包锅炉酸性腐蚀的应急措施。

第四章 火力发电机组钢制热力设备的应力腐蚀与防护

应力腐蚀是金属材料在应力和腐蚀介质的共同作用下产生腐蚀裂纹甚至断裂的一种极其危险的局部腐蚀，常常引起设备的突然断裂、爆炸，造成人身和财产的巨大损失。

结构和零件的受力状态是多种多样的，如可受拉伸应力、交变应力、冲击力、振动力等。根据所受应力的不同，应力腐蚀可分为应力腐蚀破裂(stress corrosion cracking，SCC)和腐蚀疲劳(corrosion fatigue，CF)。

第一节 应力腐蚀破裂的条件、特点和机理

金属材料的应力腐蚀破裂是金属在特定腐蚀介质和拉应力的共同作用下产生的脆性断裂破坏现象。

一、应力腐蚀破裂发生的条件

1. 应力

发生应力腐蚀破裂必须有应力，特别是拉应力的存在。一般以为应力腐蚀破裂只有在拉应力作用下才会发生。拉应力越大，断裂所需时间越短。近年来的研究表明，压应力在某些材料中也能产生应力腐蚀破裂，只不过压应力引起应力腐蚀破裂所需的值比拉应力要大几个数量级。同时，在压应力状态下，应力腐蚀破裂的裂纹扩展速度慢得多，不会导致构件的断裂。断裂所需应力，一般都低于材料的屈服极限。在大多数产生应力腐蚀破裂的系统中，存在一个临界应力值。当所受应力低于此临界应力值时，不产生应力腐蚀破裂。

应力的来源有：

(1) 金属部件在制造和安装过程中产生的残余应力；

(2) 设备运行时产生的工作应力；

(3) 温度变化时产生的热应力；

(4) 因生成的腐蚀产物的体积大于所消耗的金属的体积而产生的组织应力。

据统计，因残余应力引起的应力腐蚀破裂约占破裂总数的 81.5%，在残余应力中以焊接应力为主。

2. 敏感材料

只有当金属材料在所处的介质中对应力腐蚀破裂敏感时，才会产生应力腐蚀破裂。在所处介质中不敏感的金属材料，即使受拉应力的作用也不会发生应力腐蚀破裂。金属材料的敏感性取决于它的成分和组织。成分的微小变化往往引起敏感性的显著改变。一般认为纯金属不会产生应力腐蚀破裂，但近来发现，99.99%的高纯铁及99.999%的高纯铜也会发生应力腐蚀破裂。合金组织的变化，包括晶粒大小的改变、金相组织中缺陷的存在，都直接影响金属材料对应力腐蚀破裂的敏感性。

3. 特殊环境

金属材料只有在特定的环境介质中才会发生应力腐蚀破裂，即金属材料发生应力腐蚀破裂的腐蚀介质是特定的，其中起重要作用的是某些特定的阴离子、络离子。例如，锅炉钢在碱溶液中的"碱脆"，奥氏体不锈钢在含氯离子溶液中的"氯脆"，黄铜在含氨介质中的"氨脆"。对于奥氏体不锈钢，溶液中只要有几毫克每升的氯离子，就可能引起应力腐蚀破裂。

因此，应力腐蚀破裂的发生必须具备三个必要条件：拉应力、敏感的合金和特定的介质。

合金发生应力腐蚀破裂时，其均匀腐蚀速度往往很小。例如，用低碳钢的锅蒸煮氯化钠时，会发生严重的均匀腐蚀，但不发生应力腐蚀破裂；而用来蒸煮硝酸钠时，则发生严重的应力腐蚀破裂，蒸锅开裂成碎块，却未发生锈蚀。在一般情况下，合金的均匀腐蚀速度超过0.125～0.250mm/a时很少发生应力腐蚀破裂。

二、应力腐蚀破裂的扩展速度

合金的应力腐蚀破裂可分为裂纹的孕育期和扩展期两个阶段。孕育期的长短取决于合金的性能、环境特性和应力大小，一般在材料使用后的两三个月到一年期间发生，短的仅几分钟，长的可达数年甚至更长。孕育期通常比扩展期长，一般占总断裂时间的90%。但若材料本身有缺陷或裂纹，则不存在孕育期。应力腐蚀破裂的裂纹扩展速度，比纯机械快速断裂的裂纹扩展速度慢得多，后者为金属中声速的1/4～1/3，比应力腐蚀破裂速度快10^{10}倍。而应力腐蚀破裂裂纹的扩展速度比通常的腐蚀穿孔速度快得多，大约为点蚀速度的10^6倍。由此可见，应力腐蚀破裂是一种危险的腐蚀形式。试验表明，应力腐蚀破裂的裂纹一旦形成，不同合金的裂纹扩展速度大体相同，为10^{-3}～10^{-1}cm/h。

三、应力腐蚀破裂的形态特征

金属的应力腐蚀破裂为脆性断裂。断口的宏观特征是，裂纹源及裂纹扩展区因介质的腐蚀作用而呈黑色或灰黑色，突然脆断区的断口常有放射花样或人字纹。断口的微观特征比较复杂，它与合金成分、金相结构、应力状态和介质条件等有关。裂纹的形态有沿晶、穿晶和混合几种。对于一定的合金-环境体系，具有一定的裂纹形态。在一般情况下，黄铜、镍基合金、铝合金和碳钢的多是沿晶裂纹；奥氏体不锈钢的多是穿晶裂纹；钛合金的则是混合形式，既有沿晶的裂纹，又有穿晶的裂纹。有时，随着介质的某些性质改变，裂纹形式也发生转变。例如，Cu-Zn合金在铵盐溶液中 pH 由 7 增加到 11 时，裂纹从沿晶转变为穿晶。应力腐蚀破裂的裂纹既有主干又有分支，其方向垂直于拉应力的方向。

四、应力腐蚀破裂的影响因素

影响应力腐蚀破裂的主要因素有合金成分及有关的冶金因素、环境因素和应力。

1. 合金成分及有关的冶金因素

合金的成分对应力腐蚀破裂的敏感性影响相当大。许多元素是有害的，例如，周期表中的第五主族元素氮、磷、砷、锑和铋，还有铝和钼，都会降低合金抗应力腐蚀破裂的能力。有些元素是有益的，例如，硅和镍等加入合金以后，可以提高其抗应力腐蚀破裂的能力。

低碳钢奥氏体化的温度越高，应力腐蚀破裂的敏感性越大；冷却速度越慢，应力腐蚀破裂的敏感性越小。因此，各种热处理方法对应力腐蚀破裂敏感性的影响是不一样的，水淬处理的应力腐蚀破裂敏感性最大，其次是油淬，再次是空冷，炉冷处理对应力腐蚀破裂敏感性的影响最小。

2. 环境因素

应力腐蚀破裂不但发生在水溶液中，也发生在某些液态金属、熔盐、高温气体和非水有机液体中。产生应力腐蚀破裂的环境特性通常是：当合金处于不受力状态时腐蚀很轻微。

合金所处环境的状况，对应力腐蚀破裂敏感性的影响很大，其中环境的温度、成分、浓度和 pH 等都影响合金对应力腐蚀破裂的敏感性。

一般情况下，环境温度越高，合金越容易发生应力腐蚀破裂。同时，有些体系存在临界破裂温度，当温度低于这一温度时，合金不发生应力腐蚀破裂。例如，碳钢在温度低于 50℃ 的浓碱溶液中不发生碱脆，奥氏体不锈钢在温度低于 90℃ 的含 Cl⁻ 溶液中不发生氯脆，而黄铜的氨脆、碳钢的硝脆则在常温下发生。

环境的成分直接影响合金发生应力腐蚀破裂的敏感性，引起合金发生应力腐蚀破裂的成分的浓度增加时，应力腐蚀破裂的敏感性也增加。

氧化剂的存在对应力腐蚀破裂有明显影响。例如，溶解氧或其他氧化剂的存在，对奥氏体不锈钢在氯化物溶液中的破裂起关键作用，若没有氧存在，则不会发生破裂。

环境中有的成分对应力腐蚀破裂有抑制作用。例如，奥氏体不锈钢在含 Cl^- 的溶液中，加入少量甘油、甘醇、卡必醇、醋酸钠、硝酸盐、碘离子、苯甲酸盐等，可使应力腐蚀破裂减缓或停止。

环境的 pH 对应力腐蚀破裂有重要影响。酸性溶液对低碳钢的硝脆起加速作用，因此凡是水溶液呈酸性的硝酸盐类都能促进硝脆。值得注意的是，研究 pH 对应力腐蚀破裂影响的时候，不仅要注意整体溶液的 pH，而且要注意处于裂纹尖端的溶液的 pH。因为裂纹尖端溶液的 pH 与整体溶液的 pH 不同，一般小 2~3 个单位，甚至更小。例如，不锈钢在 154℃的 $MgCl_2$ 溶液中产生应力腐蚀破裂时，整体溶液的 pH 为 6，而裂纹尖端溶液的 pH 为 1.4~1.6。

体系的电化学状态对应力腐蚀破裂的影响很大。许多研究者指出，合金的应力腐蚀破裂只在一定的电位范围内发生，当合金在介质中的开路电位处于这个敏感电位范围内时，会发生应力腐蚀破裂。例如，软钢在沸腾的 35%~40%的 NaOH 溶液中，产生碱脆的敏感电位范围为–1150~–800mV（SHE）。还有的合金在某一介质中，应力腐蚀破裂只发生在一定的电位以上，低于这个电位则不发生，此电位值称为应力腐蚀破裂的临界电位。例如，18-8 不锈钢在 130℃沸腾的 $MgCl_2$ 溶液中的临界破裂电位为–128mV（SHE），63Cu-37Zn 黄铜在 1mol/L $(NH_4)_2SO_4$、0.05mol/L $CuSO_4$ 溶液（pH 为 6.5）中的临界破裂电位为+120mV（SHE）。

3. 应力

应力是影响合金发生应力腐蚀破裂的重要因素。当应力增大时，破裂时间缩短。在不同应力水平下进行应力腐蚀破裂试验，即测量材料在每一应力水平下的断裂时间，可以得到应力腐蚀破裂的临界应力值。当应力低于这个数值时，材料不会发生应力腐蚀破裂。当然，临界应力值与温度、合金成分和环境组分有关。在某些情况下，临界应力值约低于屈服强度的 10%，而在另一些情况下，约为屈服强度的 70%。对于每一合金-环境体系，可能都有一临界应力。

五、应力腐蚀破裂的机理

关于应力腐蚀破裂的机理，近几十年来，虽然各国科学家在这方面做了大量工作，许多学者提出了不同学说，取得了重要成绩，但是由于影响应力腐蚀破裂的因素很多，至今还没有得出一个完整的机理。这里着重介绍膜破裂机理，又称滑移—溶解—破裂机理。膜破裂机理的要点如下。

（1）合金表面覆盖有一层表面保护膜，其厚度可以是一层单原子，也可以是可见的厚膜。例如，不锈钢、钛合金、锆合金、铝合金、铜合金等合金能够发生应力腐蚀破裂，其表面均有保护膜。

（2）表面保护膜局部破裂，形成蚀孔或裂纹源。引起膜破裂的因素有以下几点。

①环境因素：环境中存在能破坏钝化膜的活性离子，如 Cl^-、Br^- 等。

②冶金因素：由于金属表面的缺陷产生膜的破口，如非金属夹杂物、晶界和相界等处容易产生膜破裂。

③力学因素：在应力的作用下，金属内部位错沿滑移面移动形成滑移台阶，表面膜因台阶的形成而破裂，产生裂缝。

（3）在膜产生裂缝的部位，金属裸露，裸露部分的电位比有保护膜部分的电位负，其电位差最大可达 0.76V，金属裸露部分为阳极，有膜部分为阴极，阳极发生溶解。

下面以钢在 NaCl 溶液中产生应力腐蚀破裂为例来说明电化学反应的情况。

在膜破裂的开始阶段，裂纹内的阳极反应为

$$Fe \longrightarrow Fe^{2+}+2e^-$$

阴极反应为

$$O_2+2H_2O+4e^- \longrightarrow 4OH^-$$

膜破裂处的氧很快被消耗完，于是阴极反应转移到裂纹外部，裂纹内部只进行阳极反应。这样，裂纹内部的亚铁离子浓度越来越大，并且水解产生 H^+，造成溶液 pH 下降，反应式为

$$Fe^{2+}+H_2O \longrightarrow Fe(OH)^++H^+$$

据测定，此时 pH 可以降至 4 以下。为了保持电中性，Cl^-可以进入裂纹内部。这样，裂纹内部形成一个狭小的闭塞区，其化学状态和电化学状态与裂纹外部不一样，形成闭塞电池腐蚀。化学状态不一样表现为裂纹外部整体溶液的 pH 为 7，而裂纹内闭塞区的 pH 可以下降至 3.5～3.9。

（4）裂纹向纵深发展。如果没有应力存在，那么闭塞电池作用的结果，只能形成点蚀或缝隙腐蚀。如果有应力存在，那么裸露部分产生的保护膜不断破裂，裂纹继续发展。但如果表面膜破裂后暴露的裸金属一直保持活化状态，不能再钝化，那么腐蚀势必同时往横向发展，裂纹尖端的曲率半径增大。在这种情况下，即使有应力存在，应力的集中程度也会减小，结果裂纹向纵深发展的速度变慢甚至停止。如果膜破裂以后，裸金属表面立即再钝化，也不会形成应力腐蚀破裂的裂纹。但是如果膜破后，裂纹尖端的裸金属表面向纵深腐蚀一定量后再钝化，然后由于应力作用膜再破裂，如此不断反复，裂纹就会向纵深发展；同时，裂纹的两侧再钝化形成保护膜，则横向腐蚀受到抑制。

上述裂纹形成和发展的过程，可以用图 4-1 表示。

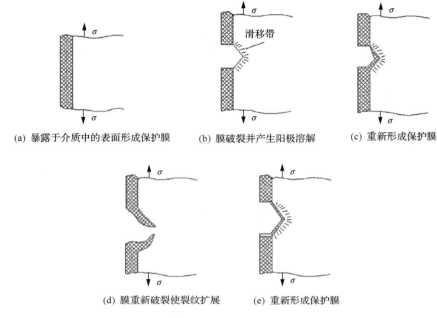

(a) 暴露于介质中的表面形成保护膜　　(b) 膜破裂并产生阳极溶解　　(c) 重新形成保护膜

(d) 膜重新破裂使裂纹扩展　　(e) 重新形成保护膜

图 4-1　合金裂纹形成和发展的过程

　　从裂纹的形成和发展过程可以知道，发生应力腐蚀破裂的敏感电位，显然不会在稳定的钝化区，也不会在稳定的活化区，而必然在活化-钝化或钝化-过钝化过渡区的电位范围之内，如图 4-2 所示。这样，裸金属的再钝化能力处于一个合适的范围，再钝化速度既不太慢，也不太快。

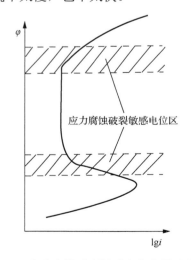

图 4-2　应力腐蚀破裂敏感电位范围示意图

第二节 热力设备不锈钢部件的应力腐蚀破裂

一、腐蚀部位

发电机组的热力设备,如过热器和再热器有时采用不锈钢,汽轮机叶片也有用不锈钢制造的;这些不锈钢材料在使用过程中常常遭受应力腐蚀破裂,影响设备的安全运行。

1. 锅炉不锈钢部件的腐蚀

高参数锅炉的过热器,采用不锈钢材料制造时易遭受应力腐蚀破裂。例如,一些压力为 16.66MPa、过热蒸汽温度为 550℃ 的锅炉,其过热器材料为 1Cr14Ni14W2Mo 不锈钢,在运行中发生了应力腐蚀破裂。又如,某超临界参数的锅炉,压力为 29.4MPa、过热蒸汽温度为 600℃,过热器管和主蒸汽管道由 1Cr14Ni14W2Mo 不锈钢制造,在运行中发生了应力腐蚀破裂。此外,由不锈钢制造的再热器管,有的也发生了应力腐蚀破裂,例如,由 0Cr18Ni10 制造的高温再热器管,在海边露天放置一年以后发生了应力腐蚀破裂。

2. 汽轮机不锈钢部件的腐蚀

汽轮机运行时,常常发现低压缸的叶片发生应力腐蚀破裂,特别是蒸汽开始凝结的部位最容易发生应力腐蚀破裂。

二、腐蚀特点

不锈钢应力腐蚀破裂的特征主要是破裂属脆性断裂,即使塑性很高的 Cr-Ni 奥氏体不锈钢,应力腐蚀破裂时也不会产生明显的塑性变形;裂纹与所受拉应力方向垂直;裂纹既有主干,又有分支,很像落叶以后的树干和树枝,在电子显微镜下观察,往往呈河川状、羽毛状和海滩条纹状;在普通金相显微镜下观察,裂纹有沿晶、穿晶或者两者均有的混合形式,这因不锈钢的种类和介质的变化而不同,例如,在高温水和蒸汽、氯化物及其水溶液中,马氏体和铁素体不锈钢为沿晶裂纹,奥氏体不锈钢一般是穿晶裂纹。

应当指出,即使不锈钢应力腐蚀破裂的裂纹为沿晶,它与一般的晶间腐蚀也不同。因为虽然从裂纹形式讲,两者均为沿晶界扩展,但是一般晶间腐蚀没有应力作用,其腐蚀的部位基本分布在与腐蚀介质接触的整个界面上,而应力腐蚀破裂具有局部性质;一般晶间腐蚀的裂纹没有分支,不像应力腐蚀破裂那样,既有主干又有分支;一般晶间腐蚀既可在弱腐蚀性介质中发生,又可以在强腐蚀性介质中出现,而应力腐蚀破裂只在特定介质中发生。

三、腐蚀影响因素

1. 介质

热力设备接触的介质主要是高温水和蒸汽，其中所含的 Cl⁻、NaOH 和 H_2S 等杂质是引起应力腐蚀破裂的因素。不锈钢对 Cl⁻ 是敏感的，Cl⁻ 浓度增加，不锈钢应力腐蚀破裂的敏感性增加。Cl⁻ 对 Cr-Ni 不锈钢的影响更加明显。一般来说，在高温水中，Cl⁻ 浓度只要达到几毫克每升就可以使 Cr-Ni 奥氏体不锈钢产生应力腐蚀破裂。当然，不同的科学家所得的数据不同，有的认为水中含 5mg/L 的 Cl⁻ 就可以引起破裂，有的认为水中仅含 6mg/L 的 Cl⁻ 就能引起破裂。如果水中有溶解氧，那么应力腐蚀破裂更容易发生。Cr-Ni 奥氏体不锈钢在含 H_2S 的水溶液中会发生应力腐蚀破裂。同样，马氏体不锈钢，如 1Cr13、2Cr13 等和 H_2S 接触时，也会产生应力腐蚀破裂。

一般来说，pH 增加，不锈钢应力腐蚀破裂的敏感性下降。前面已经指出，裂纹尖端溶液的 pH 与整体溶液的 pH 不同，一般要小 2～3 个单位，甚至小更多。所以，用 18-8 型不锈钢进行应力腐蚀破裂试验，溶液的 pH 在 2.8～10.5 的范围内变化时，对破裂没有显著影响。因为整体溶液的 pH 虽然发生变化，但裂纹尖端溶液的 pH 不随着变化。试验还指出，当高温水的 pH 超过某一数值时，Cr-Ni 不锈钢的应力腐蚀破裂敏感性才下降。例如，在 100℃ 的水中，不锈钢在 pH 为 6～8 时产生应力腐蚀破裂，当 pH 在 8 以上时，破裂的敏感性下降。值得注意的是，随着 pH 增加，虽然 Cr-Ni 不锈钢由于氯化物引起的应力腐蚀破裂危险性下降，但当 pH 在 9～10 时，有产生苛性应力腐蚀破裂的危险性。试验指出，Cr-Ni 不锈钢在碱浓度为 0.1%～1% 就会出现应力腐蚀破裂，并且随着碱浓度增加，破裂的敏感性增加。pH 低于 4 时，Cr-Ni 不锈钢应力腐蚀破裂的裂纹可以由穿晶过渡为沿晶形式。

温度对不锈钢应力腐蚀破裂的影响很显著，随着温度升高，Cr-Ni 不锈钢在高温水中应力腐蚀破裂的敏感性增加，引起破裂的 Cl⁻ 临界浓度值下降。当处于 100℃ 以下时，破裂不容易发生。

2. 应力

随着应力的增加，不锈钢应力腐蚀破裂的时间缩短。Cl⁻ 浓度增加，不锈钢产生应力腐蚀破裂所需的应力下降。试验指出，仅研磨加工和板材剪边的残余应力就能引起应力腐蚀破裂。因为表面缺陷能引起应力集中，所以表面有缺陷的不锈钢，产生应力腐蚀破裂所需的应力低。缺陷越严重，所需的应力值越低。据统计，在不锈钢应力腐蚀破裂中，如果按应力种类分析，因焊接和加工残余应力引起的事故占 80%。如图 4-3 所示，在焊缝中间为拉应力，两侧为压应力。

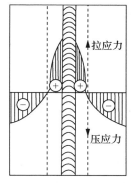

图 4-3　焊接残余应力分布

3．冶金因素

氮、磷、砷、锑、铋等元素会降低不锈钢耐应力腐蚀破裂的能力，增加镍的含量可以提高奥氏体不锈钢的耐应力腐蚀破裂能力。不锈钢的金相组织对其耐应力腐蚀破裂能力有明显影响，Cr-Ni 奥氏体不锈钢最容易产生应力腐蚀破裂，铁素体不锈钢对应力腐蚀破裂的敏感性比奥氏体不锈钢的小得多，马氏体不锈钢对应力腐蚀破裂也是敏感的。如果马氏体不锈钢中有 5%～10%的铁素体存在，就可以降低应力腐蚀破裂的敏感性，奥氏体和铁素体双相钢耐应力腐蚀破裂的能力较强。

四、应力腐蚀破裂的防止方法

为了防止不锈钢发生应力腐蚀破裂，应当做到以下几点：

(1) 合理选材；

(2) 合理设计设备的结构，避免缝隙存在，防止死角出现，以免腐蚀产物和腐蚀介质滞留；

(3) 消除不锈钢部件的拉应力；

(4) 降低介质中腐蚀性离子的浓度。

下面简要介绍合理选择耐蚀材料和降低腐蚀性成分浓度的方法。

在选择不锈钢材料时，除考虑其耐均匀腐蚀的能力外，要特别注意其耐点蚀、晶间腐蚀、缝隙腐蚀、应力腐蚀破裂和腐蚀疲劳等局部腐蚀的能力。在火力发电厂，锅炉过热器的管材有时采用 Cr-Ni 奥氏体不锈钢。由于它容易产生应力腐蚀破裂，有的国家建议改用含 12%Cr 的高强不锈钢。它的缺点是一般腐蚀速度比 Cr-Ni 奥氏体钢快。目前，还有的电厂选用 0Cr20Ni32Fe（即因科洛依-800）作过热器材料。

为了保护不锈钢过热器和汽轮机叶片，应当尽可能地降低蒸汽中杂质的含量。因此，必须保证给水和炉水的水质，要注意防止炉水中含游离 NaOH，以免污染蒸汽，引起过热器或汽轮机叶片的苛性应力腐蚀破裂。为了保护奥氏体不锈钢过热器，不允许用盐酸清洗过热器。这当然不是因为盐酸清洗时会使奥氏体不锈钢产生应力腐蚀破裂，而是因为高参数锅炉的结构比较复杂，酸洗结束时不容易将盐酸冲洗干净。若残留少量氯离子在过热器中，当锅炉运行时，设备处于高温条件下，将产生应力腐蚀破裂。为了防止清洗热力设备时污染汽轮机，在清洗锅炉、凝汽器及其他有关设备时，应将汽轮机和其他设备隔开。清洗汽轮机时，不要用氢氧化钠溶液，以免引起苛性应力腐蚀破裂。

第三节　热力设备的腐蚀疲劳

一、腐蚀疲劳的特点

金属在腐蚀介质和交变应力(方向变换的应力或周期性应力)同时作用下产生的破坏称为腐蚀疲劳。在发电机组的锅炉、汽轮机及凝汽器的某些部位，均有可能遭受这种破坏。没有腐蚀介质作用，单纯由于交变应力作用使金属发生的破坏称为机械疲劳。每一种材料都有一个疲劳极限，如果没有腐蚀介质作用，材料只受到交变应力的作用，当应力不超过它的疲劳极限时就不会受到破坏。在有腐蚀介质作用时，金属产生疲劳裂纹所需的应力大大降低，并且没有真正的疲劳极限，因为交变应力循环的次数越多，产生腐蚀裂纹所需的交变应力就越低，一般以指定循环次数(如 10^7)下的交变应力(半幅)称为腐蚀疲劳强度，如图 4-4 所示。

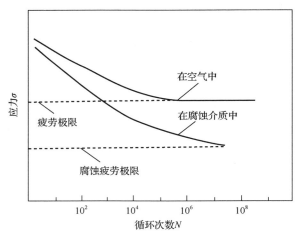

图 4-4　腐蚀疲劳强度和疲劳极限

腐蚀疲劳断口一般有三个区域：疲劳源、疲劳裂纹扩展区和最后断裂区。疲劳源即疲劳核心，一般常始发于材料表面，但如果材料内部存在严重缺陷，如脆性夹杂物、空洞、化学成分偏析等，疲劳源可以从内部发生。疲劳源的数目有时不止一个，而有两个甚至两个以上。疲劳裂纹扩展区是疲劳断口中最重要的特征，也是事故分析的重要依据。疲劳裂纹扩展区常呈贝纹状、哈壳状或海滩波纹状。其中贝纹状的推进线标志着设备启停时，疲劳裂纹扩展过程所留下的痕迹。最后断裂区即瞬时断裂区，是疲劳裂纹达到临界尺寸后发生的快速断裂。图 4-5 是汽轮机叶片发生腐蚀疲劳时的断口，从图中可以看到，疲劳区可以由几个小的疲劳区组成，各有其贝壳状疲劳纹，根据疲劳纹的不同走向，至少可以找到 1 号、2 号、3 号、4 号和 5 号等疲劳源。

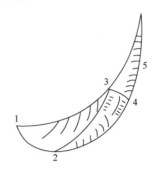

图 4-5　汽轮机叶片腐蚀疲劳的疲劳纹

二、腐蚀疲劳和应力腐蚀破裂的区别

金属的腐蚀疲劳和应力腐蚀破裂所产生的破坏，有许多相似之处，常常难以区分，但仔细分析还是可以区别的。它们之间的区别有以下几点：

（1）从应力条件看，应力腐蚀破裂通常是在拉应力下产生的，而腐蚀疲劳是在交变应力下产生的。

（2）从介质条件看，应力腐蚀破裂在特定介质中才会发生，而腐蚀疲劳的产生不需要特定介质。

（3）从金属条件看，应力腐蚀破裂一般在合金中产生，而腐蚀疲劳不仅在合金中产生，还在纯金属中产生。

（4）从裂纹特点看，应力腐蚀破裂既有主裂纹，又有分支裂纹，有沿晶、穿晶或混合形式的裂纹，而腐蚀疲劳有多条裂纹，一般很少分支或分支不明显，多是穿晶裂纹，断口常有贝纹。

三、热力设备腐蚀疲劳的部位

发电机组通常产生腐蚀疲劳的部位有以下几处：

（1）汽包锅炉的集汽联箱，即联箱的排水孔处。其原因是管板连接不合理，为直角连接，使蒸汽中的冷凝水和热金属周期接触而产生交变应力；安装不合理，使冷凝水集中于底部，不能排出去，造成腐蚀疲劳的条件。

（2）在汽包和管道的结合处会产生腐蚀疲劳，如汽包和给水管、排污管、磷酸盐加药管的结合处，这是由于当给水、排污管中的炉水和磷酸盐溶液的温度低于汽包内部炉水水温时，结合处受到冷却，随后水温或药液温度升高，结合处被加热，金属受到很大应力。

（3）金属表面时干时湿，管道中汽水混合物流速时快时慢，会引起交变应力，造成腐蚀疲劳；锅炉启停频繁时，启动或停用时锅炉水中氧含量较高，造成锅炉设备的点蚀，这些点蚀成为疲劳源，在交变应力作用下产生腐蚀疲劳。

（4）汽轮机的叶片也会产生腐蚀疲劳，腐蚀的部位是处于湿蒸汽区的叶片，特别是蒸汽开始凝结的地方。

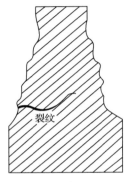

图 4-6　汽轮机叶片疲劳纹

例如，有一台 50MW 的汽轮机，在 16 级叶片叶根纵树齿第一齿出现了裂纹，如图 4-6 所示。

多数裂纹在内弧出汽侧的第一齿颈开始产生，有少数叶片裂纹从齿面开始，裂纹边缘有腐蚀产物；裂纹断口有典型的贝壳状花纹，断口平整，没有明显的塑性变形，有腐蚀产物。该汽轮机的 17 级、16 级叶片处于湿蒸汽区，叶片材料为 2Cr13。汽轮机叶片产生腐蚀疲劳的原因是湿蒸汽区的叶片表面有湿分存在，如果蒸汽中含有 Cl^-、S^{2-} 等腐蚀性物质，便形成腐蚀介质；汽轮机叶片在运行中由于振动等受交变应力的作用，在腐蚀介质和交变应力的共同作用下引起腐蚀疲劳。如果汽轮机停运时没有保护好，产生点蚀，那么这些点蚀坑将成为疲劳源。

（5）凝汽器铜合金管有时也会发生腐蚀疲劳。

四、腐蚀疲劳的影响因素

影响腐蚀疲劳的因素比较复杂，有材质、交变应力和介质三个方面。

1. 材质

材质不同，耐腐蚀疲劳的能力不同。例如，不锈钢比碳钢和非金属材料都耐腐蚀疲劳。但是，碳钢中的碳含量对它在淡水中的腐蚀疲劳几乎没有影响。材料的机械强度对腐蚀疲劳的影响不显著，有时提高材料的机械强度会增加其腐蚀疲劳的敏感性。对于不锈钢，随着 Cr 含量增加，其耐腐蚀疲劳的能力提高。

2. 交变应力

交变应力的大小和交变速度对腐蚀疲劳的影响比较明显。交变应力大，产生腐蚀疲劳的时间就短。在一定时间内，交变速度越高，就越容易产生腐蚀疲劳。在一定的交变次数内，交变速度越快，越不容易产生腐蚀疲劳，因为金属和腐蚀介质接触的时间短。

3. 介质

介质对腐蚀疲劳的影响很大，材料的腐蚀疲劳强度主要取决于材料的耐蚀性。一般来说，介质的腐蚀性越高，材料的腐蚀疲劳强度越低。Cl^-浓度高，pH 低，溶解氧含量高，金属容易产生腐蚀疲劳。温度升高，材料的腐蚀疲劳强度降低。

五、热力设备腐蚀疲劳的防止方法

防止热力设备腐蚀疲劳的方法主要有以下几种：

(1)降低交变应力。例如，机炉的结构和安装要合理，机组启停次数不要太频繁、负荷波动不要太大，以免产生交变应力。

(2)尽量降低介质的腐蚀性，减少水、汽中 Cl^-、S^{2-} 等离子的含量。

(3)做好停用保护，避免金属表面产生点蚀。

第五章　火力发电机组的水化学工况与水汽品质监督

第一节　水化学工况概述

一、目前发电机组水处理的特点

发电机组热力设备体积庞大、结构复杂，很多又是在高温、高压、高热负荷、高应力的条件下工作。为保证电厂的安全、经济运行，对在其中运行的水汽的品质要求极高，几乎不允许有任何污染。

为了保证水汽品质，目前发电机组的水处理有以下特点：

(1) 在补给水制备方面，水处理工艺、系统和设备的选用要求较高，运行管理要求严格，要求有完善的预处理和除盐工艺及其设备，例如，采用离子交换工艺除盐，至少应有两级化学除盐装置，其第二级应为混合床除盐装置，以除去水中各种悬浮态、胶态、离子态杂质(包括有机物)，并且应有措施防止水处理系统内部污染(如树脂粉末、微生物、腐蚀产物等被补给水携带)，以保证高纯度的补给水水质。

(2) 在凝结水净化处理方面，要求 100%的凝结水都经过净化处理，完全除去进入蒸汽凝结水中的各种杂质，包括盐类物质和腐蚀产物等。

(3) 在给水水质调节处理方面，要求采用适宜的挥发性药品处理，以保证机组在稳定工况和变工况运行时都能抑制机组各个部位的腐蚀，特别是凝结水-给水系统的腐蚀，从而使给水中腐蚀产物的含量符合给水水质标准。

因此，目前最经济、有效的防腐蚀措施是采用合适的水化学工况，使金属表面形成稳定、完整、致密、牢固的氧化物保护膜，防止高温介质的侵蚀。

二、对水化学工况的基本要求

对水化学工况的基本要求有以下几点。

1. 尽量减少锅炉内的沉积物，延长化学清洗间隔时间

在锅炉内，特别是下辐射区水冷壁管内总是不可避免地会产生沉积物(主要是氧化铁的沉积物)。为了排除这些沉积物，保证锅炉安全运行，应定期进行化学清洗。锅炉水化学工况的基本要求之一就是必须使机组两次化学清洗间隔的运行时间能与设备大修的间隔时间相适应。应该注意到，从经济角度考虑，越是大容量机组，越是希望延长设备大修间隔时间，这对锅炉的水化学工况提出

了更高要求。

2. 尽量减少汽轮机通流部分的杂质沉积物

因为蒸汽参数高，溶解杂质的能力很强，所以直流锅炉给水中的盐类物质几乎全部被蒸汽溶解带到汽轮机中。而且亚临界压力及以上压力蒸汽溶解铜化合物的能力较强，在汽轮机最前面的级中可能产生铜的沉积物。解决汽轮机内铜沉积的最根本办法是热力设备完全不用铜合金，但我国已投运或将要投运的亚临界压力及以上压力机组中，有铜合金材料制造的设备，如低压加热器、凝汽器等。如何使给水铜含量达到水质标准的要求、防止铜沉积，也是水化学工况的基本要求。

由上述可知，水化学工况应能保证锅炉受热面管内、汽轮机通流部分、凝结水-给水系统管壁内不发生腐蚀，不产生沉积物。

三、水化学工况的评价方法

对机组的水化学工况要做出正确评价，必须全面考察以下各个方面。

1. 根据水质指标评价

通过测定机组稳定运行和变工况运行时主要水流中的水质指标，特别是给水中铜、铁化合物的含量，可评价水化学工况是否合理。例如，俄罗斯规定，流经超临界压力机组最后一级低压加热器之后水的铜含量，在机组稳定运行时必须不大于 $5\mu g/L$，在变工况运行时必须不大于 $10\mu g/L$；超临界压力机组稳定运行时给水铁含量必须不大于 $10\mu g/L$，变工况运行时必须不大于 $20\mu g/L$。变工况是指机组在过渡过程中的运行工况，如降负荷运行、升负荷运行、滑参数运行、启停频繁的调峰工况运行等。给水中铜、铁化合物的含量是评价水化学工况是否合理的基本指标，不仅要看水质指标的绝对数值，还要看机组工况发生各种变动之后，水质恢复正常所需要的时间。

2. 从锅炉水冷壁管内表面的沉积物量来评价

(1)测量最高热负荷区域水冷壁管的外壁温度。测温时，不仅要看管外壁温度的绝对数值，还要看每运行 1000h 后，管外壁温度升高的速度。

(2)在最高热负荷区域内割管检查水冷壁管内的沉积物量。在机组运行一段时间后，检查管内沉积物的量并考虑机组连续运行时间，可以做出机组水化学工况是否优良的评价。俄罗斯规定，超临界压力机组连续运行 24000h 后，最高热负荷区域管内沉积物量应不大于 $150g/m^2$。若机组连续运行时间不长，但管内沉积物量已达到极限允许值，表明这种水化学工况不理想，需要改进。

3. 从汽轮机通流部分的沉积物量来评价

(1)机组运行时的监督。机组运行时监督汽轮机通流部分的沉积物量(简称积盐),是按监视级(主要为高压缸的调节级)中的蒸汽压力来进行监督。因此,在汽轮机铭牌负荷(或接近铭牌负荷)运行时,精确测量调节级的压力,每昼夜至少测量一次。可以绘制出在相同运行条件下(负荷、新蒸汽流量、真空度等)调节级压力随时间的变化曲线。

汽轮机通流部分的沉积物量,按调节级压力升高率ΔP来评价:

$$\Delta P = [(P_{T,n} - P_{T,0})/P_{T,0}] \times 100\%$$

式中,$P_{T,0}$——没有任何沉积物(机组刚投入正常运行)时高压缸调节级的压力;

$P_{T,n}$——机组运行 n 小时后高压缸调节级的压力。

(2)检修时的检查。汽轮机大修时,开缸检查通流部分金属表面沉积物附着的情况。逐级检查并记录沉积物的外观、分布位置、数量,并采集沉积物样品作化学分析。必要时还应作物相分析(如 X 射线衍射分析)。

4. 从水汽系统不同部分金属材料的腐蚀速度来评价

可在水汽系统内的一定位置装腐蚀指示片(试片),经过长时间运行后,从指示片测定金属的均匀腐蚀速度或溃疡腐蚀速度。为使监测结果较可靠,在所测部位装腐蚀指示片的数量要多些,这些指示片的材质应相同,表面加工状况应相近,指示片安装地点的介质温度相差应小(小于 10℃),介质的流速应基本相同。例如,俄罗斯规定超临界压力机组热力系统中钢材的均匀腐蚀速度不超过 25mg/(m²·h),五年内锅炉钢材的溃疡腐蚀速度平均每年不超过 0.05mm。

金属的磨损腐蚀主要发生在机组给水系统的设备中,它是高速水流对金属表面的强烈冲刷作用及电化学作用的共同结果。首先将标准材料制作的试样安装在一定条件的水流中做磨损腐蚀试验,然后可按试验数据做出评价。

表5-1是俄罗斯对超临界压力机组由水化学工况质量所决定的机组的允许值。

表 5-1　由水化学工况质量所决定的机组的允许值

项目	机组允许值(俄罗斯)
1. 汽轮机高压缸通流部分积盐ΔP	3.0%
2. 锅炉热负荷最高的水冷壁管(下辐射区)外壁金属温度升高速度	5℃/1000h
3. 锅炉热负荷最高的水冷壁管(下辐射区)外壁金属的绝对温度	不高于 545℃
4. 锅炉热负荷最高的水冷壁管(下辐射区)管内沉积物	150g/m²(重油) 300g/m²(天然气、煤粉)
5. 热力系统中钢材的均匀腐蚀速度	25mg/(m²·h)

续表

项目	机组允许值(俄罗斯)
6. 5 年内锅炉受热面钢材的溃疡腐蚀速度	0.05mm/a
7. 缝隙处水流速为 120～130m/s 时标准结构材料的磨损腐蚀速度 　(1)20#碳素钢 　(2)2Cr13 铬钢 　(3)1Cr18Ni9Ti 不锈钢 　(4)12Cr1MoV 低合金钢 　(5)H68 黄铜	1.0μm/h 0.04μm/h 0.01μm/h 0.15μm/h 0.8μm/h
8. 凝结水中污染物在净化凝结水的离子交换器中被吸附的程度	50%～70%
9. 凝结水中污染物在处理凝结水的机械过滤器中被吸附的程度	50%～70%
10. 净化凝结水的离子交换器的运行周期	700～800h
11. 净化凝结水的机械过滤器两次反洗间的运行周期	1000h
12. 凝汽器中冷却水的泄漏率	0.003%

四、主要水化学工况简介

对于发电机组，无论是汽包锅炉还是直流炉，其水化学工况一般都包括给水和凝结水处理，有的汽包锅炉机组的水化学工况还有炉水处理。给水和凝结水处理的方式，有全挥发处理(all volatile treament，AVT)、中性水处理(neutral water treatment，NWT)和联合水处理(combined water treatment，CWT)，CWT 在我国称为加氧处理(oxgenated treatment，OT)。

AVT 是汽包锅炉和直流炉都可采用的给水和凝结水处理方式，因为它采用的药品都是挥发性的。其中包括 AVT(R)(all volatile treament(reduction))，是给水采用热力除氧器除氧，同时给水和凝结水辅以联氨等除氧剂进行化学除氧，并加氨提高 pH，以维持一个除氧碱性水工况，使钢表面上形成较稳定的 Fe_3O_4 保护膜，从而达到抑制水汽系统金属腐蚀的目的。由于热力除氧和联氨的加入，给水具有较强的还原性，所以 AVT(R)是一种还原性水工况。AVT 还包括 AVT(O)(all volatile treament(oxidation))，是在机组采用 AVT(R)运行正常后，除氧器排气门根据机组的运行情况采用微开方式或全关闭定期开启的方式，除氧器兼作加热器用，同时停止加联氨等除氧剂，控制给水中维持一定的溶解氧含量。在第三章、第四章中已介绍过关于热力除氧器除氧、给水和凝结水辅以联氨等除氧剂化学除氧，给水和凝结水加氨以提高 pH 的内容，这里不再赘述。关于 AVT(包括 AVT(R)和 AVT(O))的水汽品质控制标准，参见中华人民共和国电力行业标准《火电厂汽水化学导则 第 4 部分：锅炉给水处理》(DL/T 805.4—2016)和中华人民共和国国家标准《火力发电机组及蒸汽动力设备水汽质量》(GB/T 12145—2016)，其中 GB/T 12145—2016 里关于 AVT 的水汽品质控制标准值，会在本章第五节中介绍。下面介绍 AVT 水工况的优缺点。

AVT 水工况有以下一些明显的优点：

(1)锅炉不会发生浓碱引起的腐蚀。因为氨是挥发性的，随着炉管温度的升高和炉水的浓缩，氨逐步挥发，随蒸汽带走，所以不会在局部位置浓缩成浓碱。

(2)不会增加炉水的盐含量。

(3)不会出现盐类隐藏现象。

AVT 水工况的主要缺点表现在以下两个方面：

(1)给水铁含量较高，且锅炉内下辐射区局部产生铁的沉积物多。

AVT 水工况下，水汽系统中铁化合物含量变化的特征是：高压加热器至锅炉省煤器入口这部分管道系统中，由于磨损和腐蚀，水中铁含量是上升的；在下辐射区，由于铁化合物在受热面上沉积，水中铁含量下降；在过热器中，由于汽水腐蚀，蒸汽中铁含量有所上升。因此铁的氧化物主要沉积在下辐射区。下辐射区受热面面积较小，热负荷很高，沉积物聚集会使管壁温度上升。

(2)凝结水除盐设备的运行周期缩短。凝结水除盐装置混床中相当多的一部分树脂被用于吸着氨，使得除盐设备运行周期短、再生频率高。再生时排放的废水量也多，处理再生废水的费用加大，而且补足再生过程所损耗的树脂量也大，这些都提高了运行费用。为了不除掉凝结水中的氨，有采用 NH_4-OH 混床的，但采用 NH_4-OH 混床时，凝结水处理系统出水水质往往低于 H-OH 混床的出水水质，且运行工况也比较复杂。

NWT 一般只有直流炉采用。NWT 是利用溶解氧的钝化作用原理，在高纯度锅炉给水中加入适量的氧化剂(氧气或过氧化氢)，促进金属表面的钝化，使钢表面上形成更稳定、致密的 Fe_3O_4-Fe_2O_3 双层钝化保护膜，从而达到进一步减少锅炉金属腐蚀的目的。

CWT 主要是一些直流炉采用，目前也有汽包锅炉尝试使用。CWT 是在给水中加入微量 NH_3，使 pH 提高到 8.0～9.0，同时 O_2 或 H_2O_2。因此，CWT 就是在高纯给水中加 O_2 或 H_2O_2 同时加氨的处理技术。因为这是加氧处理和加氨碱化处理的联合应用，所以称为联合水处理。它和中性处理的相同点是：给水纯度要求高，氢电导率要小于 $0.15\mu S/cm$；加 O_2 或 H_2O_2，使铁的电位处于钝化区。它和中性水处理的区别是：中性水处理时给水为中性，联合水处理时加微量 NH_3，使给水 pH 达 8.0～9.0。这样既克服了中性处理的不足，又保持了中性处理的优点。联合水处理的条件，除加氨与中性水处理不同外，其他均与中性水处理相同。

注意，不管是 AVT(O)，还是 NWT、CWT，也不管是汽包锅炉还是直流炉，一般在机组启动和非正常运行时，给水和凝结水处理都应采用 AVT(R)水工况。

关于汽包锅炉的炉水处理，主要指磷酸盐处理和 NaOH 处理，统称固体碱化剂处理。还有络合剂处理、分散剂处理等。

第二节　中性水处理

为解决 AVT 水工况存在的问题,德国在 20 世纪 70 年代中叶提出了对给水进行加氧处理的中性水工况,即中性水处理。

中性水处理是使给水的 pH 保持中性,一般是 6.5~7.5,同时在给水中加氧或者过氧化氢。因此,中性水处理是指加 O_2 或 H_2O_2 的中性水处理法,即中性水规范,或称中性运行方式。它和全挥发处理不同,水的 pH 范围不是碱性而是中性,给水除氧后再加 O_2 或 H_2O_2。

为什么加 O_2 或 H_2O_2 能防止腐蚀呢? 因为氧有双重作用,它既可以是阴极去极化剂,又可以是阳极钝化剂。当氧起阴极去极化剂作用时,氧含量增加,腐蚀速度上升。当氧起钝化剂作用时,氧的存在是降低腐蚀速度的,并且在一定浓度范围内,随着氧浓度的增加,腐蚀速度下降。究竟氧起何种作用,要根据具体条件来确定。根据文献介绍,温度较高,但氧不充分时,钢与水中氧反应的结果,是在其表面生成一层 Fe_3O_4,反应式为

$$6Fe + \frac{7}{2}O_2 + 6H^+ \longrightarrow Fe_3O_4 + 3Fe^{2+} + 3H_2O$$

生成的 Fe_3O_4 称为内伸层,和钢本身的晶体结构相似。在晶体之间有空隙,水仍会从空隙渗入钢表面,使钢产生腐蚀,若不能堵塞这些空隙,则防腐蚀效果不好。在水中加 O_2 或 H_2O_2,能使 Fe^{2+} 氧化为 Fe_2O_3,其反应式为

$$2Fe^{2+} + 2H_2O + \frac{1}{2}O_2 \longrightarrow Fe_2O_3 + 4H^+$$

$$2Fe_3O_4 + H_2O \longrightarrow 3Fe_2O_3 + 2H^+ + 2e^-$$

生成的 Fe_2O_3 沉积在 Fe_3O_4 膜上面,堵塞了 Fe_3O_4 的空隙,使水无法通过膜,钢的腐蚀受到抑制,这层 Fe_2O_3 称为外延层。

也可以从 $Fe-H_2O$ 体系的电位-pH 图来分析 O_2 或 H_2O_2 的作用。从图 3-3 可以看出,要使铁不腐蚀,必须使其电位处于稳定区或钝化区。进行挥发性处理时,pH 在 9~10,电位在 $-0.5V$ 左右,处于钝化区,因此钢不腐蚀。铁在中性水中的电位在 $-0.46V$ 左右,此时处于腐蚀区,将受到腐蚀。要使铁在中性时保持稳定,必须使铁的电位升高到 0.3V 以上,进入钝化区,或者使铁的电位下降到 $-0.6V$ 以下,进入稳定区。加 O_2 或 H_2O_2 可以使铁的电位升高,进入钝化区。据测定,当 pH 为 7.5 时,加 O_2 的电位为 0.33V,加 H_2O_2 的电位为 0.43V,都处于钝化区,可以达到保护的目的。

中性处理对水质等条件要求比较严格，如果控制不好，不但起不到防腐蚀作用，还可能引起腐蚀。中性处理要求的条件主要有以下几点：

(1)给水电导率。中性处理对给水电导率的要求很严，给水应深度除盐，其氢电导率应小于 $0.15\mu S/cm$，特别是对 Cl^- 的要求很严。由于随着电导率的增加，氧可以由阳极钝化剂变为阴极去极化剂。局外离子的存在，特别是 Cl^- 的存在，使保护膜难以形成，或者破坏已经形成的保护膜，造成钢的点蚀。当水中 Cl^- 含量达 $0.35mg/L$ 时就会引起点蚀。为了生成良好的保护膜，应控制 Cl^- 含量 $<0.1mg/L$。

(2)pH。德国在实施中性处理时，一般保持 pH 为 $6.5\sim7.5$，我国《火力发电机组及蒸汽动力设备水汽质量》(GB/T 12145—2016)规定的 pH 是 $7.0\sim8.0$。

(3)氧化还原电位。根据运行经验，铁的电位升高到 $0.40\sim0.43V$ 比较合适，以保证处于钝化区。

(4)O_2 或 H_2O_2 的浓度。据研究，当给水氧含量小于 $0.1mg/L$ 时，钢的腐蚀速度大；当氧含量为 $0.1\sim10mg/L$ 时，钢的腐蚀速度最小；当氧含量为 $10\sim100mg/L$ 时，钢的腐蚀速度上升；当氧含量为 $100\sim860mg/L$ 时，腐蚀速度又下降。因此，氧的浓度维持在 $0.1\sim10mg/L$ 的范围内较为合适。浓度太低时，腐蚀速度会加快。浓度太高时，腐蚀速度也快。据试验，给水的氧含量为 $200\mu g/L$ 左右较为恰当。一些国家的沸水反应堆核电站要求给水氧含量保持不低于 $200\mu g/L$。

在我国，实施 NWT，是在机组采用 AVT(R) 或 AVT(O) 运行正常、给水氢电导率 $<0.15\mu S/cm$、Cl^- 含量 $\leq1\mu g/L$ 后，控制给水的 pH 为 $7.0\sim8.0$(无铜给水系统)、给水溶解氧含量为 $50\sim250\mu g/L$(摘自 GB/T 12145—2016)，这实际上已类似于 CWT。为保证溶解氧含量，除氧器排气门根据机组的运行情况采用微开方式或全关闭定期开启的方式，除氧器兼作加热器用；停止加联氨等除氧剂，向给水、凝结水加 O_2 或 H_2O_2。关于 NWT 的水汽品质控制标准，我国目前只有 GB/T 12145—2016 里有，在本章第五节中会列出。

(5)中性处理只能用于直流炉，不能用于汽包锅炉。因为汽包锅炉的炉水电导率随着水的蒸发而提高，所以电导率不能维持在规定的范围内。目前，中性处理只应用在超高压以上的机组。

中性处理的加药部位，主要是凝结水泵的出口，有时为了减少低压加热器蒸汽侧钢的腐蚀速度，将 O_2 或 H_2O_2 加至低压加热器的加热蒸汽中。为了保持氧化膜的完整，必须不间断地加药，以不断修补各种原因损坏的保护膜。根据运行经验，如果加药中断，腐蚀速度会显著增加。

中性处理时，加 O_2 和 H_2O_2 有什么区别呢？过去认为它们之间没有什么区别，其处理目的和结果是一样的，只不过加 H_2O_2 比加 O_2 更方便一些。根据近年来的研究，两者在作用机理上是不同的。加 O_2 时，氧和钢直接作用生成氧化膜；而加 H_2O_2 时，首先是生成络离子 $Fe(O_2H)^{2+}$，这种络离子称为过氧氢根合铁(III)离子，

中心离子是 Fe^{3+}，配位离子为 $(O_2H)^-$；然后，络离子分解生成铁的氧化物保护膜。目前，中性处理普遍使用 O_2。

和碱性处理相比，中性处理的优点主要有以下几点：

(1)锅炉的腐蚀速度显著下降。根据德国的运行经验，中性处理时，给水的铁含量可以降至 $20\mu g/L$ 以下，比碱性处理时低。同时，过热蒸汽和锅炉沉积物的铁含量都比碱性处理时小。由于腐蚀速度小，锅炉各部位的结垢量显著下降。

(2)提高了锅炉运行的安全性。由于腐蚀和结垢速度下降，管壁的温度也下降，这就提高了锅炉运行的安全性。

(3)延长了锅炉清洗的间隔时间。和碱性处理比较，清洗间隔时间延长了一倍甚至更长的时间。

(4)凝结水净化设备的运行周期明显延长。由于中性处理时氨含量较低，离子交换树脂的工作周期延长，这样再生的次数减少，再生液的用量降低，处理水量增加，运行成本也降低。

(5)可以使给水系统的低温部分得到保护。在凝结水泵出口加 O_2 或 H_2O_2，给水系统低温部分的金属表面能生成良好的保护膜。而碱性处理时，除氧器以前的低温管道和设备仍然有受腐蚀的可能性。但武汉大学谢学军教授的实验室研究结果不支持这一说法，因为其研究结果表明，碳钢试片在温度不高(如不高于100℃)的除盐水中，即使除盐水的电导率足够低，不管其中氧含量是多少，碳钢试片表面都不会形成保护膜。

中性处理也有一些值得注意的问题，如果控制不好，热力系统的腐蚀不但不能受到抑制，反而会加速。这些应当注意的问题有以下几点：

(1)防止凝汽器的泄漏，尤其是凝汽器的冷却水为海水时更要特别注意。如果凝汽器泄漏时不采取措施，仍按原运行控制方法加氧化剂，反而会加速腐蚀。因此，一定要把凝结水净化设备管理好，保证给水电导率符合要求。

(2)给水没有缓冲性，锅炉运行时水质控制比较困难。在 NWT 水工况下给水为中性高纯水，其缓冲性很小，稍有污染即可使给水的 pH 降低到 6.5 以下，此时加氧不仅不会促进金属的钝化，而且会加速金属的腐蚀，例如，CO_2 漏入会使水的 pH 降至酸性范围，凝汽器泄漏也可使水的 pH 降低，这都增加了水质控制的难度。

(3)铜合金的腐蚀问题。尽管学者对中性处理时铜合金的腐蚀问题看法不尽一致，但铜合金的腐蚀问题仍是值得重视的问题，应尽可能降低铜合金的腐蚀。

第三节　联合水处理或加氧处理

为了克服 NWT 的不足，德国在 NWT 的基础上发展出了加氧与加氨的联合水处理，并在 1982 年将其正式确立为一种直流锅炉给水处理的新技术。目前，CWT

已在欧洲、美国及亚洲许多国家的直流机组上得到了应用。我国 1988 年首先在望亭电厂 300MW 直流锅炉上进行了 CWT 试验，取得了较好的效果，并于 1991 年通过了部级鉴定。现在，CWT 已在国内的亚临界和超临界机组上有所应用。

一、联合水处理的基本原理

由如图 3-3 所示的 $Fe-H_2O$ 体系的电位-pH 图（25℃）可知，当水的 pH 约为 7 时，Fe 的电极电位在–0.5V 左右，处于腐蚀区，钢铁会被腐蚀。但是，如果在高纯水中加入 O_2 或 H_2O_2，使铁的电位升高到 0.3～0.4V，进入 Fe_2O_3 钝化区，钢铁就得到了保护。

因为在水中含有微量氧的情况下，碳钢腐蚀产生的 Fe^{2+} 和水中的氧反应，能形成 Fe_3O_4 氧化膜。其反应式可写为

$$3Fe^{2+}+\frac{1}{2}O_2+3H_2O \longrightarrow Fe_3O_4+6H^+ \tag{5-1}$$

但是，这样产生的氧化膜中 Fe_3O_4 晶粒间的间隙较大。这样，水可以通过这些晶粒间隙渗入钢材表面而引起腐蚀，因此这样的 Fe_3O_4 膜的保护效果较差，不能抑制 Fe^{2+} 从钢材基体溶出。如果向高纯水中加入足量的氧化剂，如气态氧，不仅可加快反应式(5-1)的速度，而且可通过下列反应在 Fe_3O_4 膜的孔隙和表面生成更加稳定的 $\alpha-Fe_2O_3$：

$$4Fe^{2+}+O_2+4H_2O \longrightarrow 2Fe_2O_3+8H^+$$

$$2Fe_3O_4+H_2O \longrightarrow 3Fe_2O_3+2H^++2e^-$$

这样，在加氧水工况下形成的碳钢表面膜具有双层结构，一层是紧贴在钢表面的磁性氧化铁层（Fe_3O_4 内伸层），其外面是含尖晶石型的氧化物层（Fe_2O_3）。氧的存在不仅加快了 Fe_3O_4 内伸层的形成速度，而且在 Fe_3O_4 层和水相界面处又生成一层 Fe_2O_3 层，使 Fe_3O_4 表面孔隙和沟槽被封闭。因为 Fe_2O_3 的溶解度远比 Fe_3O_4 的低，所以形成的保护膜更致密、稳定。如果由于某些原因使保护膜损坏，水中的氧化剂能迅速通过上述反应修复保护膜。

因此，与除氧工况相比较，加氧工况可使钢表面上形成更稳定、致密的 Fe_3O_4-Fe_2O_3 双层保护膜。其表层呈红色，厚度一般小于 10μm，多数晶粒的尺寸小于 1μm。

二、联合水处理的水汽质量标准

我国 CWT 的水汽品质控制标准，参见中华人民共和国电力行业标准《火电厂汽水化学导则 第 1 部分：锅炉给水加氧处理导则》（DL/T 805.1—2011）和中华人民共和国国家标准《火力发电机组及蒸汽动力设备水汽质量》（GB/T 12145—

2016），其中 GB/T 12145—2016 里关于 CWT 的水汽品质控制标准值，会在本章第五节中介绍，以下先介绍几个主要的给水水质指标。

1. 电导率

氧只有在纯水中才可能起钝化作用，所以给水能保持足够高的纯度是实施 CWT 水工况的首要前提条件。试验结果表明，在电导率为 $0.1\mu S/cm$ 的纯水中，O_2 浓度大于 $100\mu g/L$ 时，碳钢腐蚀速度极低；但是，当电导率＞$0.3\mu S/cm$ 时，碳钢的腐蚀速度随 O_2 浓度的增加而显著加大。因此，我国 DL/T 805.1—2011 要求给水水样经氢型阳离子交换柱后测定的电导率（简称氢电导率）的标准值＜$0.15\mu S/cm$，期望值＜$0.1\mu S/cm$。超临界机组均设有凝结水精处理系统，其出水氢电导率一般都小于 $0.15\mu S/cm$，并经常小于 $0.1\mu S/cm$。因此，上述指标是完全可以达到的，但其前提是凝结水必须 100%经过净化处理。

2. 溶解氧浓度

CWT 水工况下给水中允许的氧浓度一般都在 $30\sim400\mu g/L$ 范围内。运行中，如果除氧器维持排气，那么允许的氧浓度上限值可高一些；如果除氧器排气门处于关闭状态，那么该上限值应低一些。在我国，DL/T 805.1—2011 推荐的标准值是 $30\sim150\mu g/L$，期望值是 $30\sim100\mu g/L$；实际运行中，无铜机组（如石洞口第二发电厂）维持在 $100\sim300\mu g/L$，有铜机组（如黄埔电厂）则维持在 $80\sim120\mu g/L$。在 CWT 水工况下，给水中的氧浓度不能太低，否则难以形成更稳定、致密的 Fe_3O_4-Fe_2O_3 双层保护膜。但是，如果氧浓度过高，不仅钢铁在少量氯化物杂质的作用下容易发生点蚀，而且可能导致过热器或汽轮机低压缸部件的腐蚀。

研究发现，当水中氧浓度提高到 $100\mu g/L$ 后，奥氏体不锈钢部件的应力腐蚀开始加剧。因此，当钢表面已形成良好钝化膜、给水中铁含量下降到标准值或期望值以下并且稳定后，水中溶解氧浓度只要能保持给水铁含量基本稳定即可。

3. pH

由于给水的缓冲性差，因此给水的 pH 过低，特别是当给水的 pH（25℃）小于 7.0 时，碳钢会遭受到强烈的腐蚀；而 pH 过高，会使凝结水除盐设备的运行周期缩短。因此，美国电力研究协会（EPRI）导则推荐全铁凝结水-给水系统的给水 pH 控制范围为 $8.0\sim8.5$，我国 DL/T 805.1—2011 和德国的标准都规定将给水的 pH 控制在 $8.0\sim9.0$ 这一较宽的范围内。

三、联合水处理的加氧系统

CWT 水工况下，除了 pH 的控制范围之外，氨的加药方法均与 AVT 水工况的相同，但加氨量应由加氨自动装置控制。因此，下面主要介绍加氧系统。

1. 加氧系统概况

CWT 应选用纯度大于 99%的氧气作为氧化剂。加氧系统由氧气钢瓶（承压14.7MPa、容积 40L）、氧气流量控制器和氧气输送管线组成。氧气输送管线包括母管和支管，母管可采用黄铜管或不锈钢管，支管应采用不锈钢管。母管与氧气瓶的连接应采用专用卡具，氧气在母管出口减压后经氧流量控制器与支管连接。

为了控制水中溶解氧的浓度，在凝结水和给水系统中设有两个氧加入点，一点在凝结水处理装置出口的凝结水管道上，另一点在给水泵的吸入侧（除氧器出口）的给水管道上。

图 5-1 为一个比较典型的加氧系统。该系统采用汇流排，其主要作用是将多个氧气瓶的氧气汇集在一起，经过减压处理，集中提供给系统。该汇流排采用 2×5 结构，即五个氧气瓶向凝结水系统供氧，五个氧气瓶向给水系统供氧。每瓶氧气

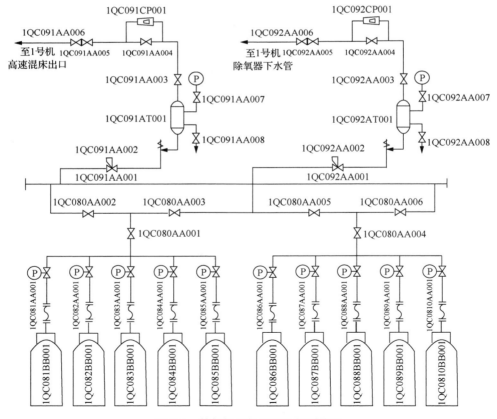

图 5-1　某超临界机组的加氧系统图

可用 3 天左右，五瓶氧气可用 15 天。这样，氧气瓶的更换周期一般为半个月左右。为了提高系统的安全性和耐用性，系统中减压器放在汇流排一侧，使输氧管道具有低中压的耐压性，以防止氧气在高压状态下长距离输送而产生泄漏等。操作柜作为加氧装置的控制柜，布置于主厂房加药间内，以方便对加氧流量进行控制。

2. 加氧系统的使用和维护注意事项

加氧系统的使用和维护注意事项如下：

(1)使用前，在氧气瓶阀全部关闭的情况下，将要使用一边的高低压截止阀打开，先微量开启要使用一边的其中一只氧气瓶阀，使高压压力表示值缓缓上升到压力不再上升时，把这边所有氧气瓶全部开启，然后顺时针转动减压器调节螺杆，将低压压力表调到所需值。停止供气时，只需旋松减压器调节螺杆，待低压压力表示值为零后，关闭截止阀。

(2)减压器的高压腔和低压腔都装有安全阀。当压力超过许用值时，排气自动打开，压力降到许用值即自行关闭，平时切勿扳动安全阀。安装时，应注意连接部分的清洁，切忌杂物、垃圾进入减压器。连接部分发现漏气时，一般是由于螺纹扳紧力不够，或垫圈损坏，应适当扳紧或更换密封垫圈。发现减压器有损坏或漏气，或低压表压不断上升，以及压力表回不到零位等现象时，应及时进行修理。

(3)汇流排应按规定使用一种介质，不得混用，以免发生危险。汇流排严禁接触油脂，以免发生火灾事故。汇流排不得安装在有腐蚀性介质的地方。汇流排不得逆向向气瓶内充气。汇流排投入使用后，应进行日常维护，严禁敲击管件。正常使用中，推荐每年对压力表进行计量检测。

(4)氧气瓶出口阀开启速度不得过快，防止有可燃物进入时造成静电打火引起燃爆，在气体骤然膨胀时炸管伤人。另外，氧气瓶出口高压软管安全使用期一般为 1.5～2 年，须在安全使用期到时及时更换。氧气瓶出口高压软管不可过量弯曲，应尽量在自然状态下连接。

3. 加氧系统的日常使用方法

加氧系统的日常使用方法如下：

(1)每套装置分为给水加氧和凝结水加氧两部分，每五个氧气瓶对应一个系统(给水或凝结水)。使用时应分别打开给水加氧母管(汇流排上较低的母管)上的主阀门或凝结水加氧母管(汇流排上较高的母管)上的主阀门，以分别向给水和凝结水系统供氧。

(2)由于给水加氧的系统压力较低，氧气可充分得到使用；而凝结水加氧的系统压力较高，当氧气瓶压力下降至 4.0MPa 时，已不能向凝结水系统中加入氧气。

为了避免氧气浪费，此时可将给水加氧瓶组和凝结水加氧瓶组进行切换，即将原凝结水加氧瓶组中的剩余氧气向给水系统中加入，而原给水加氧瓶组则更换新氧气瓶向凝结水系统中加入。

(3) 加氧量的调节。加氧量的调节通过分别调节给水加氧流量计和凝结水加氧流量计下的小调节阀实现。当加氧量较小时，加氧流量可能小于流量计的最低刻度。因此，有时加氧系统流量计无显示，这是正常情况。最终加氧量应通过加氧试验确定。

(4) 系统的紧急关断。加氧工况运行时，系统给水氢电导率一般要求小于 $0.15\mu S/cm$。因此，当给水氢电导率大于 $0.15\mu S/cm$ 时必须停止加氧。汇流排中有两个电动阀，分别对应给水加氧系统和凝结水加氧系统，它们与给水和凝结水的水质信号连锁，当水质不满足要求时，电动阀自动关断，停止加氧。

四、联合水处理的运行控制方法

1. 启动时的运行控制方法

机组正常启动时，一般先通过加氨将给水 pH 提高至 9.0~9.5，并进行正常的系统清洗和除氧器排气。当机组运行稳定、所带负荷高于最低运行负荷(30%锅炉负荷(B-MCR))、省煤器进口给水氢导电率<$0.15\mu S/cm$ 并有继续降低的趋势时，开始加氧。为加快水汽循环系统中钢表面保护膜的形成和溶解氧的平衡，加氧初期可适当提高给水中的氧含量，但最高不得超过 $300\mu g/L$。

2. 正常运行控制方法

在 CWT 运行中，应按标准调节给水的 pH 和溶解氧含量。当加氧系统投入运行后，首先调节自动加氨装置的控制值，将省煤器入口给水的 pH 控制在标准范围。然后，调节加氧流量，将省煤器入口给水的溶解氧含量控制在标准范围。实际操作时，可根据凝结水和给水的流量及其溶解氧含量的监测数据来调节凝结水处理装置出口点和除氧器出口点的氧流量，将省煤器入口给水中溶解氧浓度维持在 $100\mu g/L$ 左右。

正常运行时，除氧器排气门可根据机组的运行情况采用微开方式或全关闭定期开启的方式。高、低压加热器排气门应采用微开方式，以确保加热器疏水的氧含量大于 $30\mu g/L$。

在我国，CWT 是在机组采用 AVT(R) 或 AVT(O) 运行正常、给水氢电导率<$0.15\mu S/cm$ 后，控制给水的 pH 为 8.0~9.0、给水溶解氧含量为 30~$150\mu g/L$(摘自 DL/T 805.1—2011)。为保证溶解氧含量，也关闭除氧器排气门，除氧器只做加热器用；停止加联氨等除氧剂，向给水、凝结水加氨、氧或过氧化氢。

3. 水质异常时的处理原则

在标准所规定的监督项目中，最重要的是给水氢电导率，通过对其监测可及时、准确地掌握给水纯度的变化。当给水氢电导率偏离控制指标时，应迅速检查取样的代表性或确认测量结果的准确性，然后按水汽质量劣化时的三级处理原则采取相应的措施，分析水汽系统中水汽质量的变化情况，查找并消除引起污染的原因，以保持 CWT 所要求的高纯水质，使其恢复正常。GB/T 12145—2016 规定的水汽质量劣化时的三级处理原则如下。

(1)一级处理：有发生水汽系统腐蚀、结垢、积盐的可能性，应在 72h 内恢复至相应的正常值。

(2)二级处理：正在发生水汽系统腐蚀、结垢、积盐，应在 24h 内恢复至相应的正常值。

(3)三级处理：正在发生快速腐蚀、结垢、积盐，4h 内水质不好转，应停炉。

在异常处理的每一级中，在规定的时间内不能恢复正常时，应采取更高一级的处理方法。给水或下降管炉水的氢电导率变化时按表 5-2 采取措施。

表 5-2　给水或下降管炉水的氢电导率变化时的处理措施(摘自 DL/T 805.1—2011)

项目	一级处理		二级处理	
	省煤器入口	下降管炉水	省煤器入口	下降管炉水
氢电导率(25℃)/(μS/cm)	0.15~0.20	1.5~3.0	>0.20	>3.0
处理措施	适当减小加氧量，检查并控制凝结水精处理出口水水质，使给水和下降管炉水水质尽快满足要求		停止加氧，加大凝结水精处理出口加氨量，提高给水的 pH 至 9.2~9.5，炉水维持 pH 至 9.1~9.4，查找给水和下降管炉水氢电导率高的原因，使水质尽快满足加氧处理的水质要求	

凝结水水质异常时，应查找原因并按 GB/T 12145—2016 的要求采取三级处理。

4. 非正常运行时给水处理方式的转换

1)CWT 向 AVT 切换的条件

CWT 向 AVT 切换的条件有以下几点：

(1)机组正常停机前 1~2h。

(2)给水氢电导率≥0.2μS/cm 或凝汽器存在严重泄漏影响水质时。

(3)加氧装置有故障无法加氧时。

(4)机组发生 MFT(主燃料跳闸，简称跳炉)时。

2)CWT 向 AVT 切换的操作

CWT 向 AVT 切换的操作如下：

(1)关闭凝结水和给水加氧二次门，退出减压阀关闭氧气瓶。

(2)提高自动加氨装置的控制值，使给水 pH 提高至 9.2～9.5。

(3)加大除氧器、高低压加热器排气门开度，保持 AVT 方式至停机保护或机组正常运行。

5. CWT 的效果

国内外实施 CWT 水工况的直流锅炉机组取得了以下效果：

(1)给水铁含量降低。

(2)下辐射区水冷壁管的铁沉积量减少。

(3)锅炉化学清洗间隔时间延长。

(4)凝结水除盐设备的运行周期延长。

(5)锅炉的启动时间缩短，例如，一台采用 CWT 的超临界机组在因重大事故停机后启动约需 1.5h，而采用 AVT 工况时启动需 3～4h。在 CWT 工况下，可以用没有除氧的水点火；运行经验表明，系统清洗时水中腐蚀产物含量低得多，从而使机组清洗时间缩短，加快了机组的启动过程。

6. 注意事项

实行 CWT 水化学工况必须注意以下事项：

(1)给水氢电导率应小于 0.15μS/cm。

(2)除凝汽器管外，水汽循环系统各设备均应为钢制元件。对于水汽系统有铜加热器管的机组，应通过专门试验，确定加氧不会增加水汽系统的铜含量后才能采用给水加氧处理工艺。

(3)凝结水必须 100%经过深度除盐处理，给水水质应保持高纯度，以免影响碳钢表面氧化膜的形成和降低氧化还原电位。

(4)要注意防止凝汽器和凝结水系统漏入少量空气，否则给水的电导率会增加，漏进空气中的 CO_2 会使水的 pH 下降。在这种条件下，加入氧化剂反而会加速金属的腐蚀，导致凝结水和给水中 Fe、Cu 含量增加。

(5)锅炉水冷壁管内的结垢量达到 $200～300g/m^2$ 时，给水加氧处理前宜进行化学清洗。

(6)实行 CWT 水工况时，不能停止或间断加药。实践表明，CWT 水工况下钢表面上的保护膜在机组运行过程中经常"自修补"，中途停止加药或间断加药，防腐蚀效果不好。

(7)实行 CWT 水工况时，除氧器的排气门由全开调至微开的位置，以便使给水保持一定的氧含量。但是，在这种情况下除氧器作为一种混合式给水加热器和承接高压加热器疏水、汇集热力系统其他疏水和蒸汽等还是必要的；其次，它还可除去水汽系统中的部分不凝结气体和微量二氧化碳，并有利于机组变负荷运行时给水中溶解氧浓度的控制。

第四节　汽包锅炉的炉水处理

一、磷酸盐处理

为了防止在汽包锅炉中产生钙、镁水垢，除了保证给水水质外，通常还需要在炉水中投加某些药品，使给水带进锅炉内的钙、镁离子形成水渣随锅炉排污排除。对于发电锅炉，最宜用作锅炉内加药处理的药品是磷酸盐。向炉水中投加磷酸盐(其总含量用 PO_4^{3-} 表示)的处理方法，统称为磷酸盐处理。

磷酸盐处理始于 20 世纪 20 年代，至今已应用发展了 90 多年。起初，机组容量较小，锅炉补给水为软化水，汽包内还分为盐段与净段，磷酸盐处理应用起来比较省事、简单。近几十年来，锅炉补给水由软化水改为除盐水，水质很纯，同时机组容量增长较快。为适应水质变化和大机组发展需要，经过试验研究与不断实践，磷酸盐处理也得到了很大发展，人们对磷酸盐处理的特点、工艺及存在的问题有了更深刻的认识，并研究出了具体对策，关键是合理应用。

磷酸盐处理除了可以防止在汽包锅炉中产生钙、镁水垢外，还可以增强炉水的抗污染能力，即为炉水提供适当的碱性，对炉水中酸或碱的污染具有较强的缓冲能力，从而防止水冷壁管的酸性和碱性腐蚀，尤其是当遇到偶然的凝汽器泄漏和机组启动时的给水污染时，磷酸盐处理的适应能力强；另外，炉水中存在磷酸盐，由于共沉积作用，可以降低蒸汽对二氧化硅的携带，也可以减少蒸汽对氯化物和硫酸盐等离子的携带，改善汽轮机沉积物的化学性质，减少汽轮机腐蚀。因此，时至今日，磷酸盐处理仍然是汽包锅炉主要的炉内化学处理工艺。目前，我国电力行业标准《火电厂汽水化学导则 第 2 部分：锅炉炉水磷酸盐处理》(DL/T 805.2—2016)只将磷酸盐处理区分为磷酸盐处理(PT)和低磷酸盐处理(LPT)，下面除了重点介绍磷酸盐处理和低磷酸盐处理外，也简要介绍协调 pH-磷酸盐处理(CPT)和平衡磷酸盐处理(EPT)。

1. 磷酸盐处理

1)原理

磷酸盐处理是为了防止炉内生成钙、镁水垢和减少水冷壁管腐蚀，向炉水中加入适量磷酸盐的处理。由于炉水处在沸腾条件下，而且它的碱性较强(炉水的 pH 一般在 9～11 的范围内)，因此，炉水中的钙离子与磷酸根会发生下列反应：

$$10Ca^{2+} + 6PO_4^{3-} + 2OH^- \longrightarrow Ca_{10}(OH)_2(PO_4)_6 \downarrow$$
$$\text{（碱式磷酸钙）}$$

生成的碱式磷酸钙是一种松软的水渣，易随锅炉排污排除，且不会黏附在锅炉内转变成水垢。因为碱式磷酸钙是一种非常难溶的化合物，它的溶度积很小，所以当炉水中保持有一定量的过剩 PO_4^{3-} 时，可以将炉水中 Ca^{2+} 的含量降低到非常小，它的浓度与 SO_4^{2-} 浓度或 SiO_3^{2-} 浓度的乘积不会达到 $CaSO_4$ 或 $CaSiO_3$ 的溶度积，这样锅炉内就不会有钙垢形成。

随给水进入锅炉内的 Mg^{2+} 的量通常较少，在沸腾着的碱性炉水中，它会与随给水带入的 SiO_3^{2-} 发生下述反应：

$$3Mg^{2+} + 2SiO_3^{2-} + 2OH^- + H_2O \longrightarrow 3MgO \cdot 2SiO_2 \cdot 2H_2O \downarrow$$
$$\text{（蛇纹石）}$$

蛇纹石呈水渣形态，易随炉水的排污排出。

磷酸盐处理的常用药品是磷酸三钠（$Na_3PO_4 \cdot 12H_2O$）。对于以钠离子交换水作为补给水的热电厂，有时因为补给水率大，炉水碱度很高，为了降低炉水的碱度，可使用磷酸氢二钠（$Na_2HPO_4 \cdot 12H_2O$），以消除一部分游离 NaOH，其反应式为：

$$NaOH + Na_2HPO_4 \longrightarrow Na_3PO_4 + H_2O$$

2）炉水中的磷酸根含量标准

由上述可知，为了防止钙、镁水垢，在炉水中要维持足够的 PO_4^{3-} 含量。这个含量和炉水中的 SO_4^{2-}、SiO_3^{2-} 含量有关，从理论上讲可以根据溶度积算出，但实际上没有钙、镁化合物在高温炉水中的溶度积数据，再加上锅炉内生成水渣的实际反应过程很复杂，所以还估算不了炉水中应维持的 PO_4^{3-} 的合适含量，而主要凭实践经验确定。根据锅炉的长期运行实践，为了保证炉水磷酸盐处理的防垢效果，目前炉水中应维持的 PO_4^{3-} 含量见表5-3（摘自中华人民共和国电力行业标准《火电厂汽水化学导则 第2部分：锅炉炉水磷酸盐处理》（DL/T 805.2—2016））和表5-4（摘自GB/T 12145—2016）。

表5-3　磷酸盐处理时的控制标准（摘自 DL/T 805.2—2016）

锅炉汽包压力/MPa	二氧化硅/(mg/L)	氯离子/(mg/L)	磷酸根/(mg/L)	pH (25℃)	电导率/(μS/cm)
3.8～5.8	—	—	5～15	9.0～11.0	—
5.9～12.6	≤20	—	2～6	9.0～9.8	<50
12.7～15.8	≤0.45	≤1.5	1～3	9.0～9.7	<25

表 5-4　炉水中应维持的 PO_4^{3-} 含量(摘自 GB/T 12145—2016)

锅炉汽包压力/MPa	3.8~5.8	5.9~10.0	10.1~12.6	12.7~15.6	>15.6
磷酸根/(mg/L)	5~15	2~10	2~6	≤3①	≤1①

注：①控制炉水无硬度。

对于汽包压力为 5.9~15.6MPa 的锅炉，如果凝汽器泄漏频繁，给水硬度经常波动，那么 PO_4^{3-} 含量应控制得高一些，可按表 5-3 或表 5-4 中锅炉汽包压力低一档次的标准进行控制。但炉水中的 PO_4^{3-} 也不能太多，PO_4^{3-} 太多不仅随排污水排出的药量会增多，使药品的消耗增加，而且还会引起以下不良后果：

(1)增加炉水的盐含量，影响蒸汽品质。

(2)当炉水中 PO_4^{3-} 过多时，可能生成 $Mg_3(PO_4)_2$。

$Mg_3(PO_4)_2$ 在高温水中的溶解度非常小，能黏附在炉管内形成二次水垢，这种二次水垢是一种导热性很差的松软水垢。

(3)容易在高压和以上压力锅炉中发生磷酸盐"隐藏"现象。

发生这种现象时，在热负荷很大的炉管内，有的有磷酸氢盐的附着物生成。对于高压分段蒸发锅炉，当盐段炉水中 PO_4^{3-} 含量超过 100mg/L 时，更容易发生这种现象。

3)加药方式

磷酸盐溶液一般在发电厂的水处理车间配制，配制系统如图 5-2 所示。在磷酸盐溶解箱 1 中用补给水将固体磷酸盐溶解成浓磷酸盐溶液(质量分数一般为 5%~8%)，然后用泵 2 将此溶液通过过滤器 3 送至磷酸盐溶液储存箱 4 内。过滤是为了除掉磷酸盐溶液中的悬浮杂质，保证溶液的纯净和减轻对加药设备的磨损。

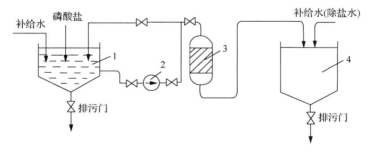

图 5-2　磷酸盐溶液配制系统
1-磷酸盐溶解箱；2-泵；3-过滤器；4-磷酸盐溶液储存箱

磷酸盐溶液加入锅炉内的方式是用高压力(泵的出口压力略高于锅炉汽包压力)、小容量的活塞泵，连续地将磷酸盐溶液加至汽包内的炉水中，加药系统如图 5-3 所示。

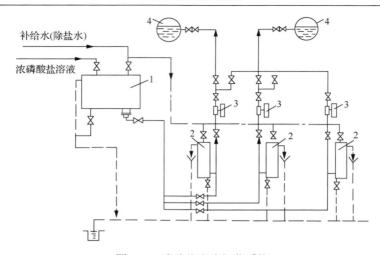

图 5-3 磷酸盐溶液加药系统

1-磷酸盐溶液储存箱；2-计量器；3-加药泵；4-锅炉汽包

加药时，先用补给水稀释磷酸盐溶液储存箱 1 里的浓磷酸盐溶液。稀释后磷酸盐的质量分数，视加药泵的容量和需加剂量而定，一般为 1%～5%。然后将稀溶液引入计量器 2 内，再用加药泵 3 加至锅炉汽包 4 内。加药系统中应设有备用加药泵，两台同参数锅炉的磷酸盐加药系统一般设有三台加药泵，其中一台作备用，另两台泵各供一台锅炉加药用。汽包水室中设有磷酸盐加药管，为使药液沿汽包全长均匀分配，加药管沿着汽包长度方向铺设，管上开有许多等距离的小孔（$\phi 3\sim 5mm$）。此管应装在下降管管口附近，并远离排污管处，以免排掉药品。

如果需要调整加入锅炉内的磷酸盐量，可调节加药泵的活塞冲程、频率，或改变磷酸盐溶液储存箱里浓磷酸盐溶液的稀释倍数，从而改变加入的磷酸盐溶液的质量分数。

在锅炉运行中，如发现炉水中 PO_4^{3-} 浓度过高，那么可暂停加药泵，待炉水中 PO_4^{3-} 含量正常后，再启动加药泵。

目前，不少电厂已实现磷酸盐的自动加药，例如，设置炉水 PO_4^{3-} 含量的自动调节设备，利用炉水 PO_4^{3-} 测试仪表的输出信号，通过改变频率控制加药泵的转速，自动、精确地维持炉水中 PO_4^{3-} 含量。采用这种设备还可以减轻磷酸盐处理的工作量。

4）加药量估算

磷酸盐处理的加药量与以下几个方面有关：①与 Ca^{2+} 生成水渣所消耗的磷酸盐；②为保证生成水渣反应彻底和维持炉水 pH，即为了使炉水中的 PO_4^{3-} 含量达到规定的标准值所需加入的磷酸盐；③排污损失的磷酸盐。

因为生成水渣的实际化学反应很复杂，前面所述的生成 $Ca_{10}(OH)_2(PO_4)_6$ 的反应，只不过是主要反应，所以不能精确地计算加药量，实际加药量只能根据炉水应维持的 PO_4^{3-} 含量，通过调整试验得到。

另外，在设计磷酸盐加药系统时，方便起见，不是按给水中 Ca^{2+} 量而是按给水硬度估算加药量。下面介绍估算方法。

(1) 锅炉启动时的加药量。锅炉启动时，炉水中还没有 PO_4^{3-}，为了使炉水中的 PO_4^{3-} 含量达到规定的标准值，需要加入的磷酸三钠量可按式 (5-2) 计算：

$$G_{LI} = \frac{1}{0.25} \times \frac{1}{\varepsilon} \times \frac{1}{100} \times (V_G I_{LI} + 28.5HV_G) \tag{5-2}$$

式中，G_{LI}——磷酸三钠的加药量，kg；

　　0.25——磷酸三钠中 PO_4^{3-} 的质量分数；

　　ε——磷酸三钠的纯度；

　　V_G——炉水系统的容积，m^3；

　　I_{LI}——炉水中应维持的 PO_4^{3-} 含量（根据各参数机组执行标准查表 5-3 或表 5-4 得到），mg/L；

　　28.5——使 $1mol(1/2Ca^{2+})$ 变为 $Ca_{10}(OH)_2(PO_4)_6$ 所需的 PO_4^{3-}，g；

　　H——给水硬度，mmol/L。

(2) 锅炉运行时的加药量。锅炉投入运行后，磷酸盐的加药量包括上述①、②、③三部分，可按式 (5-3) 计算：

$$D_{LI} = \frac{1}{0.25} \times \frac{1}{\varepsilon} \times \frac{1}{1000} \times (28.5HD_{GE} + D_P I_{LI}) \tag{5-3}$$

式中，D_{LI}——磷酸三钠的加药速度，kg/h；

　　D_{GE}——锅炉给水速度，t/h；

　　D_P——锅炉排污水速度，t/h。

5) 注意事项

磷酸盐处理是汽包锅炉最早使用的炉水处理技术，曾广泛用于低压、中压、高压、超高压及亚临界压汽包锅炉。为了保证处理效果和不影响蒸汽品质，必须注意以下几个问题：

(1) 一般给水硬度应不大于 $2\mu mol/L$，对于水的净化工艺比较简单的低压锅炉或工业用锅炉，给水最大硬度不应大于 $35\mu mol/L$。否则，生成的水渣太多，会使锅炉排污增加，甚至恶化蒸汽品质。

(2) 应将锅炉水中 PO_4^{3-} 含量维持在表 5-3 或表 5-4 规定的范围内。另外，加药要均匀，速度不可太快，以免炉水盐含量骤然增加，影响蒸汽品质。

(3) 及时排除水渣，以免因水渣太多影响炉水循环、恶化蒸汽品质和堵塞管道。

(4) 对于已经结垢的锅炉, 在进行磷酸盐处理时, 必须先将水垢清除掉。因为 PO_4^{3-} 能与钙垢作用, 使其脱落或转化为水渣, 锅炉水垢、水渣大量增加会影响蒸汽品质, 严重时脱落的垢块会堵塞炉管, 导致水循环故障。

(5) 药品应比较纯净, 以免杂质进入锅炉内。药品质量一般应符合 $Na_3PO_4 \cdot 12H_2O$ 含量不小于 95%, 不溶性残渣不大于 0.5%。对于汽包压力为 5.9~15.6MPa 的锅炉, 使用的磷酸盐的纯度应为化学纯或以上级别; 汽包压力大于 15.6MPa 的锅炉, 使用的磷酸盐的纯度应为分析纯或以上级别。

另外, 在水质条件恶化时, 例如, 凝汽器发生泄漏, 或机组处在启动阶段, 要及时排污换水, 将磷酸盐软垢排掉, 以防沉积。即使在正常水质条件下, 也要保证一定的排污量, 尤其是定排一定要按期进行。

6) 易溶盐 "隐藏" 现象

有的汽包锅炉, 在运行时会出现一种炉水水质异常的现象, 即当锅炉负荷增高时, 锅炉水中某些易溶钠盐 (Na_2SO_4、Na_2SiO_3 和 Na_3PO_4) 的浓度明显降低; 而当锅炉负荷减少或停炉时, 这些钠盐的浓度重新增高, 这种现象称为盐类 "隐藏" 现象, 也称盐类暂时消失现象, 主要是磷酸盐发生 "隐藏" 现象。

(1) "隐藏" 原因。发生盐类 "隐藏" 现象的原因与以下情况有关。

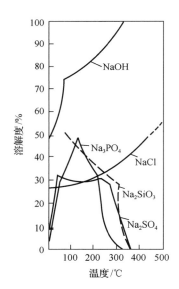

图 5-4　钠化合物在水中溶解度与温度的关系

① 易溶盐的特性。在高温水中, 某些钠化合物在水中的溶解度随着水温升高而下降。如图 5-4 所示, Na_2SO_4、Na_2SiO_3 和 Na_3PO_4 的溶解度先随水温升高而增大, 当温度超过某一数值后溶解度则下降。这种变化以 Na_3PO_4 最为明显, 当水温超过 120℃ 以后, 它的溶解度随着水温升高急剧下降。

在中压及以上压力锅炉中, 炉水的温度都很高, 由于上述几种钠化合物在高温水中的溶解度较小, 如果炉管内发生炉水的局部蒸发浓缩, 那么它们就容易在此局部区域达到饱和浓度而 "隐藏" 起来。

上述几种钠盐的饱和溶液的沸点较低, 当炉管局部过热使其内壁温度较高时, 这些钠盐的水溶液能完全蒸干而形成固态附着物。研究得知, Na_2SO_4、Na_2SiO_3 或 Na_3PO_4 单独形成溶液时, 饱和溶液的沸点比纯水的沸点稍高, 但两者温差不太大。例如, 压力为 9.8MPa 时, 对于 Na_2SO_4, 其饱和溶液的沸点只比纯水的沸点高 10℃ (在其他压力下, 这种温差也在 10℃ 左右); 对于 Na_3PO_4, 这种温差还要小些。当水溶液中多种钠盐共存时, 这种温差比单一钠盐存在时要稍高一点，但差异并不大。如果炉管内壁的温度高于纯水沸点的数值超过了上述温差，就会有钠盐析出并附着在管壁上，其中 Na_3PO_4 最容易形成这种附着物。

②炉管热负荷。炉管的热负荷不同时，炉管内水的沸腾和流动工况也不同。在锅炉的出力增大和减小两种情况下，炉管的热负荷有很大不同，下面分别介绍这两种情况。

(a)锅炉出力增大。当锅炉出力增大时，由于炉膛内热负荷增加，上升管内的炉水容易发生不正常的沸腾工况(膜态沸腾)和流动工况(汽水分层、自由水面和循环倒流等)。这些异常工况都会造成炉管局部过热，使管内炉水发生局部蒸发浓缩，导致某些易溶盐析出并附着在管壁上。

(b)锅炉出力减小或停炉。当锅炉出力减小或在停炉过程中时，炉膛内热负荷降低，炉管内恢复气泡状沸腾工况。在这种工况下，沸腾产生的气泡靠浮力和水流冲力离开管壁；与此同时，周围的水流补充到管壁，管壁能得到及时冷却。这样，不仅消除了管壁过热，而且有补充水流不断冲刷管壁，原来附着的钠盐可重新溶于炉水中。此外，当出力减小或在停炉过程中时，由于炉膛内热负荷的不均匀性逐渐消失，上升管中炉水流动工况随之由不正常逐渐恢复到正常，这也有助于附着的易溶钠盐重新溶于水中。

③炉管沉积物的量。生产实际中发现，不同厂(或同厂)的同型号锅炉，炉水磷酸盐含量相同，但有的锅炉经常发生"隐藏"现象，有的则不发生。究其原因，可能与炉管沉积物的多少有关。

所以，发生盐类"隐藏"现象的原因是，锅炉负荷增高时，炉水中某些易溶钠盐有一部分从水中析出，沉积在炉管管壁上，使它们在炉水中的浓度降低；而在锅炉负荷减少或停炉时，沉积在炉管管壁上的钠盐又被溶解下来，使它们在炉水中的浓度重新增高。由此可知，出现盐类"隐藏"现象时，在某些炉管管壁上必然有易溶盐的附着物形成。

(2)危害。炉管上附着的易溶盐的危害性和水垢相似，包括以下几个方面：

①易溶盐能与炉管上的其他沉积物，如金属腐蚀产物、硅化合物等发生反应，变成难溶的水垢。

②易溶盐附着物的导热能力差，可能导致炉管严重超温，甚至烧坏。

③引起沉积物下的金属腐蚀。研究得知，当 Na_3PO_4 发生"隐藏"现象时，在高热负荷的炉管管壁上会形成 $Na_{2.85}H_{0.15}PO_4$ 的固相易溶盐附着物，反应式为

$$Na_3PO_4 + 0.15H_2O \longrightarrow Na_{2.85}H_{0.15}PO_4\downarrow + 0.15NaOH$$

反应结果是炉管管壁边界层的液相中含有游离 $NaOH$，这可能引起炉管的碱性腐蚀。

④破坏 Fe_3O_4 保护膜。有以下两种观点对此解释。

(a)Na_3PO_4 和 Fe_3O_4 交换离子。Na^+ 可能置换 Fe_3O_4 中的 Fe^{2+}，因为 Na^+ 的半径(9.8nm)比 Fe^{2+} 的半径(8.3nm)大 18%，故置换会扭曲 Fe_3O_4 晶格，破坏 Fe_3O_4 保护膜的致密性。

(b)磷酸盐和 Fe_3O_4 反应，生成酸性磷酸盐，即发生酸性磷酸盐腐蚀。反应具有以下特征：反应发生需要的磷酸盐浓度超过其溶解度；反应产物随炉水中 Na^+/PO_4^{3-} 摩尔比(R)值的不同而有所变化，当 R 值超过一定值时磷酸盐和 Fe_3O_4 不反应；反应可逆，负荷升高时反应发生，磷酸盐优先沉积下来，水相碱度升高，负荷降低时，磷酸盐释放，产生酸性大的溶液，使 Fe_3O_4 保护膜的破坏加快。

酸性磷酸盐腐蚀的关键产物是磷酸亚铁钠($NaFePO_4$)。发生酸性磷酸盐腐蚀时，炉管水侧保护性磁性氧化铁层将被破坏，形成槽蚀区，表现出很快的腐蚀速度(可达 100mm/a)。槽蚀区内，腐蚀产物分为 2 层或 3 层，内层为灰色磷酸亚铁钠，上面还覆盖有红色氧化铁斑点。容易发生酸性磷酸盐腐蚀的部位有管内表面水循环受干扰的地方，如焊接接口处、管子锻打搭接处、沉积物残留处、管子方向骤变处、管子内径改变处，接于燃烧器、下联箱及汽包的弯管处；高热通量区域；热力或水力流动受影响的位置，如发生核沸腾的管段、从上面或下面加热的水平管段与倾斜管段。而在正常生产蒸汽的管子上，在正常的、发生可恢复的磷酸盐"隐藏"现象的管子上，并不发生酸性磷酸盐腐蚀。

综上所述，磷酸盐不能消除氧化铁垢和氧化铜垢，相反会促进铁、铜等金属离子的磷酸盐沉积，增大高热负荷区水冷壁管损坏的可能性。

2. 协调 pH-磷酸盐处理

为了防止炉水中产生游离氢氧化钠，维持 Na^+ 与 PO_4^{3-} 的摩尔比在一定范围(如 GB/T 12145—2016 规定为 2.6～3.0)的磷酸盐处理，称为协调 pH-磷酸盐处理。这种炉水处理技术的要点是，使炉水磷酸盐和 pH 相应地控制在一个特定的范围内。该技术又称炉水磷酸盐-pH 控制。

协调 pH-磷酸盐处理除向汽包内添加磷酸三钠外，还添加磷酸氢二钠，使炉水既有足够高的 pH 和维持一定的 PO_4^{3-} 含量，又不含有游离 NaOH。

汽包压力不高于 15.6MPa、用软化水或除盐水作锅炉补给水、不作调峰运行，且配套的汽轮机的凝汽器较严密的锅炉，可采用协调 pH-磷酸盐处理。但我国多年实施协调 pH-磷酸盐处理的工程实践表明，有些锅炉仍发生磷酸盐"隐藏"现象，甚至导致酸性磷酸盐腐蚀。因此，不推荐使用该处理方法。

3. 低磷酸盐处理

目前，对于高参数汽包锅炉，随给水进入锅炉内的 Ca^{2+}、SO_4^{2-}、SiO_3^{2-} 以及致酸物(如在锅炉内分解出有机酸的有机物、蒸发浓缩产生强酸的微量强酸阴离子)等杂质的量非常少,原因有以下几点:①普遍采用纯度极高的二级除盐水作为锅炉补给水;②随着不锈钢管凝汽器的推广应用,凝汽器严密性较好,渗漏到凝结水中的冷却水量非常少,加之普遍设置有凝结水精处理装置,凝结水水质很好。

　　随着给水水质提高,生成水渣以及中和酸性物所需要的磷酸盐必然减少,因此具备了降低炉水磷酸盐浓度的水质条件。低磷酸盐处理就是顺应给水水质的这种变化而提出的炉水水质调节技术,是为了防止炉内生成钙、镁水垢和减少水冷壁管腐蚀,向炉水中加入少量磷酸三钠的处理。其特征是炉水 PO_4^{3-} 含量远低于磷酸盐处理(PT)和协调 pH-磷酸盐处理的控制值。表 5-5 是 DL/T 805.2—2016 规定的低磷酸盐处理的炉水水质标准。

表 5-5　低磷酸盐处理的控制标准(摘自 DL/T 805.2—2016)

锅炉汽包压力/MPa	二氧化硅/(mg/L)	氯离子/(mg/L)	磷酸根/(mg/L)	pH(25℃)	电导率/(μS/cm)(25℃)
5.9~12.6	≤2.0	—	0.5~2.0	9.0~9.7	<20
12.7~15.8	≤0.45	≤1.0	0.5~1.5	9.0~9.7	<15
15.9~18.3	≤0.20	≤0.3	0.3~1.0	9.0~9.7	<12

　　锅炉采用低磷酸盐处理时,炉水中的碱性物质主要是磷酸盐、NaOH 和 $NH_3 \cdot H_2O$。将炉水中的各种碱性物质与炉水 pH 的关系作图,可得到低磷酸盐处理的控制图。作图方法是:以炉水中的 PO_4^{3-} 和 NaOH 浓度之和为横坐标,以炉水 pH 为纵坐标,将不同 NH_3 浓度下 pH 与 PO_4^{3-} 和 NaOH 浓度之和的关系作图。图 5-5 是 DL/T 805.2—2016 推荐的低磷酸盐处理的控制图。

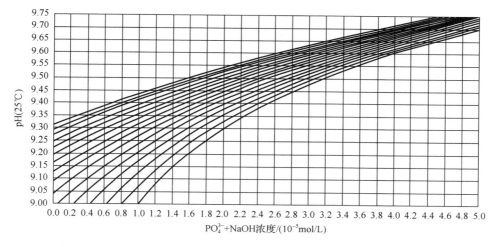

图 5-5　低磷酸盐处理的控制图(摘自 DL/T 805.2—2016,曲线自下而上
NH_3 的浓度分别为 0mg/L、0.05mg/L、0.1mg/L、0.15mg/L、…、0.75mg/L)

根据测得的炉水 pH 及 NH_3 的含量，由图 5-5 查得炉水中 PO_4^{3-} 和 NaOH 的总浓度，再根据测得的炉水中的 PO_4^{3-} 浓度，可求出 NaOH 的含量。

示例　当炉水 pH 为 9.5、NH_3 的浓度为 0.4mg/L、PO_4^{3-} 浓度为 0.28mg/L（即 $0.3×10^{-5}$mol/L）时，查图 5-5 得炉水中 PO_4^{3-} 和 NaOH 的总浓度为 $2.3×10^{-5}$mol/L，则 NaOH 含量为 $2.3×10^{-5}$mol/L–$0.3×10^{-5}$mol/L=$2.0×10^{-5}$mol/L，即 0.80mg/L。

用除盐水作锅炉补给水、给水长期无硬度、采用磷酸盐处理时磷酸盐"隐藏"现象严重的锅炉，推荐采用低磷酸盐处理。低磷酸盐处理对于防止钙垢和维持炉水 pH 有较好的效果。低磷酸盐处理的锅炉很少发生酸性磷酸盐腐蚀，仍可能发生磷酸盐"隐藏"现象，但发生"隐藏"的程度会减轻。

采用低磷酸盐处理的锅炉，当发现凝汽器出现泄漏时，应及时增加磷酸盐的加药量。因此，凝汽器严密性较差（即渗漏量较大）或泄漏频繁的机组，不宜采用低磷酸盐处理。

4. 平衡磷酸盐处理

有的锅炉（常见于炉水 PO_4^{3-} 浓度小于 1mg/L 的锅炉），采用低磷酸盐处理时可能碰到维持炉水 pH 大于 9 较困难的情况，这时一般是在磷酸盐溶液中溶解 NaOH，使 NaOH 随磷酸盐溶液一起加入汽包而使炉水 pH 大于 9。这实际上已类似于平衡磷酸盐处理。

维持炉水中磷酸三钠含量低于发生磷酸盐"隐藏"现象的临界值，同时允许炉水中含有不超过 1mg/L 的游离氢氧化钠，以防止水冷壁管发生酸性磷酸盐腐蚀以及防止炉内生成钙、镁水垢的处理称为平衡磷酸盐处理。

平衡磷酸盐处理的基本原理是，炉水磷酸盐含量减少到只够和硬度成分起反应所需的最低浓度，即平衡浓度（完全由加入的 Na_3PO_4 提供），同时向炉水中加入适量 NaOH，即允许炉水中有微量 NaOH 存在，使炉水 pH 在合格范围；要求炉水中的 Na^+/PO_4^{3-} 摩尔比大于 3，以避免磷酸盐和氧化铁反应。通过测定 pH 以确定 NaOH 的存在，并对测定的 pH 进行校正处理，以消除 NH_3 对炉水 pH 的影响。

锅炉不同，炉水中的硬度大小不同，平衡硬度所需的 PO_4^{3-} 浓度也不同，一般通过试验确定。试验过程为：首先在较低负荷下使炉水保持适当的 PO_4^{3-} 浓度，然后停止加磷酸盐和停止锅炉排污，逐渐使锅炉负荷上升至满负荷。由于"隐藏"现象，炉水中 PO_4^{3-} 浓度将降低至稳定水平，此时的 PO_4^{3-} 浓度就是"平衡"浓度或该锅炉容许的最低 PO_4^{3-} 浓度。由于给水水质好，炉水中硬度小，因此平衡 PO_4^{3-} 浓度都很低。

表 5-6 是 DL/T 805.2—2004 规定的平衡磷酸盐处理的炉水水质标准。

表 5-6　平衡磷酸盐处理的控制标准(摘自 DL/T 805.2—2004)

锅炉汽包压力/MPa	二氧化硅[①]/(mg/L)	氯离子[①]/(mg/L)	磷酸根[②]/(mg/L)			pH[①](25℃)	电导率[①]/(μS/cm)(25℃)
			单段蒸发	分段蒸发			
				净段	盐段		
5.9~12.6	≤20	—	0~3	0~3	≤25	9.0~9.8	<60
12.7~15.8	≤0.45	≤1	0~3	0~3	≤15	9.0~9.7	<40
15.9~19.3	≤0.25	≤0.1	0~2	—		9.0~9.7	<30

注：①均指单段蒸发值或净段蒸发值。
②磷酸根的含量由试验确定。

在平衡磷酸盐处理工况下，炉水 PO_4^{3-} 浓度的控制范围应满足两个要求：一是不发生磷酸盐"隐藏"现象，这是炉水 PO_4^{3-} 浓度的控制上限；二是够和炉水中的硬度较大的物质(钙、镁离子)反应，这是炉水 PO_4^{3-} 浓度的控制下限，即上面所说的"平衡" PO_4^{3-} 浓度。这些都必须通过试验确定，因为 DL/T 805.2—2004 推荐的平衡磷酸盐处理的炉水 PO_4^{3-} 浓度控制范围(参见表 5-6)较大。

平衡磷酸盐处理的加药方式基本上与磷酸盐处理(PT)的加药方式相同，但要注意以下两点：

(1)连续加药，使用的氢氧化钠的纯度应为分析纯或以上级别。

(2)可将磷酸盐和氢氧化钠配制为一定比例的溶液一起加入。

用除盐水作锅炉补给水、给水长期无硬度、采用磷酸盐处理时磷酸盐"隐藏"现象严重、采用低磷酸盐处理时磷酸盐"隐藏"现象仍然较严重的锅炉，推荐采用平衡磷酸盐处理。凝汽器严密性较差或经常发生泄漏的机组，不宜采用平衡磷酸盐处理。

平衡磷酸盐处理被工业所接受是 20 世纪 80 年代末期。锅炉采用平衡磷酸盐处理后，蒸汽品质提高，炉水水质明显改善，炉水 pH 合格、稳定，炉水盐含量降低，锅炉排污率降低，加药量减少；锅炉发生磷酸盐"隐藏"的程度减轻或消除，很少发生酸性磷酸盐腐蚀；生产成本降低，保障了机组的安全稳定运行，国外许多发电机组的锅炉已在平衡磷酸盐处理水工况下成功运行了二三十年没有发生任何问题。这些都是平衡磷酸盐处理的优点。

但要注意，采用平衡磷酸盐处理后，炉水的磷酸盐浓度降低，缓冲性减小，要求炉水水质相对稳定；在异常水质工况下，如遇有凝汽器泄漏时，应按异常水质工况进行处理。

异常情况处置方法如下。

1)炉水质量劣化处理

(1)当炉水质量劣化时，应迅速检查取样是否有代表性，化验结果是否正确。

(2)综合分析系统中水、汽质量的变化，确认判断无误后，应立即向有关负责人汇报情况，提出建议。

(3)有关负责人应责成有关部门按水汽质量劣化时的三级处理原则采取措施，使炉水质量在允许的时间内恢复到标准值。

炉水质量根据其劣化程度可分为三级，如表 5-7 所示。

表 5-7　锅炉炉水水质异常时的处理值

汽包压力/MPa	pH 处理值		
	一级	二级	三级
<12.7	<9.0	<8.5	<8.0
≥12.7	<9.0 或>9.7	<8.5 或>10.0	<8.0 或>10.5

根据三级处理值按下列要求处理。

①一级处理：有因杂质造成腐蚀的可能性，应在 72h 内恢复至标准值。

②二级处理：肯定有因杂质造成腐蚀，应在 24h 内恢复至标准值。

③三级处理：正在进行快速腐蚀，如水质不好转，应在 4h 内停炉。

在异常处理的每一级中，如果在规定的时间内尚不能恢复正常，则应采用更高一级的处理方法。

对于汽包锅炉，降压运行是恢复标准值的办法之一。

(4)当出现水质异常时，还应测定炉水中的氯含量、电导率和碱度，以便查明原因，采取对策。

2)炉水 pH 大幅度变化时的处理措施

当锅炉炉水水质出现以下异常时，应先加大锅炉排污量，并查明原因。

(1)当炉水的 pH 大幅度下降时，应及时加入适量的 NaOH 使炉水的 pH 合格。

(2)当炉水的 pH 大幅度上升时，应及时调整炉水加药至炉水 pH 合格。

二、NaOH 处理（CT）

英国 20 世纪 70 年代即开始采用低浓度纯 NaOH 调节汽包锅炉炉水水质，距今已有 40 年以上的成功经验；德国、丹麦等在磷酸盐处理运行中发现磷酸盐"隐藏"造成腐蚀后也放弃了磷酸盐处理而改为用 NaOH 调节汽包锅炉炉水水质，并都相应制定了运行导则。至今，英国、俄罗斯、德国、丹麦和我国等，已在除盐水作补给水的高压及以上压力汽包锅炉机组(包括压力 16.5~18.5MPa 的 500MW 汽包锅炉机组)上成功应用了炉水 NaOH 处理。

1. 必要性和可行性

(1)炉水磷酸盐处理，本是为防止结钙、镁水垢的。正常运行时，如果凝汽器不发生泄漏，现代补给水处理设备和凝结水处理设备能保证给水硬度在国标允许范围内，因此磷酸盐的防垢作用减退。这种高纯给水进入锅炉，因为其硬度一般很小，即使有浓缩，也达不到形成水垢的溶度积，所以这种高纯炉水没有必要进行预防性处理，即加较多的磷酸盐来处理微量的钙、镁硬度。而且，磷酸盐在高温高压锅炉水中的副作用表现得越来越充分，如负荷变化时发生磷酸盐"隐藏"现象、产生酸性磷酸盐腐蚀等。另外，还可能由于磷酸盐药品的纯度低而人为将杂质带入炉内，使水冷壁管的沉积量增大，造成沉积物下介质浓缩腐蚀。

炉水处理如果主要着眼于正常运行水质，只需进行一些微量调节和控制，如采用不挥发性碱进行炉水处理，理论上用 LiOH 最好，实际上是 NaOH 最实用。

(2)以前人们对采用 NaOH 进行炉水处理有过担心，害怕发生碱性腐蚀和苛性脆化。但是，随着现代锅炉由铆接改为焊接，给水水质变纯，发生这两类腐蚀破坏的可能性越来越小。而除盐水和凝结水的缓冲性很弱，微量的杂质可对水质产生明显影响，例如，少量氢离子就可使水的 pH 明显偏低，而且当前水源的污染日趋严重，污染物中很大一部分是有机物，它们随生水一起进入补给水处理系统，但不能被全部去除，因此会有一部分进入给水管道，并在 102℃ 就开始分解，当水温达 210℃ 时分解加剧，会在锅炉水中分解产生酸，引起炉水 pH 下降，导致水冷壁管严重腐蚀，也使炉水、蒸汽中的铁化合物含量增加，氧化铁垢形成加剧，硅沉积物增多。

(3)提高水的 pH 的最简单方法是对水进行加氨处理，这对低温凝结水和给水很有效。但是，高温时氨的电离常数随温度升高而降低，因此加氨不能保证炉水必要的碱性；而且在两相介质条件下，加入的氨有相当一部分随饱和蒸汽一起从炉水中释放出来而被蒸汽带走，因此可能使炉水 pH 甚至低于给水 pH，在强烈沸腾的近壁层还可能出现酸性介质。

研究表明，存在潜在酸性化合物的条件下，不论氨剂量多大，氨处理时在强烈沸腾的近壁层都会不可避免地出现异常介质，引起水冷壁管内表面上 Fe_3O_4 膜的破坏和形成过程交替进行，形成多孔层状的 Fe_3O_4 膜，不具有保护性。如果这时在此处有酸性介质浓缩，金属就会强烈腐蚀，首先遭到破坏的是高热负荷区的水冷壁管。所以，传统的挥发性水工况通过给水加氨调节炉水 pH 的方法不能消除腐殖酸盐进入锅炉后造成的不良后果，最佳解决办法是采用不挥发性碱 NaOH处理。

(4)采用海水作冷却水的机组，凝汽器发生泄漏时，$MgCl_2$、$CaCl_2$ 等会随冷却水一起漏入汽轮机凝结水，之后进入给水管道和锅炉，在温度高于 190℃时水解形成盐酸。在这种情况下，高热负荷区域疏松沉积物层下的 pH 会降到 5 以下，因此金属会遭受严重的局部腐蚀。如果炉水采用 NaOH 调节 pH，则可防止水冷壁管的这种破坏；而且和磷酸盐相比，NaOH 没有反常溶解度，不会发生"隐藏"现象。

2. 原理

NaOH 处理的原理是，炉水中保持适量的 NaOH，与氧化铁反应生成铁的羟基络合物，在金属表面形成致密的保护膜，可抑制炉水中 Cl⁻、机械力和热应力对氧化膜的破坏作用。炉水采用 NaOH 处理也是解决炉水 pH 降低的有效方法之一。

研究结果表明，浓度适中的 NaOH 溶液不同于氨溶液，它能显著提高膜的稳定性。与流动中性水相接触的碳钢表面形成的 Fe_3O_4 膜的抗腐蚀性能比在低浓度 NaOH 溶液中形成的膜差得多，因为 NaOH 存在时，金属表面不仅有自身的氧化层，而且还有一层羟基铁氧化物覆盖该层，它也对金属起保护作用。这层膜越牢固和致密，防腐蚀的效果越好。但是，直到目前，人们对 NaOH 处理下高温水中金属表面氧化膜的状况和性能的研究还不够，还需要进一步研究和探讨。

3. 控制标准

对于单纯采用 NaOH 处理的锅炉，炉水中 NaOH 浓度有人主张小于 1mg/L，另有人则认为可略高于 1mg/L。对于大容量机组，炉水中 NaOH 的量可适当低一些。

表 5-8 是中华人民共和国电力行业标准《火电厂汽水化学导则 第 3 部分：汽包锅炉炉水氢氧化钠处理》（DL/T 805.3—2013）规定的氢氧化钠处理的炉水水质标准。

表 5-8　锅炉炉水氢氧化钠处理时炉水质量标准（摘自 DL/T 805.3—2013）

锅炉汽包压力/MPa	pH[①](25℃)	电导率/(μS/cm)(25℃)	氢电导率[②]/(μS/cm)(25℃)	氢氧化钠[①]/(mg/L)	氯离子[①]/(mg/L)	二氧化硅[①]/(mg/L)
12.7~15.8	9.3~9.7	5~15	≤5.0	0.4~1.0	≤0.35	≤0.25
15.9~18.3	9.2~9.6	4~12	≤3.0	0.2~0.6	≤0.2	≤0.18

注：分段蒸发汽包锅炉氢氧化钠处理炉水质量标准值在参考本表的基础上通过试验确定。

①表示 pH 为 25℃时炉水实测值，含氢氧化铵的作用。

②表示汽包锅炉应用给水加氧处理时，炉水氢电导率和氯离子含量应相应调整为控制值的 50%。

4. 实施方法

1）炉水 pH、氢氧化钠和氨浓度的关系

炉水 pH、氢氧化钠和氨浓度的关系如图 5-6 所示。

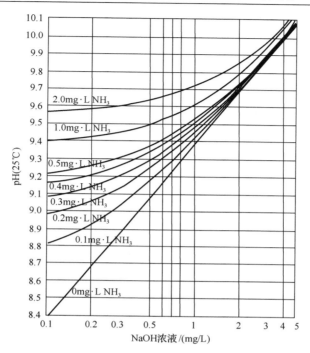

图 5-6 实测 pH 与炉水氢氧化钠和氨浓度关系图(摘自 DL/T 805.3—2013)

2)机组启动时的加药处理

机组正常启动时,给水加氨的同时也向炉水中加入适量的氢氧化钠。启动过程中的氢氧化钠加入量可为运行时的 1~2 倍,通过锅炉排污使其达到运行控制值。

3)运行与监控

(1)水汽质量监测。采用氢氧化钠处理时,热力系统运行中监测的水汽质量项目按 GB/T 12145—2016 规定(参见本章第五节)执行。

(2)炉水控制指标。炉水控制指标应符合表 5-7 的规定。

5. 适用条件

实施 NaOH 处理的机组,不仅要求水冷壁管管壁保持洁净,而且给水也应保持较高的纯度。因为盐含量高的给水用 NaOH 碱化,尽管可以有效地控制金属全面腐蚀,但局部腐蚀和碱性腐蚀的可能性却大大增加,所以要求给水纯度较高,并且还要定期对机组进行排污。

一般采用 NaOH 处理的锅炉,NaOH 只添加到炉水中,凝结水、给水的碱化仍需要加氨。但有的国家建议将 NaOH 溶液同氨溶液一起添加到省煤器前的除氧水中,即 NaOH 也加到除氧器后的给水管道中,这样可达到最佳混合,消除直接向汽包内添加时造成局部 pH 偏高的现象。氢氧化钠的量只需维持炉水要求的碱性即可。

国外经验表明，汽包锅炉采用 NaOH 处理后，解决了以前氨调节炉水 pH 时存在的问题。例如，德国采用全挥发处理的燃油汽包锅炉经常遭受脆性损坏，当向给水中投加 NaOH 后，水冷壁管遭受的腐蚀停止了。美国专家对高压锅炉内部腐蚀的广泛研究指出，在新产生蒸汽的管子内表面足够清洁的条件下，存在 NaOH 不会引起腐蚀，并且还能防止由于凝汽器泄漏使炉水 pH 下降所引起的腐蚀。英国电厂广泛采用 NaOH 处理的原因是，炉水中存在 OH⁻有利于在锅炉金属表面恢复损坏的保护膜。有一台机组，进行全挥发处理时，锅炉水铁含量约在 100μg/L 左右，蒸汽中的氢含量大约为 12μg/L，尽管采取经常排污的措施，仍无法解决铁浓度上升的问题，造成用来监测铁含量的膜式过滤器的颜色变成了黄色，这表明大部分铁是在锅炉内腐蚀过程中形成的。在用 70μg/L 左右的 NaOH 对给水进行补充处理后，锅炉水的铁含量降到了 10～20μg/L。运行几年后的检查表明，水冷壁管和汽包均处于完好状态，并消除了水冷壁管的结垢和腐蚀问题。

采用 NaOH 处理时，要求锅炉热负荷分配均匀，水循环良好；给水氢电导率（25℃）小于 0.20μS/cm。采用 NaOH 处理前是否对锅炉进行化学清洗，视水冷壁管内表面结垢量而定。如果水冷壁管内表面的结垢量小于 150g/m²，则可以直接转化为氢氧化钠处理；如果水冷壁管内表面的结垢量大于 150g/m²，则需经化学清洗后方可转化为氢氧化钠处理。水冷壁有孔状腐蚀的锅炉应谨慎使用。

6. NaOH 处理的优点

NaOH 处理的优点如下：

（1）水、汽质量明显改善。NaOH 处理时炉水的缓冲能力较强，能中和游离酸生成中性盐，不增加水的电导率，可有效防止锅炉水冷壁管的酸性腐蚀；NaOH 处理时金属管壁膜的保护性能强，NaOH 在提高 pH、重建表面膜的效果上很好，可减少炉水中的铁含量，降低氧化铁垢的形成速度；NaOH 处理时，由于 NaOH 和 SiO₂ 可形成可溶性的硅酸钠而通过排污排掉，因此水冷壁管内沉积物中硅酸盐化合物的百分含量降低，例如，某机组采用 NaOH 处理前硅酸盐含量为 14%～21%，采用 NaOH 处理后下降为 0.6%～2.5%。

（2）和磷酸盐处理相比，NaOH 处理避免了因负荷升降而频繁发生的磷酸盐"隐藏"现象及与此相关的炉水 pH 波动问题，炉水参数容易控制。因为与磷酸盐相比，NaOH 有分子量小、电离度大、水溶性好等特点，在锅炉负荷波动、启动或停运时，不会因 NaOH 的溶解性能变化而导致其在锅炉管壁上沉积；采用 NaOH 处理的炉水缓冲性好，不会造成炉水 pH、PO₄³⁻的忽高忽低，避免了管壁上的酸式磷酸盐沉积，不仅现场操作省时省力，而且从根本上减少了水冷壁管上的沉积，尽可能地降低了锅炉的介质浓缩腐蚀。

某机组实施 NaOH 处理三年多后对整个水汽系统进行了检查，发现汽包颜色比原来的褐色发黑，内壁干净、光洁，无腐蚀、无沉积，以前加药管口、下降管口沉积多的状况彻底改变；过热器管、再热器管、省煤器管和水冷壁管内部干净，水冷壁管原来(采用协调 pH-磷酸盐处理时)已有的腐蚀状态($1\sim2$mm 的小腐蚀坑)基本如故，一个大修周期未见明显向深发展；除氧器水箱、凝汽器铜合金管等部位的腐蚀、结垢情况良好；汽轮机的中、低压级隔板、叶片呈灰蓝色，基本无积盐、无腐蚀；高压级隔板、叶片上有疏松的灰蓝色积盐，除掉积盐后未见腐蚀。

(3)NaOH 处理带来了经济效益和社会效益。采用 NaOH 处理后，锅炉水质得到优化。由于水质的大幅度提高，带来以下一系列改观：加药量少，补水率低，排污率减小，水冷壁管沉积率降低，化学废水排放量减少，炉水排污无磷化，有利于环境保护，节水节煤，延长化学清洗周期，改善水汽系统环境，减少现场运行人员的劳动强度，减少高压阀门因频繁操作引起的检修和更换次数，有效提高了发电机组的安全、可靠和经济性。

7. 实施 NaOH 处理应注意的一些问题

对于在磷酸盐处理或全挥发水工况下运行而频繁发生盐类"隐藏"现象或炉水 pH 偏低问题的汽包锅炉机组，NaOH 处理不失为一个很好的选择。尤其对于采用海水冷却的机组，使用 NaOH 处理更有极大的优越性。但是，实施 NaOH 处理时应注意以下一些问题：

(1)机组在转向 NaOH 处理前，必要时应对水冷壁系统进行化学清洗，以防止多孔沉积物下 NaOH 浓缩引发碱性腐蚀。

(2)凝汽器的渗漏在运行中是不可避免的，必须严格执行化学监督的三级处理制度，设法杜绝或消灭泄漏在萌芽状态。运行中发现微渗、微漏(凝结水硬度<3μmol/L)，需尽快查漏、堵漏，短时间内不必向炉水中另加药剂，加大排污换水即可。实践证明，炉水水质优化后，由于炉水盐含量很低，短时间的微渗达不到各种离子的溶度积，故对水冷壁构不成大的威胁。国外有关资料提出，高压锅炉相应的无垢工况是总盐含量为 30mg/L 时，可维持炉水钙硬不大于 20μmol/L。

高纯水情况下，只有给水中出现硬度时才可适当添加磷酸三钠，待硬度消失后，应停止加磷酸盐。

(3)采用 NaOH 调节炉水，要求炉水在线仪表配备 pH 计、电导率表、钠表，蒸汽系统在线仪表配备钠表和氢电导率表，以便随时监测水汽的瞬间变化情况。

8. 水质异常时的处理

当水质异常时，首先应检查取样的代表性和化验结果的准确性，并进行综合水质分析，确认无误后，根据炉水氢氧化钠处理水质异常的三级处理原则，迅速查找原因、采取措施、消除缺陷。炉水水质异常时的处理值见表 5-9。

表 5-9　炉水水质异常时的处理值(摘自 DL/T 805.3—2013)

汽包压力/MPa	项目	标准值	处理等级		
			一级	一级	一级
12.7~15.8	pH(25℃)	9.3~9.7	<9.3 或>9.7	<8.3 或>10.0	<8.0 或>10.3
	钠/(mg/L)	0.3~0.8	<0.3 或>0.8	—	—
	电导率/(μS/cm)(25℃)	≤5.0	>5.0	—	—
15.9~18.3	pH(25℃)	9.2~9.6	<9.2 或>9.6	<8.5 或>10.0	<8.0 或>10.3
	钠/(mg/L)	0.2~0.5	<0.2 或>0.5	—	—
	电导率/(μS/cm)(25℃)	≤3.0	>3.0	—	—

炉水氢氧化钠处理水质异常的三级处理原则为：①一级处理表示热力系统腐蚀和沉积的危险正在增加，应在 24h 内恢复到正常控制值；②二级处理表示热力系统腐蚀和沉积严重，应在 12h 内恢复到正常控制值；③三级处理表示热力系统整体处于严重危险状态，应在 4h 内恢复到正常控制值，否则应停机处理。

炉水氢氧化钠处理水质异常的具体分析及处理措施见表 5-10。

表 5-10　水质异常处理措施(摘自 DL/T 805.3—2013)

现象	危害	原因	处理措施
凝结水有硬度或氢电导率超标	有污染给水的可能	凝汽器泄漏	及时进行查漏、堵漏，并按 GB/T 12145—2016 中凝结水异常的三级处理执行
		回收水超标	立即化验各回收水，不合格的水立即停止回收
		补充水超标	补充合格的除盐水
给水有硬度或氢电导率超标	可能引起腐蚀、结垢	凝结水水质超标；回收水水质超标；凝结水精处理混床失效；补充水水质超标；给水系统被污染	按 GB/T 12145—2016 中锅炉给水异常的三级处理执行
炉水 pH 低于下限	可能引起酸性腐蚀	氢氧化钠加入量不足；给水受酸性水或有机物等污染	加大氢氧化钠加入量，迅速恢复炉水 pH。炉水 pH 小于 8，采取措施后 4h 内仍无法恢复到正常值时，应立即停机
炉水 pH 超过上限	可能引起碱性腐蚀	氢氧化钠加入量过多；给水受碱性水或生水等污染	加大锅炉排污，调整氢氧化钠加入量，迅速恢复炉水 pH 至正常值
炉水氢氧化钠消耗异常	可能在受热面浓缩	由于热分布不均和局部热流量过高引起干烧	停止加入氢氧化钠；停炉检查干烧部位，消除引起干烧的有关因素
饱和蒸汽钠含量超标	可能引起过热器和再热器腐蚀以及蒸汽系统或汽轮机积盐	炉水钠含量偏高；汽包水位偏高或汽水分离装置有问题	查明炉水钠含量偏高原因或减少氢氧化钠加药量。进行热化学试验，调整汽包水位或消除汽水分离装置缺陷。正常运行时蒸汽钠含量应小于 1μg/kg

三、我国汽包锅炉炉水处理方式的选择

只有汽包锅炉才会采用磷酸盐或氢氧化钠进行炉水处理，统称为固体碱化剂处理。

1. 锅炉点火启动期间的炉水处理方式

应优先使用磷酸盐处理方式。

2. 锅炉运行期间的炉水处理方式

(1)锅炉运行期间，可根据机组的特点选择不同的炉水处理方式。选用磷酸盐处理时，锅炉汽包压力不大于15.8MPa时，宜选用PT；锅炉汽包压力大于15.8MPa时，应选用LPT。

(2)当锅炉采用磷酸盐处理时，如果有轻微的磷酸盐"隐藏"现象，但没有引起腐蚀，可按此方式继续运行。

如果磷酸盐"隐藏"现象严重，但水冷壁的结垢量在150g/m^{2}以下，可直接采用低磷酸盐处理或NaOH处理；如果水冷壁的结垢量在150g/m^{2}及以上，对锅炉进行化学清洗后再采用低磷酸盐处理或NaOH处理；如果暂时不能对锅炉进行化学清洗，则应对目前的磷酸盐处理进行优化。

评价磷酸盐"隐藏"现象的方法是，首先分析原始数据的可靠性并进行有关检测复查，然后炉水排污全关且停止加磷酸盐，使锅炉负荷在70%～100%内变化，此时如果炉水中磷酸盐的浓度变化大于30%，认为存在"隐藏"现象。

第五节　水、汽质量监督

为了防止热力系统的结垢、腐蚀和积盐，水、汽质量应达到一定标准。水、汽质量监督就是用仪表或化学分析的方法测定各种水、汽质量，看其是否符合标准，以便必要时采取措施。当然，由于锅炉类型、压力和加热器材质不同，即使采取相同的给水和凝结水处理(或炉水处理)方式，对应的水汽品质标准也可能不同。

各种水、汽质量标准，在GB/T 12145—2016中都作了规定。现在简要介绍这一标准。

一、蒸汽

为了防止蒸汽通流部分，特别是汽轮机内积盐，必须对锅炉产生的蒸汽，包括饱和蒸汽和过热蒸汽的质量进行监督，原因如下：

(1)便于查找蒸汽质量劣化的原因，例如，若饱和蒸汽质量较好而过热蒸汽质量不良，则表明蒸汽在减温器内被污染。

(2)可以判断饱和蒸汽中盐类在过热器中的沉积量。

蒸汽质量标准如表 5-11 所示。

表 5-11　汽包锅炉的过热蒸汽和饱和蒸汽质量以及直流炉的主蒸汽质量标准

(摘自 GB/T 12145—2016)

过热蒸汽压力/MPa	钠/(µg/kg)		氢电导率/(µS/cm)(25℃)		二氧化硅/(µg/kg)		铁/(µg/kg)		铜/(µg/kg)	
	标准值	期望值	标准值	期望值	标准值	期望值	标准值	期望值	标准值	期望值
3.8~5.8	≤15	—	≤0.30	—	≤20		≤20		≤5	—
5.9~15.6	≤5	≤2	≤0.15①	—	≤15	≤10	≤15	≤10	≤3	≤2
15.7~18.3	≤3	≤2	≤0.15①	≤0.10①	≤15	≤10	≤10	≤5	≤3	≤2
>18.3	≤2	≤2	≤0.10	≤0.08	≤10	≤5	≤5	≤3	≤2	≤1

注：①表面式凝汽器、没有凝结水精处理除盐装置的机组，蒸汽的脱气氢电导率标准值不大于 0.15µS/cm，期望值不大于 0.10µS/cm；没有凝结水精处理除盐装置的直接空冷机组，蒸汽的氢电导率标准值不大于 0.3µS/cm，期望值不大于 0.15µS/cm。脱气氢电导率是水样经过脱气处理后的氢电导率。

表 5-11 中各个项目的意义如下：

(1)钠含量。因为蒸汽中的盐类主要是钠盐，所以蒸汽中的钠含量可以表征蒸汽盐含量的多少，钠含量是蒸汽质量的指标之一。为了便于及时发现蒸汽质量劣化问题，应连续测定(最好是自动记录)蒸汽的钠含量。

(2)氢电导率。蒸汽凝结水(冷却至 25℃)通过氢型强酸阳离子交换树脂处理后的电导率，简称氢电导率，可用来表征蒸汽盐含量的多少。氢型强酸阳离子交换树脂的作用是去除蒸汽中的 NH_4^+，提高电导率监测的灵敏度。之所以将氢电导率作为监督蒸汽质量的一个指标，是因为氨是为了提高水汽 pH 加入的，不属于盐分；且水中 NH_4^+ 被 H^+ 等摩尔替代后，增强了对应的阴离子含量对电导率的贡献，即提高了电导率对盐含量变化响应的灵敏度。

(3)硅含量(以二氧化硅表征)。蒸汽中的硅酸会在汽轮机内形成难溶于水的二氧化硅沉积物，从而危及汽轮机的安全、经济运行。因此，必须将硅含量作为蒸汽品质的重要指标加以严格控制。

(4)铁和铜的含量。为了防止汽轮机中沉积金属氧化物，应检查蒸汽中铁和铜的含量。

由表 5-11 可知，参数越高的机组，对蒸汽质量的要求越严格。因为在高参数汽轮机内，高压级的蒸汽通流截面很小(这是由于蒸汽压力越高，蒸汽比容越小)，所以即使在其中沉积少量盐类，也会使汽轮机的效率和出力显著降低。

对压力小于 5.8MPa 的汽包锅炉，当其蒸汽送给供热式汽轮机时，与送给凝汽式汽轮机相比，蒸汽的钠含量可允许大一些，其原因如下：

(1)供热式汽轮机的供热蒸汽会带走一些盐分，因此沉积在汽轮机内的盐量较少。

(2)供热式汽轮机的负荷波动较大，当它的负荷波动时，会产生自清洗作用，洗下来的盐类能被抽汽或排汽带走，也使汽轮机内沉积的盐量减少。

当锅炉检修后启动时，由于水质较差，蒸汽中杂质含量较大。若要求蒸汽质量符合表 5-11 的标准后再向汽轮机送汽，则需要锅炉长时间排汽。这不仅延长启动并网时间，而且增加热损失和水损失。因此，应适当放宽机组启动阶段的蒸汽质量。锅炉启动后，并汽或汽轮机冲转前的蒸汽质量可参照表 5-12 的规定控制，并在机组并网后 8h 内达到表 5-11 的标准值。

表 5-12　汽轮机冲转前的蒸汽质量标准(摘自 GB/T 12145—2016)

炉型	锅炉过热蒸汽压力/MPa	氢电导率/(μS/cm)(25℃)	二氧化硅/(μg/L)	铁/(μg/L)	铜/(μg/L)	钠/(μg/L)
汽包锅炉	3.8~5.8	≤3.0	≤80	—		≤50
	>5.8	≤1.0	≤60	≤50	≤15	≤20
直流炉	—	≤0.5	≤30	≤50	≤15	≤20

二、炉水

为了防止锅炉内结垢、腐蚀和产生不良蒸汽等问题，必须对炉水水质进行监督。汽包锅炉炉水水质标准如表 5-13 所示。

表 5-13　汽包锅炉炉水质标准(摘自 GB/T 12145—2016)

锅炉汽包压力/MPa		pH(25℃) 标准值	pH(25℃) 期望值	磷酸根离子/(mg/L) 标准值	二氧化硅离子/(mg/L)	氯离子离子/(mg/L)	电导率/(μS/cm)(25℃)	氢电导率/(μS/cm)(25℃)
3.8~5.8		9.0~11.0	—	5~15	—	—	—	—
5.9~10.0	炉水固体碱化剂处理	9.0~10.5	9.5~10.0	2~10	≤2.0②	—	<50	—
10.1~12.6		9.0~10.0	9.5~9.7	2~6	≤2.0②	—	<30	—
12.7~15.6		9.0~9.7	9.3~9.7	≤3①	≤0.45②	≤1.5	<20	—
>15.6(炉水固体碱化剂处理)		9.0~9.7	9.3~9.6	≤1①	≤0.10	≤0.4	<15	<5③
>15.6(炉水挥发性处理)		9.0~9.7	—	—	≤0.08	≤0.03		<1.0

注：①控制炉水无硬度。
②汽包内有蒸汽清洗装置时，其控制指标可适当放宽；炉水二氧化硅浓度指标应保证蒸汽二氧化硅浓度符合标准。
③仅适用于炉水氢氧化钠处理。

表 5-13 中各水质项目的意义如下：

(1) 二氧化硅含量和电导率。限制锅炉水中的二氧化硅含量和盐含量(通过电导率表征)，是为了保证蒸汽质量。锅炉水的最大允许二氧化硅含量和盐含量不仅与锅炉的参数、汽包内部装置的结构有关，而且与运行工况有关。对于压力小于 5.9MPa 的汽包锅炉，二氧化硅含量和电导率未作统一规定，必要时应通过锅炉热化学试验来确定。

(2) 氯离子含量。锅炉水的氯离子含量超标时，一方面可能破坏水冷壁管的保护膜并引起腐蚀(在水冷壁管热负荷高的情况下，更易发生这种现象)；另一方面可能使蒸汽中氯离子含量增大，引起汽轮机高级合金钢的应力腐蚀。

(3) 磷酸根离子含量。当锅炉水进行磷酸盐处理时应维持有一定量的磷酸根离子，这主要是为了防止在水冷壁管生成钙、镁水垢及减缓其结垢的速度；增加炉水的缓冲性，防止水冷壁管发生酸性或碱性腐蚀；降低蒸汽对二氧化硅的溶解携带，改善汽轮机沉积物的化学性质，减少汽轮机腐蚀。正如本章前面已经指出的，炉水中磷酸根离子的含量不能太少或过多，应该控制在一个适当的范围内。

(4) pH。锅炉水的 pH 应不低于 9，原因如下：

①pH 低时，水对锅炉的腐蚀性增强。

②炉水中 PO_4^{3-} 与 Ca^{2+} 的反应只有在 pH 足够高的条件下，才能生成容易排出的水渣。

③为了抑制炉水中硅酸盐的水解，需要减少硅酸在蒸汽中的溶解携带量。

但是，炉水的 pH 也不能太高，因为当炉水磷酸根浓度符合规定时，若炉水 pH 很高，表明炉水中游离氢氧化钠较多，容易引起碱性腐蚀。炉水水质异常时的处理值见表 5-14。当出现水质异常情况时，还应测定炉水中氯离子含量、钠含量、电导率和碱度，查明原因，采取对策。

表 5-14　锅炉炉水水质异常时的处理标准(摘自 GB/T 12145—2016)

锅炉汽包压力/MPa	处理方式	pH 标准值(25℃)	处理等级		
			一级	二级	三级
3.8～5.8		9.0～11.0	<9.0 或>11.0	—	—
5.9～10.0	炉水固体碱化剂处理	9.0～10.5	<9.0 或>10.5	—	—
10.1～12.6		9.0～10.0	<9.0 或>10.0	<8.5 或>10.3	—
>12.6	炉水固体碱化剂处理	9.0～9.7	<9.0 或>9.7	<8.5 或>10.0	<8.0 或>10.3
	炉水全挥发处理	9.0～9.7	<9.0	<8.5	<8.0

注：炉水 pH(25℃)低于 7.0，应立即停炉。

三、给水

为了防止锅炉给水系统腐蚀、结垢，保证直流炉蒸汽质量，能在保证炉水水质合格的前提下降低汽包锅炉的排污率，必须对给水水质进行监督。给水水质标准如表 5-15 所示。

表 5-15 给水水质标准（摘自 GB/T 12145—2016）

过热蒸汽压力/MPa			汽包锅炉				直流炉	
			3.8～5.8	5.9～12.6	12.7～15.6	＞15.6	5.9～18.3	＞18.3
氢电导率/(μS/cm)(25℃)	AVT	标准值	—	≤0.30	≤0.30	≤0.15①	≤0.15	≤0.10
		期望值	—	—	—	≤0.10	≤0.10	≤0.08
	CWT 或 OT	标准值	—				≤0.15	
		期望值	—				≤0.10	
硬度/(μmol/L)		标准值	≤2.0					
溶解氧/(μg/L)	AVT(R)	标准值	≤15	≤7	≤7	≤7	≤7	≤7
	AVT(O)	标准值	≤15	≤10	≤10	≤10	≤7	≤7
	CWT 或 OT	标准值	—				10～150②	
	NWT	标准值	—				50～250	
全铁/(μg/L)		标准值	≤50	≤30	≤20	≤15	≤10	≤5
		期望值	—	—	—	≤10	≤5	≤3
全铜/(μg/L)		标准值	≤10	≤5	≤5	≤3	≤3	≤3
		期望值	—	—	—	≤2	≤2	≤1
钠/(μg/L)		标准值	—	—	—	—	≤3	≤3
		期望值	—	—	—	—	≤2	≤1
二氧化硅/(μg/L)		标准值	应保证蒸汽二氧化硅符合表 5-11 的规定			≤20	≤15	≤10
		期望值				≤10	≤10	≤5
氯离子/(μg/L)		标准值	—	—	—	≤2	≤1	≤1
TOCi/(μg/L)		标准值	—	≤500	≤500	≤200	≤200	≤200
pH(25℃)	AVT	标准值	8.8～9.3	8.8～9.3(有铜给水系统)或 9.2～9.6③(无铜给水系统)				
	CWT 或 OT	标准值					8.5～9.3	
	NWT	标准值	—				7.0～8.0	
联氨/(μg/L)	AVT(R)	标准值	≤30				—	—
	AVT(O)	标准值					—	—

注：①没有凝结水精处理除盐装置的水冷机组，给水氢电导率应不大于 0.30μS/cm。
②氧含量接近下限值时，pH 应大于 9.0。
③凝汽器管为铜合金管和其他换热器管为钢管的机组，给水 pH 宜为 9.1～9.4，并控制凝结水铜含量小于 2μg/L。无凝结水精处理除盐装置、无铜给水系统的直接空冷机组，给水 pH 应大于 9.4。

表 5-15 中各水质项目的意义如下：

(1)氢电导率、钠含量和二氧化硅含量。直流炉蒸汽和汽包锅炉炉水中的各种杂质主要来自给水，保证给水的氢电导率、钠含量和二氧化硅含量合格，即可保证直流炉蒸汽和汽包锅炉炉水的这些指标也合格，并使汽包锅炉的排污率不超过规定值。

(2)硬度。为了防止热力系统结钙、镁水垢，减少锅炉内磷酸盐处理的用药量，避免锅炉水中产生过多的水渣，应监控给水硬度。

(3)溶解氧含量。监督给水中的溶解氧含量，可掌握给水的除氧效果，特别是除氧器的除氧效果，也可掌握给水的加氧情况，防止给水系统和锅炉发生氧腐蚀。

(4)铁和铜含量。监督给水中铁和铜的含量，主要是防止在水冷壁管结垢，也可作为评价热力系统金属腐蚀情况的依据。

(5)pH。为了防止给水系统腐蚀，给水 pH 应控制在规定的范围内，以保证热力系统铁、铜腐蚀产物最少。给水的最佳 pH 控制范围就是以此为原则，通过加氨处理调整试验确定的。对有铜部件的热力系统，加氨调整的给水 pH 不能太高。若给水的 pH 在 9.3 以上，虽对防止钢材的腐蚀有利，但水汽系统中的氨含量较多，在氨容易集聚的地方会引起铜部件的氨蚀，如凝汽器空气冷却区、射汽式抽气器的冷却器汽侧等处。

(6)联氨含量。为了确保彻底消除热力除氧后给水中残留的溶解氧和在给水泵不严密等异常情况下漏入给水中的氧，必须通过化学监督调整联氨的加药量，使给水的联氨有一定过剩量。

(7)总有机碳(TOCi)含量。水中有机物的含量以有机物中的主要元素碳的量来表示，称为总有机碳。监测给水的总有机碳，可以反映给水中有机物的含量。

机组启动时，给水质量应符合表 5-16 的规定，在热启动时 2h 内、冷启动时 8h 内应达到表 5-15 的标准值，而且直流炉热态冲洗合格后，启动分离器水中铁和二氧化硅含量均应小于 100μg/L。机组启动时，无凝结水精处理装置的机组，凝结水应排放至满足表 5-16 给水水质标准方可回收；有凝结水精处理装置的机组，凝结水的回收质量应符合表 5-17 的规定，处理后的水质应满足给水要求。

表 5-16　锅炉启动时给水质量标准(摘自 GB/T 12145—2016)

炉型	锅炉过热蒸汽压力/MPa	硬度/(μmol/L)	氢电导率/(μS/cm)(25℃)	铁/(μg/L)	二氧化硅/(μg/L)
汽包锅炉	3.8～5.8	≤10.0	—	≤150	—
	5.9～12.6	≤5.0	—	≤100	—
	>12.6	≤5.0	≤1.0	≤75	≤80
直流炉	—	≈0	≤0.5	≤50	≤30

表 5-17　机组启动时凝结水回收标准（摘自 GB/T 12145—2016）

凝结水处理形式	外观	硬度/(μmol/L)	钠/(μg/L)	铁/(μg/L)	二氧化硅/(μg/L)	铜/(μg/L)
过滤	无色透明	≤5.0	≤30	≤500	≤80	≤30
精除盐	无色透明	≤5.0	≤80	≤1000	≤200	≤30
过滤+精除盐	无色透明	≤5.0	≤80	≤1000	≤200	≤30

机组启动时，凝结水质量可按表 5-17 的规定开始回收。

锅炉给水全挥发处理时水质异常的处理按表 5-18 进行。

表 5-18　给水全挥发处理时水质异常的处理标准（摘自 GB/T 12145—2016）

项目		标准值	处理等级		
			一级处理	二级处理	三级处理
氢电导率/(μS/cm) (25℃)	无精处理除盐	≤0.30	>0.30	>0.40	>0.65
	有精处理除盐	≤0.15	>0.15	>0.20	>0.30
溶解氧/(μg/L)（还原性全挥发处理）		≤7	>7	>20	—
pH[①](25℃)	有铜给水系统	8.8~9.3	<8.8 或>9.3	—	—
	无铜给水系统[②]	9.2~9.6	<9.2	—	—

注：①直流炉给水 pH 低于 7.0，按三级处理原则处理。
②凝汽器管为铜合金管、其他换热器均为钢管的机组，给水 pH 标准值为 9.1~9.4，一级处理为 pH 小于 9.1 或大于 9.4。采用加氧处理的机组（不包括采用中性加氧处理的机组），一级处理为 pH 小于 8.5。

给水加氧处理时水质异常的处理标准及措施（摘自 DL/T 805.1—2011）参见表 5-2。

四、给水的组成

锅炉给水的组成有补给水、凝结水、疏水箱疏水及生产返回水等。为了保证锅炉给水水质，也应对这几种水的水质进行监督。现将补给水、凝结水、疏水箱疏水和返回水的水质标准分述如下。

1. 锅炉补给水

现代发电锅炉的补给水普遍采用除盐水。锅炉补给水的质量应能保证给水质量符合标准，可参照表 5-19 的规定控制。

表 5-19　锅炉补给水质量（摘自 GB/T 12145—2016）

锅炉过热蒸汽压力/MPa	二氧化硅/(μg/L)	除盐水箱进水电导率/(μS/cm) (25℃)		除盐水箱出口电导率/(μS/cm) (25℃)	TOCi[①]/(μg/L)
		标准值	期望值		
5.9~12.6	—	≤0.20	—		—
12.7~18.3	≤20	≤0.20	≤0.10	≤0.40	≤400
>18.3	≤10	≤0.15	≤0.10		≤200

注：①必要时监测，对于供热机组，补给水 TOCi 含量应满足给水 TOCi 含量合格。

2. 凝结水

凝结水泵出口水质标准如表 5-20 所示。

表 5-20 中各水质项目的意义如下：

表 5-20　凝结水泵出口水质标准（摘自 GB/T 12145—2016）

锅炉过热蒸汽压力/MPa	硬度/(μmol/L)	钠/(μg/L)	溶解氧^①/(μg/L)	氢电导率/(μS/cm)(25℃)	
				标准值	期望值
3.8～5.8	≤2.0	—	≤50	—	—
5.9～12.6	≈0	—	≤50	≤0.30	—
12.7～15.6	≈0	—	≤40	≤0.30	≤0.20
15.7～18.3	≈0	≤5^②	≤30	≤0.30	≤0.15
>18.3	≈0	≤5	≤20	≤0.20	≤0.15

注：①直接空冷机组凝结水溶解氧含量标准值应小于 100μg/L，期望值小于 30μg/L；配有混合式凝汽器的间接空冷机组的凝结水溶解氧浓度宜小于 200μg/L。
②凝结水有精处理除盐装置时，凝结水泵出口的钠含量可放宽至 10μg/L。

(1) 硬度。冷却水渗漏进入凝结水中，会使凝结水的硬度升高。为了监督凝汽器泄漏，防止凝结水中的钙、镁盐量过大，导致给水硬度不合格，应对凝结水的硬度进行监督。

(2) 钠含量。运行经验表明，在监测水中微量盐分方面，钠度计比电导率仪更为灵敏和直观，可迅速及时地发现凝汽器的微小泄漏，这对于冷却水盐含量高的电厂尤为适用。

(3) 溶解氧含量。凝汽器和凝结水泵的不严密处漏入空气是凝结水中含有溶解氧的主要原因。凝结水氧含量较大，会引起凝结水系统腐蚀，腐蚀产物还会随凝结水进入给水系统，影响给水水质，因此应监督凝结水中的溶解氧。

(4) 电导率。凝结水的电导率能比较敏感地响应凝汽器的泄漏。若发现电导率比正常值明显偏高，则表明凝汽器发生了泄漏，因此每台机组都应安设凝结水电导率的连续测定装置。为了提高测定的灵敏度，通常是测定凝结水的氢电导率。

凝结水经精处理除盐后，水中二氧化硅、钠、铁、铜的含量和氢电导率应符合表 5-21 的规定。

表 5-21　凝结水除盐后的水质（摘自 GB/T 12145—2016）

锅炉过热蒸汽压力/MPa	氢电导率/(μS/cm)(25℃)		钠/(μg/L)		氯离子/(μg/L)		铁/(μg/L)		二氧化硅/(μg/L)	
	标准值	期望值	标准值	期望值	标准值	期望值	标准值	期望值	标准值	期望值
≤18.3	≤0.15	≤0.10	≤3	≤2	≤2	≤1	≤5	≤3	≤15	≤10
>18.3	≤0.15	≤0.08	≤2	≤1	≤1	—	≤5	≤3	≤10	≤5

凝结水水质异常时的处理按表 5-22 的标准进行。

表 5-22　凝结水(凝结水泵出口水)水质异常时的处理标准(摘自 GB/T 12145—2016)

项目		标准值	处理等级		
			一级处理	二级处理	三级处理
氢电导率/(μS/cm)(25℃)	有精处理除盐	≤0.30①	>0.30①	—	—
	无精处理除盐	≤0.30	>0.30	>0.40	>0.65
钠②/(μg/L)	有精处理除盐	≤10	>10	—	—
	无精处理除盐	≤5	>5	>10	>20

注：①主蒸汽压力大于 18.3MPa 的直流炉，凝结水氢电导率标准值为不大于 0.20μS/cm，一级处理值为大于 0.2μS/cm。

②用海水或苦咸水冷却的电厂，当凝结水中的钠含量大于 400μg/L 时，应紧急停机。

3. 疏水箱疏水和返回水

热力系统中各种蒸汽管道和附属设备中的蒸汽冷凝水或排放水，常称为疏水。用专用管道汇集于疏水箱中的称为疏水箱疏水。疏水箱疏水一般由疏水泵送入锅炉的给水系统。为了保证给水水质，这种疏水在送入给水系统以前，应监督其水质，按表 5-23 规定控制。若发现其水质不合格，必须对进入此疏水箱的各路疏水取样测定，找出不合格的水源。

表 5-23　回收到凝汽器的疏水和生产回水质量(摘自 GB/T 12145—2016)

名称	硬度/(μmol/L)		铁/(μg/L)	TOCi/(μg/L)
	标准值	期望值		
疏水	≤2.5	≈0	≤100	—
生产回水	≤5.0	≤2.5	≤100	≤400

机组启动时应严格监督疏水质量。疏水回收至除氧器时应确保给水质量符合表 5-15 要求。有凝结水精处理装置的机组，疏水铁含量不大于 1000μg/L 时，可回收至凝汽器。

在热用户的用热过程中，蒸汽往往受到污染，使从热用户返回的供热蒸汽冷凝水(返回水)含有许多杂质。一般来说，返回水中铁含量、硬度和油含量较大，不经过适当处理不能回收作为锅炉给水的组成部分。返回水先收集于返回水箱中。为了保证给水水质，应定时取样检查，监督返回水箱中水的水质，确认水质符合表 5-23 规定后，方可送入锅炉的给水系统。

生产返回水还应根据回水的性质，增加必要的化验项目。

回收至除氧器的热网疏水质量按表 5-24 控制。

表 5-24　回收到除氧器的热网疏水质量(摘自 GB/T 12145—2016)

炉型	锅炉过热蒸汽压力/MPa	氢电导率/(μS/cm)(25℃)	钠离子/(μg/L)	二氧化硅/(μg/L)	全铁/(μg/L)
汽包锅炉	12.7~15.6	≤0.30	—	—	≤20
	>15.6	≤0.30	—	≤20	
直流炉	5.9~18.3	≤0.20	≤5	≤15	
	超临界压力	≤0.20	≤2	≤10	

4. 减温水质量标准

锅炉蒸汽采用混合减温时，其减温水质量应保证减温后蒸汽中的钠、二氧化硅和金属氧化物的含量符合蒸汽质量标准(表 5-9)的规定。

5. 闭式循环冷却水质量标准

GB/T 12145—2016 规定闭式循环冷却水的质量可按表 5-25 控制。武汉大学谢学军教授的实验室研究结果表明，在不除氧、温度不超过 50℃的除盐水中，pH 必须提高到 11 及以上才能抑制碳钢的腐蚀。

表 5-25　闭式循环冷却水质量(摘自 GB/T 12145—2016)

材质	电导率/(μS/cm)(25℃)	pH(25℃)
全铁系统	≤30	≥9.5
含铜系统	≤20	8.0~9.2

6. 热网补水质量标准

热网补水质量可按表 5-26 控制。

表 5-26　热网补水质量(摘自 GB/T 12145—2016)

总硬度/(μmol/L)	悬浮物/(mg/L)
<600	<5

第六章 火力发电机组热力设备烟气侧的腐蚀与防护

燃料燃烧产生的热烟气经水冷壁、过热器、再热器、省煤器后，进入空气预热器、除尘器，由烟囱排向大气(大型燃煤发电机组的烟气还必须经脱硫脱硝后才能排入大气)。水冷壁管、过热器管、再热器管、省煤器管和空气预热器的烟气侧，由于烟气或悬浮于其中的灰分的作用，会发生不同程度的腐蚀。这种腐蚀包括高温氧化、熔盐腐蚀和露点腐蚀。由于高温氧化和熔盐腐蚀是在高温下进行的，因此统称为高温腐蚀；因为露点腐蚀是在低温下进行的，所以又称为低温腐蚀。由于烟气的高温氧化作用会在钢铁表面形成一层保护性氧化膜，使钢铁的氧化速度受到一定限制，不会引起管壁的严重破坏；而熔盐腐蚀和露点腐蚀则不同，它们破坏了保护膜，引起的腐蚀比较严重，因此下面仅讨论这两种腐蚀。

第一节 熔 盐 腐 蚀

烟气温度较高，含有较多的呈熔融状态的盐(简称熔盐)，这些盐有很强的导电性，对金属有腐蚀作用，这种腐蚀称为熔盐腐蚀，包括硫腐蚀和钒腐蚀。

熔盐腐蚀与水溶液中的腐蚀相类似，也是以离子状态溶解的金属氧化，属于电化学腐蚀。尽管熔盐的温度、电导率与水溶液的不同，但熔盐所引起腐蚀的电化学过程与水溶液中的相似，也可以区分为阳极过程和阴极过程。

阳极过程为

$$Me \longrightarrow Me^{n+} + ne^-$$

阴极过程为

$$O_x + ne^- \longrightarrow R$$

式中，Me——金属；

  Me^{n+}——金属离子；

  O_x——氧化态物质(氧化剂)；

  R——还原态物质(还原剂)。

O_x 包括熔盐阳离子、熔盐的含氧酸根、气相中的氧和其他氧化剂。不同 O_x 的阴极反应如下。

(1)熔盐阳离子(以 Fe^{3+} 为例)：

$$Fe^{3+} + e^- \longrightarrow Fe^{2+}$$

(2) 含氧酸根（以 SO_4^{2-} 为例），反应式为

$$SO_4^{2-}+2e^- \longrightarrow SO_3^{2-}+O^{2-}$$

$$SO_4^{2-}+6e^- \longrightarrow S+4O^{2-}$$

$$SO_4^{2-}+8e^- \longrightarrow S^{2-}+4O^{2-}$$

(3) 气相中的氧化剂（如 O_2、H_2O），反应式为

$$O_2+4e^- \longrightarrow 2O^{2-}$$

$$H_2O \Longleftrightarrow H^++OH^-, \quad H^++e^- \longrightarrow H$$

与水溶液体系相比，熔盐体系的电导率高，对电极反应的阻力小。所以，在相同电位差下，熔盐引起的腐蚀速度大。在熔盐体系中，氧化剂的迁移速度往往是整个腐蚀过程的控制步骤。

一、硫腐蚀

硫腐蚀包括硫酸盐腐蚀和硫化物腐蚀。

1. 水冷壁管烟气侧的硫酸盐腐蚀

据国内外研究，引起水冷壁管烟气侧硫酸盐腐蚀的物质是正硫酸盐 Me_2SO_4 和焦性硫酸盐 $Me_2S_2O_7$（Me 代表 K 和 Na），两者的腐蚀机理不同。

1）Me_2SO_4 的腐蚀机理

炉膛水冷壁管温度在 310～420℃，管壁上有层 Fe_2O_3。燃料燃烧时产生的气态碱金属氧化物 Na_2O 和 K_2O 凝结在管壁上，会与烟气中的 SO_3 反应生成 K_2SO_4 和 Na_2SO_4，即

$$Me_2O+SO_3 \longrightarrow Me_2SO_4$$

Me_2SO_4 在水冷壁管温度范围内有黏性，可捕捉灰粒黏结成灰层；灰表面温度上升，灰层的外面变成渣层，最外面变成流层；烟气中的 SO_3 能够穿过灰渣层，在管壁表面与 Me_2SO_4、Fe_2O_3 反应，生成复合硫酸盐 $Me_3Fe(SO_4)_3$，反应式为

$$3Me_2SO_4+Fe_2O_3+3SO_3 \longrightarrow 2Me_3Fe(SO_4)_3$$

管壁再形成新的 Fe_2O_3 层。这样，管壁不断遭到腐蚀。

2）$Me_2S_2O_7$ 的腐蚀机理

管壁灰层中的 Me_2SO_4 和 SO_3 反应，生成焦性硫酸盐：

$$Me_2SO_4 + SO_3 \longrightarrow Me_2S_2O_7$$

$M_2S_2O_7$ 在 310～420℃温度范围内呈熔化状态，腐蚀性很强，会和管壁上的 Fe_2O_3 发生如下反应：

$$3Me_2S_2O_7 + Fe_2O_3 \longrightarrow 2Me_3Fe(SO_4)_3$$

根据研究结果，在灰渣层的硫酸盐中，只要有 5% 的 $Me_2S_2O_7$ 存在，管壁就将受到严重腐蚀。$Me_2S_2O_7$ 的量与排渣方式有关，对于固态排渣炉，水冷壁附近气体中，SO_3 不多，不易形成 $Me_2S_2O_7$，因此 $Me_2S_2O_7$ 的腐蚀不严重；对于液态排渣炉，虽然水冷壁附近 SO_3 也不多，但炉温比较高，灰渣层中的 $Me_3Fe(SO_4)_3$ 可分解出 SO_3，形成的 $Me_2S_2O_7$ 就多，因此液态排渣炉水冷壁容易发生这种腐蚀。

2. 过热器和再热器烟气侧的硫酸盐腐蚀

据研究，引起过热器和再热器烟气侧腐蚀的物质是 $Me_3Fe(SO_4)_3$。$Me_3Fe(SO_4)_3$ 在温度低于 550℃时为固态，不熔化，在温度高于 710℃时分解生成 Me_2SO_4 和 $Fe_2(SO_4)_3$，在 550～710℃时成熔化状态。熔融状态的 $Me_3Fe(SO_4)_3$ 可以穿透腐蚀产物层到达金属表面，与金属基体反应。反应可能是先生成 FeS 和 Me_2SO_4，FeS 再和氧作用生成 SO_2 和 Fe_3O_4，SO_2 可以氧化为 SO_3，所生成的 SO_3 又和飞灰中的 Fe_2O_3、反应产物 Me_2SO_4 反应生成 $Me_3Fe(SO_4)_3$，继续腐蚀金属，其过程是

从上述腐蚀过程可以看出，少量腐蚀剂(液态 $Me_3Fe(SO_4)_3$)在有氧供给的情况下，可腐蚀大量金属，最终的腐蚀产物是 Fe_3O_4。

$Me_3Fe(SO_4)_3$ 腐蚀的特征是，大部分腐蚀在迎风面，管壁腐蚀处的最内层为 Fe_3O_4 及硫化物，中间层为碱金属硫酸盐，最外层为沉积的飞灰。

3. 硫化物腐蚀

燃料中的 FeS_2 在燃烧过程中引起的锅炉管壁腐蚀，称为硫化物腐蚀。这是 FeS_2 分解产生 FeS 和 S($FeS_2 \longrightarrow FeS + S$)、S 和 Fe 反应生成 FeS 而使管壁遭受的腐蚀：

$$Fe+S \longrightarrow FeS$$

同时，FeS 在温度较高的条件下与氧反应：

$$3FeS+5O_2 \longrightarrow Fe_3O_4+3SO_2$$

生成的 SO_2 可以加速硫酸盐腐蚀。

另外，燃料中的 S 在燃烧时可以生成 H_2S，H_2S 可以透过疏松的 Fe_2O_3 层，与致密的 Fe_3O_4 层中的 FeO（Fe_3O_4 可以看成 $FeO \cdot Fe_2O_3$）反应：

$$FeO+H_2S \longrightarrow FeS+H_2O$$

结果是 Fe_3O_4 保护层被破坏，引起腐蚀。

4. 防止硫腐蚀的方法

1）水冷壁硫腐蚀的防止方法

水冷壁硫腐蚀的防止方法如下：

(1)改善燃烧条件，防止过剩空气系数过小，从而防止火焰直接接触管壁。

(2)控制管壁温度，防止管内结垢和水冷壁热负荷局部过高。

(3)引入空气，使炉膛贴壁处有一层氧化性气膜，以便冲淡管壁处烟气中的 SO_3 浓度，并且使灰渣层分解出来的 SO_3 向炉膛扩散而不向管壁扩散。

(4)采用渗铝管作水冷壁管。由于渗铝管表面有层 Al_2O_3 保护膜，具有抗高温硫腐蚀的作用。

2）防止过热器和再热器硫腐蚀的方法

可以采取措施控制管壁温度，使复合硫酸盐不呈熔化状态，因此国内外曾经主要采用限制过热蒸汽温度的办法，对于超高压和亚临界压力机组，趋向于把过热蒸汽和再热蒸汽的温度限制在 550℃；在设计、布置过热器和再热器时，应注意不要把蒸汽出口段布置在烟温过高的区域。也可以将镁、铝等氧化物作为添加剂喷入炉膛中，提高腐蚀剂的熔点。

此外，还可以采用各种实用的耐蚀合金材料，例如，由于超临界压力机组过热蒸汽和再热蒸汽的温度已超过 550℃，目前超临界压力机组过热器和再热器所采用的材料为耐蚀合金材料。

二、钒腐蚀

锅炉燃烧含钒、钠较高的油时，在过热器和再热器的管壁上，可能出现 V_2O_5 含量较高的高温积灰，它可以腐蚀受热面的金属，这种腐蚀称为钒腐蚀，也是一种高温腐蚀。

1. 腐蚀机理

钒腐蚀的机理是,燃油中的含钒化合物燃烧以后变为 V_2O_5,其熔点为 $670℃$。熔化的 V_2O_5 能够溶解金属表面的氧化膜,也能够穿过氧化物层和铁反应生成 V_2O_4 及铁的氧化物,而且 V_2O_4 可再次被氧化为 V_2O_5,继续引起腐蚀,反应式为

$$V_2O_5 \longrightarrow V_2O_4 + [O]$$

$$Fe + [O] \longrightarrow FeO$$

$$V_2O_4 + \frac{1}{2}O_2 \longrightarrow V_2O_5$$

在 $600\sim650℃$,V_2O_5 会与烟气中的 SO_2 及 O_2 反应:

$$V_2O_5 + SO_2 + O_2 \longrightarrow V_2O_5 + SO_3 + [O]$$

其中 V_2O_5 只起催化作用,产生的原子氧[O]对铁有腐蚀性。

油燃烧时,钠的氧化物和 SO_3 反应生成 Na_2SO_4,并掺杂到 V_2O_5 中,会使 V_2O_5 的熔点降低到 $550\sim660℃$,加剧腐蚀。当 V_2O_5/Na_2O(摩尔比)接近 3 时,熔点会降至 $400℃$,腐蚀速度明显增快。

2. 防止方法

防止钒腐蚀可采取的措施有以下几点:

(1)控制管壁温度,使其低于含矾化合物的熔点,一般控制过热蒸汽温度不超过 $540℃$ 为宜。

(2)将易受钒腐蚀的部件尽可能布置在低温区。

(3)采用低氧燃烧,因为低氧燃烧可以降低烟气中的氧浓度,防止金属氧化和 V_2O_5 生成。

(4)使用添加剂,例如,在炉膛中喷加白云石,或把白云石加入油中,可使高铬钢过热器管的腐蚀速度降低 $1/3\sim1/2$,但受热面可能积灰。

(5)进行燃料处理,除掉硫、钒等有害物质。

第二节 低温腐蚀

烟气尾部受热面的壁温低于烟气露点时,遭受低温腐蚀(又称露点腐蚀)。对于中压以上压力锅炉,低温腐蚀主要发生在空气预热器,它是影响发电机组锅炉安全经济运行的重要因素之一。

一、低温腐蚀的原因、产生条件、影响因素

低温腐蚀的原因是燃料中的 S 燃烧生成 SO_2，其中一部分进一步氧化变为 SO_3，SO_3 在低温区会和水蒸气作用凝聚成 H_2SO_4，使受热面遭受酸性腐蚀。

产生低温腐蚀的条件是烟气中存在 SO_3，而且 SO_3 和水蒸气结合生成 H_2SO_4 蒸气，并在受热面的管壁上凝结。

H_2SO_4 蒸气凝结的条件是壁温低于烟气的露点，实质上是低于 H_2SO_4 蒸气的凝结温度。

烟气尾部受热面的材料一般是碳钢，因此，低温腐蚀一般是碳钢的硫酸腐蚀。影响腐蚀的因素有烟气露点、管壁凝结的酸量、管壁凝结的酸浓度和管壁温度。

由于管壁凝结的酸量和酸浓度均与管壁温度有关，因此后面把三者结合起来进行讨论。

二、烟气露点与低温腐蚀的关系

烟气的露点随烟气中 SO_3 含量的增加而升高。当烟气中的 SO_3 含量为零时，烟气露点等于纯水的沸点，它仅取决于烟气中的水蒸气分压。对于燃油锅炉，烟气中的水蒸气分压仅为 $0.0078\sim0.014MPa$，相应的水蒸气凝结温度为 $41\sim52℃$。图 6-1 是蒸气混合物的相平衡图。

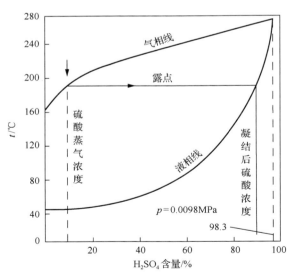

图 6-1 H_2SO_4-H_2O 蒸气混合物相平衡图

图 6-1 中最下方的曲线表示的是 $0.0098MPa$ 下溶液的沸点和 H_2SO_4 浓度的关系。很明显，H_2SO_4 浓度减小，溶液沸点下降，当 H_2SO_4 浓度为零时，溶液的沸

点等于纯水的沸点，为 45.45℃。图 6-1 中最上方的曲线表示的是 H_2SO_4 蒸气和蒸气混合物的凝结温度(露点)与 H_2SO_4 浓度的关系。显然，H_2SO_4 浓度增加，露点上升。

从图 6-1 可以看出，当蒸气中 H_2SO_4 浓度为 10% 时，露点为 190℃，凝结下来的 H_2SO_4 浓度却高达 90%。因此，烟气中只要含有少量 H_2SO_4 蒸气，就会使其露点大大超过纯水的露点，这时必须提高排烟温度，或采取其他措施，否则会引起受热面的严重腐蚀。因此，烟气露点是一个可以清楚表征低温腐蚀是否发生的重要指标，并在一定程度上可表示腐蚀的严重程度。

烟气中 SO_3 的来源包括以下两方面：

(1)烟气中的 SO_2 和新生态氧结合生成 SO_3，或在催化剂作用下生成 SO_3。新生态氧可以是分子氧在炉膛高温下分解产生的，也可以是燃烧反应生成的原子氧。因为燃烧反应是一个链式反应，在反应过程中会出现很多原子氧。催化剂是对流受热面积灰中的 Fe_2O_3 等物质。

(2)硫酸盐受高温作用分解产生的。

影响 SO_3 生成量的因素包括以下几点：

(1)燃料硫含量。很明显，烟气中的 SO_3 来源于燃料中的硫，而且燃料含硫越多，烟气中的 SO_3 也越多，露点就越高。

(2)过剩空气系数。过剩氧的存在是 SO_2 氧化为 SO_3 的基本条件。因此，过剩空气系数越大，过剩氧越多，SO_3 也越多。当过剩空气系数降到 1.05 时，烟气中的 SO_3 生成量显著减少，接近或小于其危害浓度。

(3)燃烧工况。燃烧工况影响火焰中心温度，也影响火焰末端温度，中心温度和末端温度都直接影响 SO_3 含量。中心温度高，原子氧含量高，生成的 SO_3 就多。末端温度高，形成的 SO_3 会分解；而末端温度低，形成的 SO_3 多。如果火焰拖得过长，延伸到炉膛出口，那么末端温度低，SO_3 生成量多。因此，为了降低 SO_3 含量，火焰中心温度不宜过高，火焰不宜拖得过长。

(4)燃烧方式。在燃料硫含量相同的条件下，燃油炉的烟气露点要比煤粉炉的高，这是因为燃油炉飞灰少。

三、管壁温度对低温腐蚀的影响

在讨论管壁温度对低温腐蚀的影响之前，先分析管壁凝结的酸量和酸浓度对腐蚀的影响。

硫酸是一种氧化性酸，其浓度对碳钢腐蚀速度的影响与非氧化性酸不同，有特殊性。当硫酸浓度较低时，碳钢的腐蚀速度随酸浓度增大而加快；当酸浓度为 56% 时，腐蚀速度最高；当酸浓度进一步增加时，腐蚀速度变得非常慢。出现这种现象的原因，主要是硫酸较稀时呈非氧化性酸的性质；硫酸浓度较高时呈氧化性酸的性质，会在碳钢表面形成一层钝化膜，从而使腐蚀速度大大下降。

除浓度外，单位时间在管壁上凝结的酸量也是影响腐蚀速度的因素之一。当管壁上凝结的酸量很少时，酸分布在很小的范围内，腐蚀电池的电阻很大，腐蚀过程为电阻控制，腐蚀速度很小；随着酸量增加，腐蚀电池的电阻减小，腐蚀速度上升。

烟气尾部受热面管壁温度变化时，管壁凝结酸的数量变化、酸的浓度发生改变，从而低温腐蚀的速度随之改变。当然，管壁温度除直接影响凝结的酸量和浓度外，还直接影响腐蚀反应的速度。因为按照化学动力学的观点，壁温升高，腐蚀反应的速度增大。图 6-2 是低温腐蚀速度随壁温变化的规律，但实际上是管壁凝结酸量、酸的浓度和温度综合作用的结果。

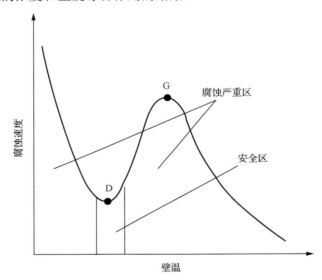

图 6-2　锅炉低温腐蚀速度与壁温的关系

当壁温较高时，壁面上凝结的酸量很少，腐蚀速度低。因为此时酸量的多少成为影响腐蚀速度的主要因素，而壁温较高时酸量少。随着壁温的降低，从动力学角度讲，将使腐蚀反应的速度下降；但凝结的酸量增加，腐蚀速度上升；当凝结的酸量足够时，腐蚀速度达到最大(如图 6-2 中 G 点)。通常最大腐蚀点的壁温比露点低 20～45℃。

当壁温进一步下降，凝结的酸量已足够时，酸量不再成为控制腐蚀速度的因素，反应温度成为腐蚀速度的控制因素。所以，壁温的降低使腐蚀速度下降。在这种情况下，随着壁温下降，酸的浓度降低。当酸的浓度大于临界浓度(56%)时，随着浓度降低，酸浓度引起的腐蚀速度加快；当酸的浓度达到临界浓度时，酸浓度引起的腐蚀速度最大。但由于反应温度是腐蚀速度的控制因素，总的腐蚀速度随壁温降低而下降，因此在 D 点总的腐蚀速度降到最低。

D 点以后，随着壁温降低，酸的浓度继续下降，此时已低于临界值，在这种情况下，酸浓度的降低使腐蚀速度降低；温度的下降，也使腐蚀反应的速度下降。所以，随着温度的下降，腐蚀速度应当下降。但是，烟气中的氯化物会以盐酸形式沉积在受热面上，同时，当温度低于水蒸气露点以后，部分 SO_2 也会溶解于水中生成 H_2SO_3，并很快氧化为 H_2SO_4。所以，此时的腐蚀速度仍然继续加快。

由图 6-2 和上面的讨论可知，在酸露点以下存在两个腐蚀区和一个安全区。对于高含硫燃料，安全区的上限温度为 100～105℃，下限温度比水蒸气的露点高 20～30℃。腐蚀区中的一个处于酸露点和安全区的上限温度之间，另一个处于安全区的下限温度之下。

四、低温腐蚀的防止方法

防止低温腐蚀最基本的方法是降低 SO_3 的生成量，或者使 SO_3 不凝结成 H_2SO_4，或者中和已经生成的 SO_3。此外，还可以采用耐蚀材料。具体方法有以下几种：

(1)低氧燃烧。前面已经指出，低氧燃烧可以降低 SO_3 的生成量。如果将过剩空气系数降到 1.1 以下，SO_3 的含量会下降，露点显著降低，因此可以减轻低温腐蚀。但是，低氧燃烧只能使最大腐蚀点附近的腐蚀速度明显降低，而对低于安全区下限温度时的腐蚀速度却很少影响。因为前者是由于硫酸的凝结量下降了，后者则是由于起腐蚀作用的不仅是 H_2SO_4 蒸气的大量凝结，而且有水蒸气的大量凝结，形成硫酸或亚硫酸。所以，即使在低氧燃烧情况下，也不应使受热面壁温降低。

(2)使用添加剂。目前国内使用的添加剂主要是白云石粉，它能中和 SO_3，降低露点和腐蚀速度，其添加量为每吨油 4～8kg，颗粒度多在 40μm 以下，并以粉末形式直接喷入炉膛，或以浆状注入油中。也可以加镁石灰即菱镁矿石(含 65%～80%的 MgO、15%～30%的 CaO)直接喷入炉膛，或喷入尾部烟道。

此外，可以加氨中和 SO_3，降低烟气露点。由于氨是气体，在烟气中的扩散和化学反应很快，因此它的用量小，且注入装置简单。但要注意喷射地点的选择，以免尾部受热面积灰。因为氨在 600℃ 以上开始分解，在 150℃ 以下和 SO_2 反应，所以氨喷射点的温度应在 200～600℃。由于 NH_4HSO_4 与硫酸盐的混合物易熔，当喷氨点的受热面壁温超过一定值以后，将形成熔化的液态化合物，造成受热面严重积灰；而且熔化的 NH_4HSO_4 活性强，它能在壁温高于露点的情况下腐蚀金属。所以，应该提高加氨量，以免形成 NH_4HSO_4。

(3)提高受热面壁温，使壁温在烟气露点以上。对于空气预热器，壁温 t_b 可以表示如下：

$$t_b = t_k + \frac{t_y - t_k}{\left(1 + \dfrac{\alpha_k A_k}{\alpha_y A_y}\right)}$$

式中，t_k——进口冷空气温度，℃；

t_y——排烟温度，℃；

α_k、α_y——空气、烟气侧传热系数，W/(m²·℃)；

A_k、A_y——空气、烟气侧受热面积，m²。

由以上可知，要提高 t_b，就要提高 t_y、t_k 以及 $\alpha_y A_y$ 与 $\alpha_k A_k$ 的比值。但提高 t_y 会增加排烟损失，降低锅炉效率；而要提高 t_k，如无其他措施，也要相应提高 t_y，否则温差太低，传热不良。因此，只能将壁温保持在烟气露点以上。一般在提高 t_y 的同时，采用热风再循环及暖风器来提高空气预热器入口的空气温度。

(4)采用耐蚀的金属或非金属材料以及非金属的敷层材料，以提高受热面的耐蚀性能。例如，国内试用硼硅耐热玻璃代替钢管作低温段空气预热器。

综上所述，当锅炉使用硫含量低的燃料时，适当提高排烟温度，使壁温不低于 70℃，就可以防止低温腐蚀。当然也可以采用低氧燃烧，以降低 SO_3 的生成量。当锅炉使用中等硫含量的燃料时，首先必须进行低氧燃烧，将过剩空气系数控制在 1.1 以下，最好是 1.05。还可以使用耐蚀材料，提高空气预热器入口风的温度。当锅炉燃烧高含硫燃料时，还可以考虑使用添加剂防止低温腐蚀。

第七章 汽轮机的腐蚀与防护

进入汽轮机的过热蒸汽中可能含有以下四种形态的杂质：①气态杂质，如蒸汽溶解的硅酸和各种钠化合物等；②固态杂质，主要是剥落的氧化铁微粒，对于高压及以下压力锅炉，进入汽轮机的过热蒸汽可能携带在过热器中蒸干析出但未沉积的固态钠盐；③液态杂质，指中、低压锅炉的过热蒸汽中有微小的氢氧化钠浓缩液滴；④气体杂质，即少数水工况不良的锅炉引出的蒸汽中甚至可能有 H_2S、SO_2、有机酸和 HCl 等气体杂质。

蒸汽中的杂质进入汽轮机后，可能引起积盐、磨蚀和酸性腐蚀、应力腐蚀破裂、腐蚀疲劳、点蚀等，影响汽轮机运行的经济性和可靠性，增加维护费用，缩短使用寿命。

第一节 磨蚀及防止

一、磨蚀的原因与部位

这里的磨蚀是指蒸汽携带的氧化铁固体微粒进入汽轮机所引起的蒸汽通流部件，包括喷嘴和叶片等部位的损伤，称为固体微粒磨蚀。

在机组启动过程中，由于加热升温时金属温度的剧烈变化，过热器管、再热器管和主蒸汽管内壁上的铁的氧化物，有些会剥落下来崩碎成为小颗粒，被蒸汽流吹走而进入汽轮机，引起固体微粒磨蚀。

固体微粒磨蚀不能与水分侵蚀混淆，这两者是完全不同的现象。前者发生在汽轮机的高压区，后者则发生在低压区。固体微粒磨蚀通常在高压蒸汽入口处最为严重，向汽流下游逐渐减轻。有时这种损伤在汽轮机的抽汽点处中止，因为微粒在此处受到离心力作用而脱离蒸汽流，通过环形抽汽通路排出汽轮机外。

现代再热式汽轮机经常遭受固体微粒磨蚀的部位有：①截止阀、调节阀等；②第 1 级喷嘴，特别是最先开启的调节阀后的喷嘴组；③第 1 级叶片、围带和轮缘；④蒸汽再热后的第 1、2 级喷嘴，叶片，围带，轮缘和汽封调节装置。

固体微粒磨蚀使喷嘴和叶片表面变得很粗糙，甚至可引起叶片、喷嘴通流截面形状发生变化，因此大大降低汽轮机的效率。磨蚀部位容易发生裂缝，也容易扩展，甚至断裂。如果磨蚀导致大块碎片脱落，那么它被汽流带至下游段，还可能发生更严重的碰撞、磨蚀，导致设备的重大损坏。

固体微粒磨蚀所引起的损伤程度与机组的启动次数、负荷变化的大小和速度，以及汽轮机组有无旁路系统等有很大关系。许多设有旁路系统的汽轮机组甚至运行 10 万小时以上也没有出现固体微粒磨蚀的迹象，而无旁路系统的汽轮机仅运行几千小时就出现明显的磨蚀。带有旁路系统的机组启动时，在最初一段时间内蒸汽通过旁路排入凝汽器，因此可以避免固体微粒被带入汽轮机；而且带有旁路的机组启动时，高压旁路(主蒸汽与冷再热蒸汽系统之间的蒸汽管道)阀也应稍微开启，使再热器内有一定量的蒸汽通过，这样可避免再热器管过热和氧化皮的形成。

　　亚临界压力机组和超临界压力机组发生固体微粒磨蚀的情况不一样。亚临界压力机组，尤其是配汽包锅炉的机组启动时，很快就有足够流量的蒸汽流过过热器，以避免过热器干烧、过热而生成氧化皮；在超临界压力锅炉里，第 2 级过热器和再热器可能是氧化皮微粒的产生部位。因此，超临界压力汽轮机高压缸和中压缸里都有固体微粒磨蚀，而亚临界压力汽轮机则仅在中压缸内有磨蚀。

二、磨蚀的防止方法

　　磨蚀的防止方法如下：

　　(1)在主蒸汽管道中设置蒸汽滤阀，防止固体大颗粒进入汽轮机。但是，即使使用细眼滤网也不能将全部微粒截住。另外，固体大颗粒在滤网上反复撞击，尺寸减小后就能通过细眼滤网。因此，根本措施是减少过热器及主蒸汽管道中氧化物的生成与剥落。

　　(2)采用抗氧化性能较好的钢材制造高温管道。目前，许多现代锅炉均采用奥氏体不锈钢制的过热器和再热器，这可以减少蒸汽中固体微粒的产生。

　　(3)应避免机组频繁启停，以及负荷和温度的快速变化。

　　(4)酸洗锅炉和主蒸汽管道，消除壁面的附着氧化物。

　　(5)新机组投运前，应进行锅炉的蒸汽冲管工作。

　　此外，在热力系统的设计方面应作些改进，如设置旁路管；当由于某种原因使蒸汽中杂质浓度很高时，也可以使用此旁路。又如，在给水系统中设置电磁过滤器，减少随给水进入锅炉内的铁微粒，从而减少蒸汽携带固态微粒，减轻汽轮机的固体微粒磨蚀。

第二节　汽轮机的酸性腐蚀、应力腐蚀破裂、腐蚀疲劳、点蚀及其防止

　　蒸汽中有些杂质(如氢氧化钠、氯化钠、硫酸钠、氯化氢和有机酸等)，在汽轮机中会引起均匀腐蚀、点蚀、应力腐蚀破裂、腐蚀疲劳以及这几种情况组合的复杂故障。均匀腐蚀虽然不至于造成什么大问题，但点蚀、应力腐蚀破裂、腐蚀

疲劳引起的汽轮机部件损坏，常会造成很大损失，而且会延长停机时间。

一、汽轮机低压缸的酸性腐蚀

采用除盐水作锅炉补给水后，水、汽品质变得很纯，对减轻热力设备的结垢和腐蚀起了很大作用，但对酸的缓冲能力减弱。在这种情况下，如果有物质进入水汽系统，那么水汽品质会发生明显变化。当用氨水调节给水 pH 时，水中某些酸性物质的阴离子如果进入炉水并转换为酸性物质，则容易进入汽轮机，引发汽轮机的酸性腐蚀。因此，一些电厂在以除盐水作为锅炉的补给水后，汽轮机的某些部位出现了酸性腐蚀。

汽轮机发生酸性腐蚀的部位主要有低压缸的入口分流装置、隔板、隔板套、叶轮以及排汽室缸壁等。受腐蚀部件的保护膜被破坏，金属晶粒裸露完整，表面呈现银灰色，类似钢铁被酸浸洗后的表面状况。隔板导叶根部常形成腐蚀凹坑，严重时，蚀坑深达几毫米，导致影响叶片与隔板的结合，危及汽轮机的安全运行。出现酸性腐蚀的部件，材质均是铸铁、铸钢或普通碳钢，而合金钢部件没有酸性腐蚀。

上述部位发生酸性腐蚀的原因，与这些部位接触的蒸汽和凝结水的性质有关。通常，过热蒸汽携带挥发性酸的含量是很低的，仅有几微克每升。而蒸汽中同时存在着较大量的氨，有 200～2000μg/L。这种汽轮机蒸汽凝结水的 pH 一般为 9.0～9.6。如果汽轮机低压缸汽流通道中的金属材料接触的是这样的水，那么不至于发生严重腐蚀。

在低于临界温度下的蒸汽和水之间，只有在极慢的加热或冷却条件下处于平衡过程时，才会在相应的饱和温度和压力下完成汽-液相的相变过程。在汽轮机中，蒸汽因迅速膨胀而过冷，因此其成核、长大成水滴的时间滞后。汽轮机实际运行时，蒸汽凝结成水并不是在饱和温度和压力下进行的，而是在相当于理论（平衡）湿度4%附近的湿蒸汽区发生的，这个区域称为威尔逊线区。所以，在汽轮机运行的蒸汽膨胀做功过程中，在威尔逊线区才真正开始凝结形成最初的凝结水。在再热式汽轮机中，产生最初凝结水的这个区域是在低压缸；在非再热式汽轮机中，这个区域的位置略靠前，在中压缸的最后，以及低压缸的开始部分。由于汽轮机运行条件的变化，这个区域的位置也会有一些变动。

汽轮机酸性腐蚀发生的部位恰好是在产生初凝水的部位，因此它与蒸汽初凝水的化学特性密切相关。在威尔逊线区附近形成初凝水的结果是，工质由单相（蒸汽）转变为两相（汽、液），过热蒸汽携带的化学物质在蒸汽和初凝水中重新分配，若进入初凝水中的酸性物质比碱性物质多，则可引起酸性腐蚀。若某物质的分配系数大于 1，则该物质在蒸汽中的浓度将超过它在初凝水中的浓度，即该物质溶于初凝水的倾向小；反之，该物质溶于初凝水的倾向大，或者该物质会浓缩在初凝水中。过热蒸汽中携带的酸性物质的分配系数通常都小于1。例如，100℃时，HCl、H_2SO_4等的分配系数均在$3×10^{-4}$左右；甲酸（HCOOH）、乙酸（CH_3COOH）、丙酸（C_2H_5COOH）的分配系数分别为0.20、0.44和0.92。因此，当蒸汽中形成初凝水时，它们将被初凝水"洗出"，造成酸性物质在初凝水中富集和浓缩。试验数据表明，初凝水中CH_3COOH的浓缩倍率在10以上，Cl⁻的浓缩倍率达20以上；而对增大初凝水的缓冲性、消除酸性阴离子影响有利的Na^+的浓缩倍率却不大，初凝水中Na^+的浓度只比过热蒸汽中Na^+的浓度略高一点。由于Na^+比酸性阴离子的分配系数大，这两类物质不是等摩尔进入初凝水中（例如，甲酸不能全部以HCOONa，而是有部分以HCOOH的形式进入初凝水中），因此初凝水呈酸性。采用氨作为碱化剂来提高水汽系统介质的pH时，由于氨的分配系数大，在汽轮机生成初凝水的湿蒸汽区，它大部分留在蒸汽中，少量进入初凝水。即使给水中氨量足够，湿蒸汽区凝结水中氨的含量也相对不足，加之氨是弱碱，因此氨只能部分地中和初凝水中的酸性物质。

因此，初凝水与蒸汽相比，pH低，可能呈中性，甚至为酸性。这种低pH的初凝水对所附着部位具有侵蚀性。当空气漏入水汽系统使蒸汽中氧含量增大时，也使初凝水中的溶解氧含量增大，从而增强了初凝水对金属材料的侵蚀性。随着蒸汽流向更低压力的部位，蒸汽凝结的比例增加，氨最终会全部溶解在最后凝结水中，即凝汽器空冷区的凝结水中，凝结水的pH升高。

二、汽轮机叶片的应力腐蚀破裂

随着现代高参数汽轮机采用新合金材料，增加了汽轮机叶片对应力腐蚀破裂的敏感性。应力腐蚀破裂的三要素是敏感性材料、拉应力和特定的腐蚀性环境。汽轮机选用的材料和应力水平，是设计和制造时已确定了的，因此环境即蒸汽中杂质的组分与含量决定着是否发生应力腐蚀破裂。当蒸汽在汽轮机内凝结时，蒸汽中的杂质或者形成侵蚀性的水滴，或者形成腐蚀性沉积物。研究表明，只要蒸汽中含有微克每千克数量级的氢氧化物、氯化物或有机酸，就会引起应力腐蚀破裂。还有研究报告指出，在汽轮机内，Na_2SO_4和NaCl也会引起汽轮机腐蚀。现场经验表明，汽轮机叶片的运行条件处在焓熵图上接近饱和线的区域，即汽轮机在湿蒸汽区域工作的最先几级的通流部分，最易发生应力腐蚀破裂。

蒸汽中微量（μg/kg）有机酸和HCl引起汽轮机腐蚀损坏的事例很多。例如，国外有一台汽轮机工作还不到一年，就发现低压缸转子叶片有腐蚀损坏。腐蚀主要发生在7～10级叶片的围带处，该处有腐蚀裂纹。热力学计算表明，这里是最初凝结小水滴的区域。研究人员在第10级的蒸汽中检测出了酸，这些酸是几种有机酸的混合物，包括97%的醋酸、2.2%的丙酸和0.3%的丁酸。在某些中间再热式汽轮机中，曾发现了低压级转子后几排叶片的开裂或裂缝。对开裂的叶片进行检验，查明这是应力腐蚀裂纹,是由无机酸引起的。在靠近叶片损坏部位,检测到了 $FeCl_2$ 和 $FeSO_4$。鉴于这两种化合物只能在酸性环境中存在、在碱性或中性溶液中会水解,表明汽轮机运行时该区域的液相呈酸性。此外,还曾在一台海水冷却凝汽器的机组中,发现了汽轮机叶片的腐蚀损坏,经检测确定腐蚀损坏是由蒸汽中的 HCl 引起的。

三、汽轮机零部件的点蚀和腐蚀疲劳

蒸汽中的氯化物还可以使汽轮机的叶片和喷嘴表面发生斑点腐蚀,这种腐蚀有的还出现在叶轮和汽缸本体上。这种腐蚀是由 Cl^- 破坏了合金钢表面的氧化膜所致,它大多出现在湿蒸汽区域的沉积物下面。同理,当汽轮机停机时,若蒸汽漏入冷态汽轮机中,则所有叶片上都可能发生点蚀。

众所周知,零部件受交变应力作用且环境中有腐蚀性物质存在时,材料的疲劳极限就下降。多年来的试验研究证实,在氯化物溶液中,汽轮机叶片的腐蚀疲劳强度大为下降。

喷嘴和叶片表面的点蚀坑不仅会增大粗糙度而使摩擦力增加,导致降低效率,更为严重的是,点蚀坑的缺口作用会促进疲劳裂纹的形成,直接影响汽轮机的使用寿命。

四、腐蚀的防止

为了防止汽轮机的腐蚀,重要的是应该保证蒸汽纯度。此外,还应注意以下几点:

(1)锅炉补给水处理系统的选择,不仅要考虑水中盐类、硅化合物的含量,还应注意除去有机物。在水处理设备的运行中,不仅要调整除盐设备的运行,而且要力求预处理装置处于最佳运行工况,以除去有机物和各种胶态杂质,保证补给水的电导率符合标准。此外,应防止生水中的有机物和离子交换树脂漏入热力系统水汽中,以免它们在锅炉内的高温高压条件下分解,影响水汽中离子间的平衡,形成有利于腐蚀的环境。还应提高汽轮机设备的严密性,防止空气漏入。

(2)热力设备化学清洗时,应注意避免污染汽轮机。用酸性或碱性化合物清洗热力设备中的沉积物时(如清洗锅炉、蒸汽管道、给水加热器和凝汽器等),若把热的化学药品的溶液排入凝汽器,很容易引起汽轮机低压部分进腐蚀性蒸汽。因此,应采用隔离汽轮机的措施,如在凝汽器喉部安置不透水蒸汽的薄膜。

(3)提高汽轮机内最初凝结的水滴的 pH,即在热力设备的水汽系统中加入分配系数较小的挥发性碱性药剂。

有人已经提出并试验了几种方法,例如,在汽轮机低压缸中喷注联氨或其他挥发性碱(如吗啉等),喷注地点大约选在蒸汽绝热膨胀尚未到达焓熵图上饱和线

的地方。在低压蒸汽条件下，联氨具有非常有利的分配系数值，80℃时为 0.27。此时若蒸汽中含 20μg/L 联氨，则金属表面的初凝水膜中，联氨浓度可达 700μg/L 以上，这样的碱性水膜对金属有很好的保护作用。联氨不但使水膜的 pH 增高，还可使金属表面保护膜稳定。在汽轮机低压缸出现空气漏入的情况时，联氨又能除氧。因此，可以考虑采用将联氨或催化联氨喷入汽轮机低压缸的导气管，以减轻汽轮机中初凝区的酸性腐蚀。还有人试用几种挥发性胺联合处理，调节给水或凝结水的 pH，如吗啉与环己胺或氨配合使用。汽液分配系数低的胺(如吗啉)将溶解在初凝水中，提高 pH，分配系数高的挥发性碱将溶解在从汽轮机引出的蒸汽中。这样可使整个热力系统中各部位水汽的 pH 都提高。在 0.5~0.6MPa 的压力下，吗啉的分配系数为 0.48，环己胺的分配系数为 2.6，氨的分配系数是 10。不过有机胺有高温热分解的问题，而且药品昂贵，不经济。

(4)消除蒸汽中杂质混合物的腐蚀性。在 1981 年美国联合动力发电会议上，提交了一些有关应力腐蚀的论文。有研究人员指出，44 台采用挥发性药剂处理的锅炉配套的汽轮机中有 22 台发现了应力腐蚀；22 台磷酸盐处理的锅炉配套的汽轮机只有 9 台发现了应力腐蚀。还有的研究人员认为，采用挥发性药剂处理的锅炉，蒸汽中的钠化合物主要是能引起汽轮机金属腐蚀的氯化钠和氢氧化钠；采用协调 pH-磷酸盐处理的汽包锅炉，蒸汽中的钠化合物主要是磷酸盐，它不是引起汽轮机腐蚀的有害物质，而是一种有益的缓蚀剂。由此看来，使汽轮机内蒸汽中的杂质或沉积物的混合物不具备腐蚀性，也能防止汽轮机部件的应力腐蚀。不过，对于现代高参数机组，这并不容易实现。

(5)增强酸性腐蚀区域材质的耐蚀性能，如采用等离子喷镀或电涂镀在金属表面镀覆一层耐蚀材料。

第八章　凝汽器的腐蚀与防护

火力发电机组和核能发电机组的热力系统中都设置有各种热交换设备，如凝汽器、低压加热器、高压加热器、油冷却器，以及一些发电机的水内冷系统。这些设备有的有提高发电机热效率的作用；有的可增加发电机的线负荷和电流密度，从而提高发电机的单机容量；还有的可以使一部分废热得到充分利用。保证这些热交换设备的运行可靠性，对机组的安全经济运行有重要意义。实践也证明，这些设备材料的腐蚀引起的危害，已成为机组发生损坏事故的一个很重要的原因。其中凝汽器铜合金管运行中的腐蚀损坏已成为影响高参数大容量发电机组安全运行的主要因素之一。

据统计数字表明，国外大型锅炉的腐蚀损坏事故中，大约有 30%是由于凝汽器管的腐蚀损坏引起的，在我国这个比例更高一些。凝汽器铜合金管损坏的直接危害，除凝汽器管材本身的损失外，更重要的是，大型锅炉的给水水质要求高，水质缓冲性小，一旦凝汽器管泄漏，冷却水漏入凝结水，恶化凝结水水质，将造成炉前系统、锅炉、汽轮机的腐蚀与结垢，如使炉管蒸发部位形成含铜沉积物、汽轮机叶片上沉积铜的化合物等。尤其是用海水冷却的凝汽器，泄漏严重时会使锅炉炉管在不长的时间内，甚至几个小时内严重损坏。

由于凝汽器管的损坏后果极其严重，常迫使机组降低负荷运行，或被迫停机，因此防止凝汽器管的腐蚀损坏，是保证机组安全经济运行的一项重要措施。近年来，各国都在凝汽器的设计、管材的选用和管的制造工艺、运行中水质调节和控制，以及其他防止腐蚀的措施等方面做了大量研究，取得了很大进步。

第一节　铜合金管凝汽器的腐蚀与防护

一、概述

铜合金由于其优良的导热性、良好的塑性和必要的强度，以及易于机械加工、价格不太昂贵等优点，曾经在热交换器中使用得最多。例如，我国的发电机组中，凝汽器、低压加热器和冷油器的传热管件，曾经绝大部分都是用铜合金制造的。

这些热交换器虽然都用于热交换，但它们的工作介质和工作状况却各不相同，因此腐蚀的可能性和程度也各不相同。例如，低压加热器的热交换容量较小，装配的铜合金管的数量也较少，管内壁接触的是高质量的凝结水，外壁接触的介质也是高质量的蒸汽和凝结水。因此，一般来说，低压加热器铜合金管的腐蚀程度较轻，即使发生泄漏，对给水水质的影响也较小，所以对机组安全运行的威胁也较小。凝汽器则不同，它的热交换容量大，使用的铜合金也多，平均每 10MW 发电能力需要 4～5t 铜合金。凝汽器铜合金管的外壁接触的是高流速的蒸汽及凝结水，内壁则与冷却水接触。冷却水常常是含有很多杂质的天然淡水、苦咸水或海水，因此可能产生多种形态的腐蚀，并且腐蚀程度也较严重。而且随着机组容量的增大，凝汽器也越来越大，凝汽器中装设的管数量也随之相应增加。例如，一台 300MW 直流锅炉发电机组的凝汽器装有 $\phi 20\text{mm} \times 1\text{mm} \times 11000\text{mm}$ 的管约 21000 根。这样，发生泄漏事故的可能性大大增加。并且，由于目前对水体环境保护方面的要求日趋严格，某些处理冷却水以保护铜合金管的方法，例如，在冷却水中加活性氯和硫酸亚铁处理，受到一定限制。因此，凝汽器管在运行中的损坏还是相当严重的，并始终没有彻底解决。为保证大机组的安全经济运行，必须比以往更严格地控制凝汽器的泄漏率，一般规定用淡水冷却时为 0.005%～0.02%，用海水冷却时为 0.0035%～0.01%。

根据所含合金元素的种类，铜合金可分为黄铜、白铜和青铜等。黄铜是以铜和锌元素为主要成分的合金，它以锌为主要添加元素。根据化学成分的不同，黄铜又可分为普通黄铜和特殊黄铜两大类。

普通黄铜是指简单的铜锌合金。随着铜中锌含量的不同，铜锌体系中可以形成六种固溶体，常称为α相、β相、γ相、δ相、ε相、η相。由图 8-1 所示的铜锌二元合金相图可以了解黄铜的化学组成和组织结构的关系。α相是锌在铜中的置换固溶体，具有面心立方晶格。903℃时，锌在α固溶体中的溶解度为 32.5%。若在该温度时锌含量超过 32.5%，则会出现β相的固溶体结构。温度降低到 456℃时，锌在α固溶体中的溶解度达最大值，为 39%。α固溶体是单一的固溶体，这种黄铜塑性好，但不易进行切削加工，所以加工时可采用冷态或热态下的压力加工成形。锌含量在 30%～32%的范围内时，黄铜的强度和塑性最佳。若锌含量增加到 39%～46%，则室温下的黄铜呈α+β两相共存组织，结构较复杂，性能硬而脆，其强度虽有提高，但塑性下降，已不适用于冷态下压力加工，只能在热态下压力加工。β相是以电子化合物 CuZn 为基体的固溶体，其晶体结构是体心立方晶格。室温下β相性能硬而脆，实用性不大。当锌含量超过 50%时会出现γ相。γ相是以电子化合物 Cu_5Zn_3 为基体的固溶体，具有复杂的立方晶格。这种合金更是硬而脆，难以加工。工业上有实用价值的黄铜，其锌含量都在 40%～50%，所以不会有γ相组织存在。δ相只在较高温度(558～700℃)范围内才能稳定存在。ε相和η相则是在锌含量超过 80%时才会出现的一种组织，实际上它们都是锌基合金的相组成物。

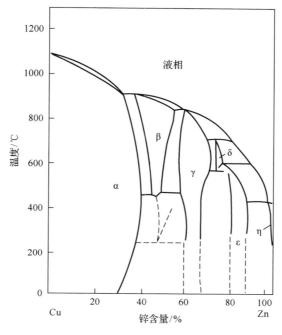

图 8-1　铜锌二元合金相图

因此，能作为实际结构材料使用的只有α和α+β两种结构的黄铜，而用作凝汽器和低压加热器传热管材的普通黄铜材料一般都是α相黄铜。但α相黄铜通常不用于高温介质中，这是由于在300～700℃温度范围内，α相黄铜的机械性能变脆。

普通黄铜具有一定的耐腐蚀性，而且随着锌含量的增加，其发生应力腐蚀破裂的倾向明显增大。锌含量在20%以下的黄铜，在自然环境中一般不会发生应力腐蚀破裂。

我国规定普通黄铜的牌号由字母 H 加数字组成。字母 H 是黄铜的代号，其后的数字表示铜含量。例如，H68 表示含68%Cu、32%Zn 的普通黄铜。

在普通黄铜中再加入少量铝或锰、锡、硅、铁、铅、砷等其他合金元素而制成的黄铜称为特殊黄铜。添加这些合金元素是为了提高黄铜的机械性能和耐蚀性能，有的还可以增强耐磨性能。例如，加入少量锰、铝、铁元素可提高黄铜的强度；添加铝、铁、锡、锰、砷等可提高耐腐蚀和耐磨性能。由于添加的其他合金元素是溶入了原来的铜锌固溶体中，而不形成新的金相组织，因此特殊黄铜的金相组织基本上仍是α或α+β相固溶体结构。其他合金元素的加入对金相组织的影响，大致可以用相当于以一定的比例增加了锌的含量所产生的影响来考虑。例如，添加1%的铝，相当于增加了锌的含量6%，这个比值称为铝的锌当量。表 8-1 列出了若干添加元素的锌当量。利用表中所列数据和下面的计算式可以把特殊黄铜的组成折算成相当的普通黄铜的组成,这样可以在铜锌二元合金相图上推断特殊黄铜的金相结构。特殊黄铜的折算含锌百分数的计算公式为

$$折算的含锌百分数 = (B+C\varepsilon)/(A+B+C\varepsilon) \times 100\%$$

式中,A——黄铜中铜含量百分数;

　　　B——黄铜中锌含量百分数;

　　　C——第三种合金元素含量的百分数;

　　　ε——第三非合金元素的锌当量。

表 8-1　铜合金元素的锌当量值

合金元素	Si	Al	Sn	Ni	Fe	Mn
锌当量 ε	10	6	2	1.3	0.9	0.5

　　例如,含铝 2%、锌 21%、铜 77%的铝黄铜,其金相结构相当于锌含量为 $(21+6 \times 2)/(77+21+6 \times 2) \times 100\% = 30\%$ 的普通黄铜。从铜锌二元合金相图上可推断出该铝黄铜的金相组织是 α 相固溶体,不会出现两相组织。如果某特殊黄铜的折算锌含量超过了铜锌形成单一 α 相固溶体的最大锌含量,那么该特殊黄铜就可能是具有 $\alpha+\beta$ 相或在合金的晶界上存在 β 相的金相结构。

　　特殊黄铜的牌号命名是在代表黄铜的字母 H 后列出除锌外的主要添加元素符号,接着是铜含量数字,最后标出添加元素的量。例如,HAl77-2A 是指含铜 77%、锌 21%、铝 2%的铝黄铜;HSn70-1A 是指含铜 70%、锌 29%、锡 1%的锡黄铜;最后的"A"表示此材料加有微量的砷元素。

　　白铜是铜和镍的合金。当镍含量高时,材料常呈银白色金属光泽,故一般称为白铜。这类材料耐蚀性能强,在淡水尤其在海水中较稳定,耐氨腐蚀的性能也优于黄铜。白铜牌号的命名是以字母 B 表示铜镍合金,字母 B 后的数字表示镍含量。例如,B30 表示含镍 30%(实际上其中含有相当数量的钴)、铜 70%的铜镍合金。若镍的含量超过合金重量的 50%,则成为镍基合金。如含镍 63%～65%、铁 1%～3%、锰 1%～2%、铜 28%～34%的镍铜合金,俗称蒙乃尔合金。它具有较优良的耐腐蚀性能,能耐大气、淡水、海水及各种有机酸溶液的侵蚀,尤其是耐氢氟酸腐蚀的性能十分突出。

　　青铜是铜锡合金、铜铝合金及铜铅合金等的总称。锡青铜是含锡 5%～17%以及含少量锌和铅的铜合金,耐大气腐蚀和海水腐蚀性能优良。铝青铜是含铝 5%～8%、含铁 1.5%～3.5%的铜合金,强度高、耐磨性能、耐腐蚀性能以及抗高温氧化性能好是它的特点,因此适用于同时要求这几种性能好的场合,如用于铸造水泵、阀门、发动机零件等。

　　20 世纪前,国外主要使用普通 α 相黄铜(如含铜 70%、锌 30%的黄铜)或 $\alpha+\beta$

相黄铜(如含铜 60%～64%、锌 40%～36%的黄铜)制造凝汽器、低压加热器等的热交换器管，但使用中发现腐蚀现象严重。为提高铜合金管在冷却水中的耐腐蚀性能，研制出了含铜 70%、锌 29%、锡 1%的锡黄铜(俗称海军黄铜)和含铜 77%、锌 21%、铝 2%的铝黄铜制作热交换器管，并为了抑制黄铜在冷却介质特别是海水中的脱合金化腐蚀，都添加了微量(<0.06%)的砷。

目前，我国可供凝汽器选用的管材主要有含砷普通黄铜、锡黄铜、铝黄铜、白铜、不锈钢和工业纯钛。

二、凝汽器铜合金管的腐蚀与防护

同大多数金属材料一样，在水中铜合金表面是否形成和保持完整的、有保护性的氧化膜是它能否耐蚀的关键之一。在有溶解氧的情况下，铜合金在除盐水或盐含量不是很高的冷却水中，其表面将因全面均匀腐蚀而生成具有双层结构的氧化膜。图 8-2 是这种双层结构保护膜形成的示意图。

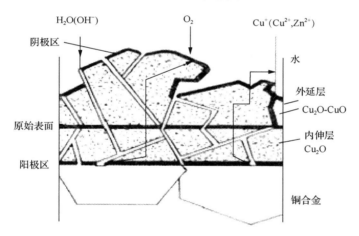

图 8-2　水中铜合金表面保护膜形成示意

保护膜底层是氧化亚铜层，这是在铜合金与水的界面上铜被氧化而形成的：

$$2Cu+H_2O \Longleftrightarrow Cu_2O+2H^++2e^-$$

由于这一层是铜合金材料的原始表面向金属内部逐渐生长的，所以称为内伸层。同时，铜和锌以及其他合金元素如镍、铝、铁等也分别被氧化，如：

$$Cu \Longleftrightarrow Cu^++e^-, \quad Cu \Longleftrightarrow Cu^{2+}+2e^-, \quad Zn \Longleftrightarrow Zn^{2+}+2e^-$$

氧化性物质进入金属或者金属离子从金属中迁出的途径有两条，一是穿过氧化亚铜层固相迁移，二是通过充满水的氧化层中的小孔液相迁移，通常后者是主要的。从金属中迁移到内伸层表面的铜离子和锌离子，一部分被水流带走，另一部分在内伸层的外表面上生成氧化亚铜和氧化铜表层，反应式为

$$2Cu^+ + \frac{1}{2}O_2 + 2e^- \rightleftharpoons Cu_2O$$

$$Cu^+ + \frac{1}{2}O_2 + e^- \rightleftharpoons CuO$$

这一层称为外延层，因为它是从材料的原始表面向水相延伸生长的。

外延层的水相界面是阴极反应区，除了上述的阴极反应外，主要的阴极反应是水中的溶解氧的还原，即 $O_2 + 2H_2O + 4e^- \rightleftharpoons 4OH^-$，阴极反应也可能还有 $2Cu_2O + O_2 + 4e^- \longrightarrow 4CuO$。

阳极反应区在内伸层的氧化亚铜与金属界面上，电子通过导电的氧化亚铜层从阳极区迁移到阴极区。

当水中盐含量比较大，如含有较多的氯化物时，膜的氧化物晶格中的 O^{2-} 可能被 Cl^- 所取代，从而改变表面膜的性质。腐蚀生成的产物主要是碱式铜盐，其保护性能比氧化亚铜膜差，结果使铜合金的腐蚀速度加快 10～20 倍。所以，新的热交换器铜合金管投入运行时，应尽可能地使用盐含量较低的冷却水，以促使生成比较好的初始表面膜。

热交换器铜合金管在水中生成的双层结构膜的膜质受水温的影响较大。在较低温度下膜的形成速度较慢，生成的是薄而完整的膜；在温度较高时，膜的生成速度很快，膜质不如温度较低时生成的好。

热交换器铜合金管在水中可能发生多种形态的腐蚀，有全面的均匀腐蚀，如均匀溶解腐蚀；也有局部腐蚀，如层状脱锌、塞状脱锌、点(孔)蚀、冲刷腐蚀、氨腐蚀、应力腐蚀破裂、腐蚀疲劳、电偶腐蚀、微生物腐蚀等。

1. 均匀溶解腐蚀与防止

纯铜及铜合金(黄铜和白铜)在不含氧的水中的腐蚀速度都很低，数量级仅 $10^{-4}g/(m^2 \cdot h)$。而当水中溶有游离二氧化碳，使水呈微酸性或酸性，且有氧时，铜的腐蚀速度大大提高。有的资料介绍腐蚀后的铜表面露出基体铜合金的颜色，但无金属光泽，表面基本平整或略有些凹凸不平，管壁明显减薄，呈均匀腐蚀的形貌；温度较低时，腐蚀产物呈绿色，主要成分是碱式碳酸铜($CuCO_3 \cdot Cu(OH)_2$)，少量的是氧化亚铜；温度较高时，腐蚀产物为黑色，主要是氧化铜及少量的氧化亚铜和碱式碳酸铜，这可能是由于温度较高时，沉积在管壁上的碱式碳酸铜分解而生成氧化铜。武汉大学谢学军教授研究了纯铜在不高于 100℃不除氧静态除盐水中的腐蚀，发现铜表面的腐蚀产物开始为红色，随时间延长逐步变黑，直至变

为深黑色；也研究了纯铜在不高于 100℃不除氧动态除盐水中的腐蚀，发现铜表面的腐蚀产物开始为红色，随时间延长颜色会加深，但不会变很黑。

影响铜在冷却水中均匀溶解腐蚀的因素主要有水的 pH、溶解氧以及水中溶解二氧化碳的含量，水的纯度对铜的腐蚀也有影响。

图 8-3 是中性纯水中溶解氧含量对铜腐蚀速度的影响。从图中可以看到，随着水中溶解氧含量增大，开始时铜的腐蚀速度也增大；继续增大溶解氧含量，铜的腐蚀速度趋于降低。然而，不可能期望用向水中添加氧的办法来降低铜的腐蚀速度，因为即使加入的氧量很大，腐蚀速度也不会比无氧或低氧时更低。

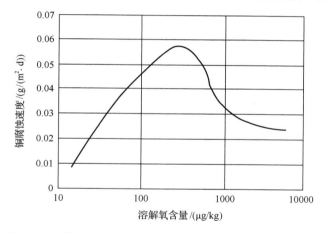

图 8-3　中性纯水中铜的腐蚀速度与水中溶解氧含量的关系

图 8-4 为水的 pH 对铜腐蚀速度的影响。图中所显示的关系说明，不论是在水

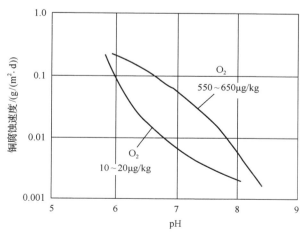

图 8-4　铜在不同氧含量除盐水中的腐蚀速度与水的 pH 的关系

中溶解氧含量比较低还是比较高的情况下，把水的 pH 提高到中性或弱碱性范围，对降低铜的腐蚀都会有明显的效果。可是当水的 pH 低于 6.9 时，铜的腐蚀急剧增加。水的 pH 对铜的腐蚀有如此明显的影响，主要是铜合金表面的保护膜的形成及其稳定性与水的 pH 有很大关系。

图 8-5 是简化的 $Cu-CO_2-H_2O$ 体系的电位-pH 图。

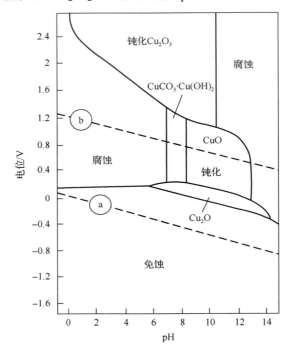

图 8-5　简化的 $Cu-CO_2-H_2O$ 体系的电位-pH 图（25℃）

一般铜在水中的电位在 0.1～0.4V 范围，从图 8-5 所示的 $Cu-CO_2-H_2O$ 体系的电位-pH 图可以看到，若水的 pH 在 6.9 以下，则铜的状态是处于腐蚀区，表面很难有稳定的表面膜存在；在 pH 高于 6.9，进入中性及弱碱性范围时，铜表面的初始氧化亚铜膜能稳定存在，不会被溶解，并且还可能生成固相的碱式碳酸铜，因而铜的溶解要比低 pH 时大大减小。

水中游离二氧化碳可能破坏铜合金管表面的初始氧化膜，生成的碱式碳酸铜在水流的冲刷下也容易剥落，因此明显加快了腐蚀的阳极过程。随着二氧化碳含量的增大，铜的腐蚀溶出速度也增大。

铜的腐蚀溶出随水的纯度的增加而降低。图 8-6 是含氧水中 pH 和水的纯度对铜的溶解的影响。其中曲线 A 是在 25℃时经强酸阳离子交换柱处理、电导率＜1.0μS/cm 的水中测得的；曲线 B 是在 1.0μS/cm＜电导率＜2.5μS/cm 的水中测得的。

从试验结果可见，在 pH 相同的情况下，较纯的水中铜的腐蚀较小。

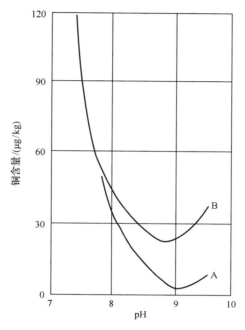

图 8-6　水的纯度和 pH 对铜的溶解的影响

为防止铜和铜合金在含氧的酸性水中发生均匀溶解腐蚀，首先应当控制水质，减少水中游离二氧化碳的含量，并调节水的 pH 避免水呈酸性。

2. 脱合金化腐蚀与防止

脱合金化腐蚀是指合金中各组成元素在腐蚀介质中不按它们在合金中的比例溶解的现象。常常是合金中电位较低、相对较有活性的一种元素因电化学作用而被选择性溶解到介质中，相对电位较高、相对活性较低的成分则富集在合金中。因此这种腐蚀也常称为选择性腐蚀。

铜合金的脱合金化腐蚀是普遍存在的。例如，黄铜由于锌的选择性溶出而产生脱锌腐蚀，铜镍合金也存在由于镍的优先溶出而造成的脱镍腐蚀等。虽然由于改善了管材的材质以及进行了有效的表面处理，黄铜管的脱锌腐蚀已有很大的减轻，但凝汽器黄铜管在冷却水中的脱锌腐蚀仍是凝汽器管腐蚀损坏形态之一。

凝汽器黄铜管在冷却水中的脱锌腐蚀有两种形式：层状脱锌和塞（栓）状脱锌。

黄铜管层状脱锌腐蚀的特征是，在黄铜管的水侧表面上出现范围较大的发红区域，这是一层不太致密的连续紫铜层。若取腐蚀部位黄铜管的剖面来看，有较明显的分层现象，在原铜合金的金黄色层上有一层紫红的铜层。这时黄铜管管壁没有或只有很小的减薄，管的几何形状没有明显的改变，但管的机械强度却明显降低。

在低硬度、pH 较低、盐含量较大的水中更易发生层状脱锌腐蚀，因此在海水冷却的凝汽器黄铜管中比较常见这种类型的脱锌腐蚀。水中氯化物含量高时，尤其是达到了咸水或海水中含量水平时，产生脱锌腐蚀的倾向增大。因为这类水的电导率很高，而且氯离子容易穿透黄铜管表面的保护膜。

与层状脱锌腐蚀相比，黄铜管的塞状脱锌腐蚀是更危险的一种腐蚀形式，因为这是一种局部腐蚀形态，它沿管壁垂直方向侵蚀可达相当大的深度，乃至穿透管壁，造成黄铜管泄漏冷却水的事故。黄铜管发生塞状脱锌腐蚀部位的表面常有腐蚀产物堆积形成的白色小丘，这些白色的腐蚀产物主要是一些锌盐，如氯化锌、碳酸锌和氢氧化锌。在清除了隆起的白色腐蚀产物后，可以在黄铜管上见到海绵状的紫铜塞。若紫铜塞脱落，铜管表面上会残留直径 1～2mm 的深坑或圆孔。

在硬度较大的碱性水中容易发生黄铜塞状脱锌腐蚀，因此在用淡水冷却的凝汽器黄铜管水侧，这种腐蚀形式比较多见。此外，普通黄铜和铝黄铜产生局部塞状脱锌腐蚀的倾向较大。

塞状脱锌腐蚀主要发生在黄铜管表面上保护性氧化膜不完整的部位，以及有多孔沉积物或水流流动不畅、供氧不充分的那些部位。例如，在排水后未经吹干的凝汽器里，与不流动的水相接触的那些部位的黄铜管就可能遭受这种腐蚀。同样，在多孔的沉积物下，例如，在水中的硬度盐类沉积所形成的垢下，由于通气的差异也容易产生脱锌腐蚀。

脱锌腐蚀速度随冷却水温的升高而增大。当冷却水量不足、热力系统超负荷，或冷却水循环不良、流速过低时，可能造成黄铜管表面产生热点，在相邻的表面间产生过大的温差，使高温部位与周围部位间因温差产生电化学腐蚀而造成热点部位脱锌腐蚀。

对于黄铜脱锌腐蚀的产生历程存在两种看法。一种认为脱锌腐蚀是合金中的锌发生选择性优先溶解，即与水接触的黄铜表面层组织中的锌优先被溶出，表层下的合金组织中的锌通过表层中的锌空位扩散出来继续溶解到水中，合金中的铜仍留在原位。从金相组织看，脱锌处的黄铜变为紫红色的铜，但仍保持和基体金属相似的金相结构。这种历程称为锌优先溶解历程。另一种看法认为脱锌腐蚀是合金中的铜和锌两种成分同时发生氧化溶解，但在水流静止或闭塞的条件下，铜又可以从水中析出沉积在腐蚀部位，形成一层紫铜层。这一层铜的金相组织显然不同于原来的黄铜组织，因此形成独立的相。这种历程称为溶解-再沉积历程。实际上，近几十年来不断深入研究的结果表明，这两种历程都是可能的，它们各自适用于不同的条件，即在不同的腐蚀环境中，黄铜管的脱锌腐蚀按不同的历程进行。

金属的溶解和沉积过程与介质中金属的电位、介质的离子成分和 pH 等有关。

锌含量对普通黄铜的脱锌腐蚀有较大影响。当锌含量在 15% 以下时，黄铜的脱锌倾向较轻，但此时耐冲刷腐蚀的性能很差。随黄铜中锌含量的增加，可能出现晶界处的锌偏析，甚至局部可能出现β相，因此对脱锌的敏感性大大增加。向黄铜中添加砷、磷、锑等合金元素可以减轻黄铜的脱锌腐蚀倾向，特别是添加 0.03%～0.06% 的砷，能有效抑制黄铜的脱锌。所以，目前用于凝汽器或低压加热器的黄铜管均为含砷黄铜管。

为了防止凝汽器黄铜管的脱锌腐蚀，除了管材的选择（一般选添加了 0.03%～0.06% 砷的铜合金）外，还需要注意防止凝汽器管中有沉积物，必须维持管内冷却水的必要流速以防管壁冷却不够、温度过高和冷却不均匀，并且在凝汽器停运时应排尽其中的水使之干燥保养。此外，向冷却水中添加缓蚀剂也可以进一步有效抑制黄铜管的脱锌腐蚀。

3. 点蚀与防止

凝汽器黄铜管在冷却水中发生的点蚀是比较隐蔽、但又危害较大的一种腐蚀形式，腐蚀速度很快，可以在相当短的时间里就使凝汽器管壁穿孔损坏。

凝汽器中，黄铜管的点蚀坑大多集中分布在水平管道的底部，腐蚀坑大致呈半球形或茶盘形，尺寸很小，往往只有 1～2mm。对大量点蚀坑进行观察和研究后发现，蚀坑中腐蚀产物的结构和排列具有相似的特征：点蚀坑的底部有白色的氯化亚铜（CuCl）沉淀，其上有疏松的红色氧化亚铜（Cu_2O）结晶，蚀坑表面上盖有一层绿色的碱式碳酸铜（$CuCO_3 \cdot Cu(OH)_2$）和白色的碳酸钙（$CaCO_3$），如图 8-7 所示。

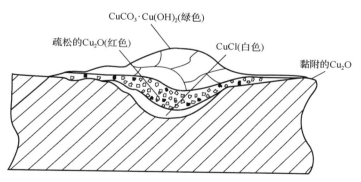

图 8-7　冷却水中黄铜管点蚀坑内腐蚀产物的分布

许多因素会促进凝汽器黄铜管的点蚀，例如，管内有污泥沉积、疏松多孔沉积物附着在管壁上，造成沉积物下和溶液本体间金属离子或供氧浓度有差异，形成腐蚀电池而导致局部黄铜管管壁腐蚀；受污染的冷却水中的硫化物会破坏黄铜管上原有的保护性氧化膜，因此也会促使黄铜管发生点蚀；经过退火的"软"管或"半硬"黄铜管，在硬度高、水中 HCO_3^- 与 SO_4^{2-} 比值小的淡水冷却水中，比在软化水中产生点蚀的倾向大得多；此外，温度差别引起热电偶腐蚀电池，往往造成黄铜管的高温部位发生点蚀。

点蚀通常起源于黄铜管表面原有氧化膜的破裂处，这里的电位较负，铜发生氧化，生成 Cu^+ 以及由于水中有 Cl^- 而生成氯化亚铜。在点蚀的起始阶段，它们是不稳定的，倾向于水解而生成更稳定的氧化亚铜，并使溶液局部酸化，反应式为

$$2CuCl+H_2O{=\!=\!=}Cu_2O + 2H^+ + 2Cl^-$$

$$2Cu^+ + H_2O{=\!=\!=}Cu_2O + 2H^+$$

所生成的氧化亚铜晶体支撑着蚀坑口上的氧化亚铜膜。由于氧化亚铜膜具有电子导电的性质，因此当蚀坑内一部分 Cu^+ 扩散迁移，达到蚀坑表面氧化亚铜膜的内表面时，被氧化为 Cu^{2+}：

$$Cu^+ - e^- {=\!=\!=}Cu^{2+}$$

而由此生成的 Cu^{2+} 又与基体金属铜作用，生成 Cu^+：

$$Cu^{2+} + Cu{=\!=\!=}2Cu^+$$

导致蚀坑的发展。蚀坑中另一些 Cu^+ 通过氧化膜的破裂或缺陷处扩散到膜外，被水中的溶解氧氧化成 Cu^{2+}：

$$4Cu^+ + O_2 + 2H_2O{=\!=\!=}4Cu^{2+} + 4OH^-$$

然后在氧化亚铜膜的外表面上又被还原为 Cu^+：

$$Cu^{2+} + e^- {=\!=\!=}Cu^+$$

在蚀坑口，由于腐蚀的二次过程，形成碱式碳酸铜和碳酸钙等盐类：

$$4CuCl + Ca(HCO_3)_2 + O_2{=\!=\!=}CuCO_3 \cdot Cu(OH)_2 + CaCO_3 + 2CuCl_2$$

它们堆积在蚀坑口，形成一个突起的圆盖封住了蚀坑。蚀坑内由于溶液的酸化和 Cu^+ 浓度的增加，促使生成稳定的氯化亚铜。

图 8-8 示意地表示了黄铜管表面点蚀形成的上述历程。从这个历程看，黄铜管表面的氧化亚铜膜在点蚀形成过程中起了特殊作用，它的外表面起阴极作用，内表面起阳极作用，成为一种双极性的膜电极。从而在蚀坑内，溶液呈酸性，形成基体金属铜的自催化氧化，黄铜管不断腐蚀，直至管壁穿透。

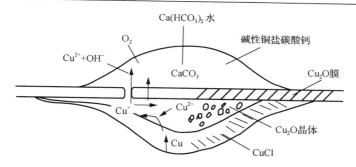

图 8-8　黄铜管表面点蚀形成历程示意

从蚀坑内腐蚀产物的组成可以得知，在蚀坑内，氧化亚铜、氯化亚铜和金属铜三者实际上处于共存的状态。这意味着蚀坑内金属的电极电位和溶液的 pH，是相应的 Cu-Cl-H$_2$O 体系电位-pH 图上 Cu/CuCl/Cu$_2$O 三相点所对应的电位和 pH。例如，在含 Cl$^-$ 245mg/L 的冷却水中，25℃时蚀坑中铜的电极电位大约是 0.265V，溶液的 pH 为 3.5，溶液中铜的总量是 250mg/L、Cl$^-$ 的总量为 277mg/L，此时铜的腐蚀反应是可逆的。由此可知，蚀坑内铜的电极电位高于腐蚀体系该三相点的电位时，铜的点蚀继续发展；电极电位低于该电位时，点蚀将被抑制，且溶液中的铜会再次沉积出来。这样，如果黄铜管表面有电位更高的物质，点蚀将加剧。例如，在生产凝汽器常用的半硬黄铜管时，管表面润滑剂的残留物，在光亮退火过程中可能分解而生成碳膜，这样就会使黄铜管的电位升高，从而促进点蚀的发展。

为防止黄铜管在冷却水中发生点蚀，应设法除去管道内表面残留的如碳膜等电位较正的有害物质，也可以采用牺牲阳极或外加电流的阴极保护法，其作用原理都是使黄铜管的电位降低。实践证明，向冷却水中持续不断地添加亚铁离子，如投加硫酸亚铁或电解金属铁，也是一种有效的防腐措施；这可能是由于亚铁离子在凝汽器管未发生腐蚀的部位氧化为高价氧化物，从而降低了黄铜管电位，防止了点蚀。若凝汽器管内冷却水流速过低，则沉积物或微生物容易形成和滋生，造成黄铜管表面局部闭塞的条件，有利于点蚀的发生。因此，应经常用海绵胶球清理凝汽器黄铜管水侧表面，并对冷却水采用氯化处理，以保持黄铜管表面的清洁；同时应注意保持管内水的流速，一般流速应不低于 1m/s。

4. 冲刷腐蚀与防止

由于冷却水的湍流及进入水流的气体或沙砾等异物的冲击磨削作用，凝汽器黄铜管表面某些局部保护膜遭到破坏。膜破坏部位的金属在冷却水中具有较低的电位而成为阳极，保护膜未被破坏的部位电位高成为阴极，导致金属进一步腐蚀损坏。这种类型的腐蚀是金属在机械和电化学共同作用下产生的，通常称为冲刷腐蚀。腐蚀的阳极过程是金属的溶解，即 Cu $\longrightarrow$ Cu^{2+}+2e$^-$，阴极过程是水中溶解氧的还原，即 $O_2+2H_2O+4e^- \longrightarrow 4OH^-$。

　　冲刷腐蚀的形貌特征是蚀坑沿水流方向分布，并且每个腐蚀坑也是顺着水流方向剜陷，如图 8-9 所示。蚀坑里无腐蚀产物，表面呈铜合金的本色。

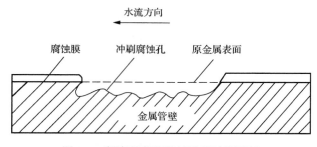

图 8-9　凝汽器黄铜管管壁的冲刷腐蚀

　　冲刷腐蚀一般发生在流速高、水流流动紊乱和不断形成湍流的局部位置上，如凝汽器管的入口端。

　　由于冲刷腐蚀既包含了机械力的作用，又有腐蚀的作用，因此对一般腐蚀有影响的因素都是冲刷腐蚀的影响因素，但其中直接有关的因素，主要是材料表面膜的性能、水的流速和水质等。

　　管材表面膜的形成难易和损坏后膜的修复能力，以及表面膜的耐磨性能，对材料的耐冲刷腐蚀性能有较大影响。例如，一般认为 HA177-2A 铝黄铜管中因含有合金元素铝，因此它的表面膜损伤后，自修复能力较强，能耐冲刷腐蚀。但也有报道，在淡水中它的表面膜的耐磨性能差，因此反而不耐冲刷腐蚀，比普通黄铜管和锡黄铜管还差。这可能与水中悬浮物含量有关，也可能与水中离子成分有关。有试验研究报道认为，铝黄铜管在淡水中对水中 SO_4^{2-} 有腐蚀敏感性。

　　水的流速在冲刷腐蚀中起重要作用。水流速度加快和湍流的不断形成，对管壁的冲刷力也增大。特别是当水流中有气体渗入，形成气泡时，可能在局部位置完全破坏管壁的保护膜和磨损基体金属，加剧冲刷腐蚀。

　　水中含砂时，砂的含量和种类对冲刷腐蚀有明显影响。随着砂含量的增加，冲刷腐蚀的速度也随之上升。一般砂含量在 20mg/L 以下时，水对黄铜管的磨损不很明显；砂含量增大时，冲刷腐蚀速度会急剧上升，因为这时砂粒对金属表面膜的破坏加剧；再继续增大砂含量，会出现腐蚀速度与砂含量关系不大的情况，这是由于此时局部的表面膜已被完全破坏；砂含量再增大，又会出现冲刷腐蚀速度急剧上升的现象，这主要是由砂对管壁金属的机械磨耗大大增加引起的。不仅水中砂含量对冲刷腐蚀有影响，而且水中砂的粒径对腐蚀也有明显影响。水中所含砂的平均粒径越大，冲刷腐蚀速度越高。试验得出，在相同的砂含量条件下，砂的平均粒径为 50μm 时，水对铝黄铜的腐蚀速度比 30μm 时高一倍以上。

为防止凝汽器管的冲刷腐蚀，应限制管内冷却水流速。对黄铜管，一般最高允许流速为 2～2.2m/s。在此限制下，在砂含量和悬浮物量低于 50mg/L 的清洁海水中，可采用铝黄铜管；在砂含量和悬浮物量低于 300mg/L 的淡水中，可使用锡黄铜管。普通黄铜管一般只能在砂含量和悬浮物量低于 100mg/L 的淡水中使用。白铜 B30 管的耐冲刷腐蚀性较好，可在砂含量和悬浮物量 500～1000mg/L 的情况下，允许最高流速达 3.0m/s 的海水中使用。同时应防止水流在铜合金管内形成湍流状态，尤其是在铜合金管入口端，若使管口呈扇形，则流速变化缓慢，有利于防止湍流。此外，改进凝汽器水室形状也有利于减少水流的紊动性。

在冷却水中添加硫酸亚铁，使黄铜管表面形成铁氧化物膜也可提高耐磨性。

砂、石及异物如果进入凝汽器黄铜管内，会将保护膜损伤，加剧冲刷腐蚀。因此需采取必要的措施，如在冷却水管道的取水口加装合适的滤网并维护好，可防止砂、石及异物进入冷却水。

凝汽器黄铜管入口端 100～150mm 以内的管段，因受较强烈的湍流冲击，磨损比较严重。对于这种管口端的冲刷腐蚀，可以采用安装尼龙或聚氯乙烯衬套管的方法，将该管段表面遮盖住。内衬套管的里端应削平，不能有"跌坎"。实践证明，这样能保护入口端，但有时发现有冲刷腐蚀部位内移的现象。也可以用加有增韧剂或聚硫橡胶的环氧树脂涂覆在黄铜管管壁上。此法成本较低，但在工艺上较费时，并且涂覆前需将管壁的积污除干净，以增强基底金属与涂层的黏结力。还可以采用阴极保护法降低黄铜管电位来抑制管口端的冲刷腐蚀。降低黄铜管及管板电位的方法有两种：一是牺牲阳极法，在凝汽器水室内安装比被保护金属的电位低的金属，例如，用锌基合金作牺牲阳极，使黄铜管和管板电位下降。二是外加电流法，此法是在凝汽器水室安装排流量大、耐腐蚀的材料(如表面镀铂的工业纯钛)制作的电极，将它与装在凝汽器外部的直流电源的正极相连，作为阳极；水室本体与外部直流电源的负极相连，使水室连同黄铜管和管板成为阴极而得到保护。调节外部直流电源供电电路中的电阻，使黄铜管的管端电位控制在-0.9～-1.0V(相对于银/氯化银参比电极)，所需阴极保护电流密度约在数百到数千毫安每平方米。

5. 氨腐蚀与防止

发电机组给水采用氨或氨与联氨处理后，由于蒸汽中的氨在空气冷却区和抽出区发生氨的局部富集，并且蒸汽凝结量很少，因此在空抽区刚凝结的水滴中，氨的浓度大大超过主蒸汽中氨的浓度，产生浓缩现象。若同时有溶解氧存在，这一区域的黄铜管汽侧便会出现氨腐蚀。

氨腐蚀的特征常常表现为黄铜管外壁均匀减薄，有时在黄铜管管壁上形成横向条状腐蚀沟，这多见于黄铜管支承隔板的两侧。从不同形式的凝汽器产生的氨腐蚀来看，空冷区上部开放的，腐蚀程度会较轻，空冷区上部有隔板覆盖的，氨腐蚀比较严重，尤其空抽区位于凝汽器中部的更为严重。汽轮机负荷低时，由于空冷区氨浓度增加，氨腐蚀也加剧。在使用黄铜管作凝汽器管的凝汽器上，由氨腐蚀引起的凝汽器泄漏事故通常占事故总数的 10%～20%。

铜管产生氨腐蚀的阳极过程是铜在氨性环境中的络合溶解，即 $Cu+4NH_3 \longrightarrow [Cu(NH_3)_4]^{2+}+2e^-$，阴极过程是溶解氧的还原。由于腐蚀产物为可溶性的络离子，因此腐蚀过程能不受阻滞地进行下去。

由氨腐蚀的历程可以知道，氨腐蚀的速度与水中氨的含量和氧含量有很大关系。图 8-10 示出了水中氨和氧的含量对黄铜腐蚀速度的影响。

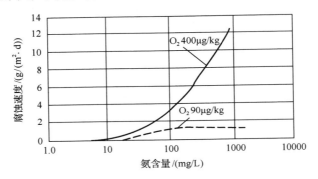

图 8-10　水中氨和氧的含量对黄铜腐蚀速度的影响

当水中氨的浓度较小时，如在 1～2mg/L 以下，氨与铜生成铜氨络离子的倾向较小，因此不会产生氨腐蚀；并且由于氨稍微提高了水的 pH，因此也能减少铜和铜合金在水中的腐蚀。实际测定也证实，当加氨使水的 pH 从 6～6.5 提高到 8～8.5 时，铜合金的腐蚀速度几乎降低了 100 倍。只有当氨含量超过 10mg/L 时，黄铜的腐蚀才出现增大的趋势。在凝汽器中的观察结果表明，凝结水中的氨含量大约高于 100mg/L 时，空抽区的黄铜管才有比较明显的氨腐蚀现象出现。

凝汽器空冷区的结构对该区内黄铜管的氨腐蚀有很大影响。如果在空冷区内设置分离隔板，会影响气体从凝汽器中引出，使氨的富集程度加剧，增大氨腐蚀程度。因此，凝汽器空冷区内不安装分离隔板是可以减轻氨腐蚀程度的，甚至还可以在空冷区不设置黄铜管。

在凝汽器空冷区装设耐氨腐蚀性能较好的铜合金管也是防止氨腐蚀的一项措施。根据试验结果，黄铜管的耐氨腐蚀性能较差，而白铜管有相当好的耐氨腐蚀的性能，几乎与不锈钢相同，在氨含量达 7000mg/L 的水中仍无明显的氨腐蚀。此外，钛管的耐氨腐蚀性能更优异，可完全耐氨腐蚀。

在凝汽器空冷区加装喷水装置，向空冷区喷入少量凝结水，可以使该区凝结水中的氨浓度稀释到低于 10mg/L，从而防止氨腐蚀。如果通过喷水装置喷入联氨溶液，除能稀释氨的浓度外，还可降低空冷区的氧含量，并增强黄铜管表面膜的保护性能，也可以减轻或消除空冷区黄铜管的氨腐蚀。

　　水中的溶解氧含量高是黄铜管遭受氨腐蚀的原因之一，因此为防止空冷区黄铜管氨腐蚀，应注意机组运行中汽轮机低压缸和凝汽器的严密性，防止空气漏入。

6. 应力腐蚀破裂与防止

　　凝汽器、低压加热器及油冷却器中的黄铜管都可能发生应力腐蚀破裂。一种材料发生应力腐蚀破裂，除了材料本身对应力腐蚀破裂敏感外，它还必须同时受到足够大的拉应力和处在特定的介质环境中。导致凝汽器中黄铜管发生应力腐蚀破裂的应力有两个方面：一是在黄铜管生产、运输和安装过程中造成的残留应力，包括在黄铜管生产过程中留下的残留应力，在运输、安装过程中受到机械碰撞以及胀接到管板的过程中造成的黄铜管内较大的残留应力；二是运行过程中外界施加于黄铜管的力。凝汽器运行时，由于凝汽器中支撑黄铜管的隔板之间的距离过大，因此在自重和冷却水的重量下黄铜管往往发生弯曲，使管材内应力增大。此外，凝汽器黄铜管与凝汽器外壳材料的线膨胀系数不同，以及在汽轮机排汽和凝结水的冲击下黄铜管发生振动等，也会使黄铜管的内应力增加。在黄铜管承受较大拉应力的情况下，环境条件是非常重要的。能够引起黄铜管应力腐蚀破裂的环境主要是氨、胺类的溶液等。因此，在凝汽器运行条件下，空冷区和空抽区水中氨的浓度通常比较高，并因空气漏入而有氧存在，这就形成了黄铜管应力腐蚀破裂的环境。

　　黄铜管的应力腐蚀破裂常常具有的特征是，在黄铜管上产生纵向或横向裂纹，严重时甚至裂开或断裂；裂纹的方向垂直于黄铜管所受拉应力的方向；裂纹以沿晶裂开为主，但也可能发展成穿晶开裂。

　　经过最近几十年的研究，对黄铜在氨溶液中发生应力腐蚀破裂的历程有了较深入的认识。通过在不同 pH 的氨溶液中对黄铜进行应力腐蚀破裂试验发现，在 pH 为 7.1～7.3 以及 11.2～11.5 两个范围内，电位分别为大约 0.25V 和–0.04V 时，黄铜发生应力腐蚀破裂的速度最快。根据图 8-11 所示的 $Cu-NH_3-H_2O$ 体系的电位-pH 图，上述两个电位和 pH 范围正是对应于 $Cu_2O/Cu(NH_3)_2^+$ 平衡线。由此可知，在这样的电位、pH 条件下，黄铜表面既可能生成氧化亚铜膜，也可能生成可溶性的铜氨络离子，即氧化膜变得不稳定。当金属的晶界处发生微观应变造成氧化亚铜膜破裂时，在裂纹的尖端，由于拉应力的集中而不断产生塑性变形，并由于尖端的闭塞条件造成溶液的酸化，氧化膜难以修复。而在裂纹的两侧面，可以由于电化学氧化作用使氧化膜得到修复。这样，裂纹尖端成为阳极，合金成分不断溶解生成非黏附性的腐蚀产物，主要是 $Cu(NH_3)_2^+$ 和 $Zn(NH_3)_4^{2+}$，使裂纹不断向前扩展，裂纹的两侧面则为黏附性的氧化亚铜膜所保护。由于氨能与铜和锌生成可溶性的络离子，因此它起了促进黄铜产生应力腐蚀破裂的作用。

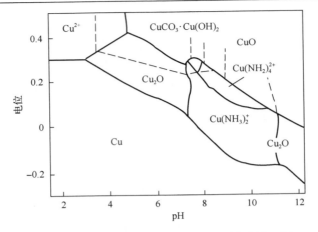

图 8-11　Cu-NH$_3$-H$_2$O 体系的电位-pH 平衡图（25℃）

溶解铜离子总浓度为 0.05mol/L；溶解含氨物质总浓度为 1mol/L

　　黄铜的应力腐蚀破裂属于阳极溶解-活性通道型应力腐蚀破裂。试验已证实，当对氨性环境中的黄铜阴极极化时，黄铜的破裂速度降低，破裂时间延长。在溶液 pH 为 7.1～7.3 范围内，若将电位降到+0.05V 以下，黄铜几乎不发生应力腐蚀破裂。

　　为了防止凝汽器和热交换器黄铜管的应力腐蚀破裂，可以从管材的选择、消除黄铜管的内应力及改善介质条件等方面采取措施。

　　各种铜合金耐应力腐蚀破裂的性能有很大差别。铜镍合金及锌含量在 20%以下的黄铜耐应力腐蚀破裂的性能较好。含锌 20%以上的黄铜，特别是锡黄铜在氨性环境中对应力腐蚀破裂敏感。在淡水中铝黄铜也容易发生应力腐蚀破裂和腐蚀疲劳损坏。

　　应当设法尽量减小黄铜管中的应力，包括设法消除残余应力和防止运行中产生过大应力。制造、运输等过程引起的残留应力，是导致黄铜管发生应力腐蚀破裂事故的主要应力来源，因此在安装前要求对黄铜管进行内应力检查。若残留应力过大，则必须进行现场热处理，将黄铜管退火消除其残留应力，一般要求残留应力不大于 49kPa，最大不得超过 196kPa。检查黄铜管内应力一般使用氨熏法。凝汽器运行过程中所带来的应力主要是由凝汽器的设计和安装不良所引起的，因此要改善凝汽器的设计和安装，如凝汽器内支撑黄铜管的隔板间的距离要适当等。

　　减少介质中的氨含量及防止空气漏入系统、降低水中溶解氧含量，也有助于减轻和防止黄铜管应力腐蚀破裂的倾向。

7. 腐蚀疲劳与防止

　　凝汽器黄铜管发生腐蚀疲劳，通常多在其支撑隔板的中段出现横向裂纹，因为黄铜管中段振动最剧烈。腐蚀疲劳的裂纹较短，分支较少或没有分支，并且呈穿晶腐蚀特征。通常可以发现裂纹起源于一些点蚀或黄铜管表面的某些薄弱点。

凝汽器黄铜管在运行中受汽轮机高流速排汽的冲击，发生管束振动，受交变应力作用。应力的方向和幅值的变化使黄铜管的表面膜发生破裂，产生局部腐蚀，形成点蚀坑，使材料疲劳极限降低；应力集中在点蚀处，在点蚀坑底部产生裂纹，在水中 NH_3、O_2、CO_2 等的侵蚀下逐渐扩展破裂。黄铜管在汽轮机排汽的冲击下，常常呈扭曲状振动，因此还经常可以在黄铜管外侧发现管子间相互摩擦或管子与隔板间相互摩擦的痕迹。此外，热交换器黄铜管内交变应力的产生也可能是由腐蚀介质温度交变引起的，这同样会导致黄铜管的腐蚀疲劳破裂。

为了消除铜管产生腐蚀疲劳破裂的危险，应采取措施改进凝汽器的结构和安装方法，防止运行中凝汽器黄铜管发生剧烈振动。对于热交换器，应防止其加热管束的温度大幅度和高频率地波动，并且尽量降低水的侵蚀性。

8. 电偶腐蚀与防止

当两种不同的金属或合金材料在腐蚀性介质中直接接触时，有可能导致电偶腐蚀。电偶腐蚀使在介质中电位比较低的金属成为阳极，腐蚀速度增大。在凝汽器中，往往凝汽器管所用材料与管板所用材料不同。例如，用淡水作冷却水的凝汽器，其管材曾经通常选用黄铜或白铜，管板材料一般选用碳钢或锡黄铜HSn62-1；用海水作冷却水的凝汽器，其管材常用铝黄铜、白铜及钛，也有使用耐海水腐蚀的奥氏体不锈钢的，管板则通常采用锡黄铜 HSn62-1 或使用与凝汽器管相同的材质。由于管材与管板材料在冷却水中的电位不同，因此凝汽器管与管板之间存在电偶腐蚀的可能。试验表明，以淡水或海水作冷却水时，凝汽器管的电位一般比管板的电位高，因此管板的腐蚀会加速。如果用淡水作为冷却水，在凝汽器黄铜管与碳钢管板配合的情况下，碳钢板的电位比黄铜管的电位低得多，因而碳钢管板的腐蚀加快。但由于碳钢管板的厚度较大，一般厚 25～40mm，因此在清洁淡水中，电偶腐蚀对凝汽器使用安全性的影响不大。但在污染水质中，有其他腐蚀因素的影响，与黄铜管接触处的碳钢管板将严重腐蚀，使其表面凹凸不平，形成较深的腐蚀坑，而且沿胀口处的腐蚀还可能造成凝汽器泄漏。若使用工业钛管作海水凝汽器管，则会因为钛在海水中的电位较正(高达+0.3V 以上)，使管板严重腐蚀，在这种情况下应采取有效的防腐蚀措施，如管板选用钛材制造。

因此，在冷却水中，凝汽器管板除了自身的腐蚀外，还可能因为与电位偏正的凝汽器管形成电偶，使腐蚀加剧，产生较严重的局部腐蚀。为抑制管板腐蚀，可以采用单纯的阴极保护技术或阴极保护加防蚀涂层的联合保护措施。

9. 硫化物和微生物腐蚀与防止

冷却水中所含硫化物量是衡量水质是否被污染的指标之一。若水中硫离子的含量大于 0.02mg/L，则该水为污染水。用被硫污染的淡水或海水作冷却水时，会加速铜合金的腐蚀损坏。如铝黄铜管，若以清洁海水作冷却水，一般可以安全使用；但是，当海水被污染时，腐蚀极为剧烈，管材将迅速损坏。

水中硫化物的污染，除了来自含硫有机物的腐败所产生的有机硫外，还来自水中的硫酸盐在缺氧条件下被硫酸盐还原细菌还原产生的硫化氢：

$$SO_4^{2-}+8H^+ \xrightarrow{\text{细菌}} H_2S+2H_2O+2OH^-$$

冷却水中的硫化物能加速铜合金腐蚀的重要原因，是破坏了铜管表面的氧化亚铜保护膜，而与铜反应生成的硫化亚铜晶格有缺陷，没有保护性能。硫化亚铜与氧化亚铜的形貌、结构不相同，所以与氧化亚铜之间不能很好地结合，这样使腐蚀加剧。一般海水中硫离子含量为 0.05mg/L 时，就可以引起铜合金的严重腐蚀。

在污染的水中，铜合金管的腐蚀一般是点蚀或同时有晶间腐蚀。

在凝汽器碳钢管板上，由于微生物的活动促进碳钢在冷却水中的电化学腐蚀过程，会加快管板的损坏。这种腐蚀常被称为管板的微生物腐蚀。它具有点蚀的特征，一般只发生在凝汽器进水侧的管板上围绕铜管胀口的周围部位。腐蚀部位常沉积有泥渣和腐蚀产物，清除泥渣和腐蚀产物后可见到腐蚀坑，腐蚀坑内靠近金属表面的一层腐蚀产物是黑色的，并有臭味。腐蚀产物及沉积物内含有机质较高，一般可达 20%，并含有硫化亚铁 3%~5%。在污泥中常能检测到硫酸盐还原细菌。因此，这是一种硫酸盐还原细菌参与的微生物腐蚀。

硫酸盐还原细菌是一种只能在没有空气或较少空气的条件下生存的细菌，属于厌气菌。它广泛存在于各种土壤中，能在温度为 25~40℃、pH 为 5.5~9.0 的环境里生存和繁殖。一般认为硫酸盐还原细菌促进钢铁腐蚀的历程如下。

阳极反应为

$$4Fe \longrightarrow 4Fe^{2+}+8e^-$$

阴极反应为

$$8H_2O \longrightarrow 8H^++8OH^-, \qquad 8H^++8e^- \longrightarrow 8H\text{（析出的氢原子吸附在铁表面上）}$$

细菌的阴极去极化作用为

$$SO_4^{2-}+8H\text{（吸附）} \xrightarrow{\text{细菌}} S^{2-}+4H_2O$$

腐蚀产物的生成反应为

$$Fe^{2+}+S^{2-} \longrightarrow FeS$$

$$3Fe^{2+}+6OH^- \longrightarrow 3Fe(OH)_2$$

腐蚀总反应为

$$4Fe+SO_4^{2-}+4H_2O \longrightarrow FeS+3Fe(OH)_2+2OH^-$$

冷却水中常存在另一种靠铁离子和氧生存、繁殖的细菌，称为铁细菌。它依靠水中的亚铁离子氧化成高价铁离子所放出的能量维持生命活动。生成的高价铁离子在细菌表面生成氢氧化铁沉淀，形成瘤状棕色黏泥。在它的底部形成缺氧条件，于是又为厌氧的硫酸盐还原细菌提供合适的生存环境，通过硫酸盐还原细菌的作用加快金属的腐蚀。因此，在铁细菌和硫酸盐还原细菌的联合作用下，钢铁的腐蚀更加严重。

可以采用的防止凝汽器硫化物和微生物腐蚀的措施主要有以下几点：①在冷却水中投加硫酸亚铁；②在碳钢管板表面涂刷掺有杀菌剂的保护涂层；③对冷却水进行氯化处理等。

采用冷却水中加硫酸亚铁控制硫化物对铜管的腐蚀，必须在凝汽器投运前进行。加药前，先用加硫酸亚铁的干净水对铜管进行预处理，使铜管表面形成有保护性的铁氧化物膜。

冷却水中加入氯气或液氯可以防止微生物腐蚀，主要是由于氯在水中水解生成的强氧化性次氯酸 HClO 能杀死微生物和细菌：

$$Cl_2+H_2O \longrightarrow HOCl+HCl$$

次氯酸是中性分子，比较容易扩散到一般带负电荷的细菌表面，随之透过细胞壁进入细菌体内，发挥其强氧化作用，使细菌中的酶遭到破坏。细菌不能通过酶的作用吸收养分，因而死亡。

次氯酸在水中会进一步发生电离：

$$HOCl \rightleftharpoons H^+ + OCl^-$$

其电离度取决于水的 pH。一般在 pH 大于 6.5 时发生强烈电离。pH 大于 7.5 时，电离产生的氢离子会被中和，因此会加速次氯酸的电离，从而又会加速氯的水解。这样，冷却水中投加的氯很快被消耗。

随着水的 pH 升高，氯的杀菌效果下降。这是由于起杀菌作用的主要是次氯酸分子。次氯酸根（OCl^-）的杀菌作用极其微弱，其效果一般只有次氯酸的 1/100。所以，在水的 pH 比较低时，加氯处理效果会更好。

一般在冷却水中只要保持 0.20～0.25mg/L 的余氯，就能有效地控制水中的微生物，同时也不会对凝汽器铜管有危害。水中含有还原剂，如亚铁离子、硫化氢等时，它们会与氯或次氯酸作用而消耗氯，因此会降低杀菌效果。若水中有氨，氨会与氯反应生成氯胺类化合物（NH_2Cl、$NHCl_2$、NCl_3 等）。它们虽也有一定的杀菌作用，但消耗了加入的氯使总的杀菌效果大大降低。并有报道认为，氯胺如排入河道，对鱼类等水生物将会有危害。

目前，由于环境保护要求，对排入河道的水中余氯量的限制日趋严格，例如，有的国家或地区已规定排水中余氯量不得超过 0.1mg/L，甚至更低，氯化处理受到一定限制。因此发展了一些新的处理方法和药剂，如采用臭氧处理。臭氧是非常强的氧化剂，它不增加水中无机盐类的含量，也不会产生污染物质，杀菌力强，对水生物无害，但目前处理费用较高。还有的电厂采用二氧化氯(ClO_2)处理冷却水。二氧化氯是氧化型杀菌剂，对水的酸碱性不敏感，可以在较宽的 pH 范围(6～10)内保持较好的杀菌作用。它也不会被氨所消耗，并且投加剂量小，作用快，杀菌能力为氯气的 25 倍。二氧化氯不仅能杀死细菌、藻类等微生物，还能杀死病毒。它对金属的腐蚀也比氯低，因此对于防止循环冷却水系统的微生物腐蚀和黏泥污染，是一种较好的药剂。但应注意，二氧化氯的安定性较差，易发生爆炸，所以必须在现场就地生产、使用。

三、凝汽器铜合金管的质量检验、储运、安装和投运

凝汽器管短期使用就发生腐蚀损坏的原因，常常与使用的冷却水水质条件、管材的选择、新管的质量检验、安装及投产运行中的管理等因素有关。下面介绍凝汽器铜合金管的质量检验、储运、安装和投运。

1. 新管的质量检验

使用部门在验收管材时，必须进行抽样检验。必须检验的项目有管材的化学成分、管材尺寸及其允许偏差、管材的椭圆度和弯曲度、管材内外表面的情况(目视检查)，并进行涡流探伤检查、管材的扩口试验及压扁试验、黄铜合金管的内应力试验等。另外，铜合金管表面的有害膜，特别是残碳膜，是引起铜合金管腐蚀的重要因素之一，必须要求供方提供在生产工艺中经脱脂和清除石墨处理的管材。对怀疑有残碳膜的管材，可以采用俄歇能谱分析法(AES)或化学分析光电子能谱法(ESCA)进行鉴别。

凝汽器黄铜管安装前，若管材的残留应力释放不充分，则在含氨的介质中易发生应力腐蚀破裂。因此，为防止黄铜管在运行中发生应力腐蚀破裂，要求黄铜管的内应力值越小越好。为鉴定黄铜管具有的内应力值是否会在氨性溶液中产生应力腐蚀破裂，目前采用的检验方法并非直接求出内应力值，而是将试样置于氨气氛中熏蒸 24h 后，检查黄铜管试样上出现裂纹的情况来确定其内应力值是否合格。根据长期运行经验，氨熏 24h 后试样如果不出现裂纹，则装在机组上运行就不会发生应力腐蚀破裂。氨熏法检查的具体方法如下：取表面没有局部变形(砸伤、压扁等)的黄铜管制成长 150mm 的试样，用酒精彻底清除试样上的油垢，然后将

试样浸入浓度为 1∶1 的硝酸水溶液中洗去氧化膜、用流动清水冲洗干净，并立即将潮湿的试样放入盛有氨液的干燥器内磁盘上，盖上干燥器盖，氨熏 24h。一般使用 $\phi240\sim280mm$ 的干燥器，氨液的加入量按每升体积加入 15mL 25%~28%浓氨水计算。氨熏后，先取出试样，在 1∶1 硝酸中洗去腐蚀产物，然后用清水冲洗干净、擦干，用目视或 5~10 倍放大镜观察试样表面有无裂纹。若试样表面上出现较大的纵向裂纹和较多横向小裂纹，则判定为不合格。离端部 10mm 以内的裂纹和放射状分布的裂纹不作判断依据，因为这是锯切、砸伤所造成的。24h 氨熏法检查所得的结论一般与机组上实际运行的结果比较符合，但此法费时太长，因此要研究比较快速的方法。氨熏法检查内应力值不合格的黄铜管在安装前，应在现场进行退火处理，待残留内应力值合格后才能装机。退火温度一般为 300~350℃，退火时间由试验确定，一般为 60min 左右。

2. 储运和安装

凝汽器管细而长，壁薄，因此十分"娇嫩"。若包装、运输、储存时保管不善，会发生严重的大气腐蚀损坏和增大内应力。所以在运输和储存时，要防止碰伤、受潮以及腐蚀性化学药品的侵蚀，并要防止弯曲变形。凝汽器管应用固定的箱包装，并应存放在干燥环境中。如从箱中取出，应放在固定的有托板的支架上，支架应保证架上管子平直，不允许垂放，不允许用绳捆扎。搬运管子时，应注意轻拿轻放，不允许摔打、碰、撞。

安装凝汽器黄铜管时，胀管工作应达到下列要求：胀口无欠胀或过胀现象，胀管处黄铜管的壁厚减薄率(=[(胀管前管壁厚−胀管后管壁厚)/胀管前管壁厚]×100%) 为 4%~6%；胀管深度应为管板厚度的 75%~90%；胀口处的翻边应平滑光亮，黄铜管无裂纹和显著的切痕，翻边角度应在 15°左右；胀接后的黄铜管应露出管板表面 1~3mm。胀接时，应将管束分成几组，每组先胀接一部分黄铜管，以避免管板在胀接黄铜管过程中因受力不均衡而变形，或发生先胀接好的黄铜管胀口又松弛的现象。

3. 投运

黄铜管是否能在投入使用的初期就形成良好的保护膜，对保证黄铜管安全使用和延长使用寿命关系极大。因此，在凝汽器投运时应注意：黄铜管通水前，应先将输送冷却水的水沟和水管内的污物冲洗干净，并装好滤网设备，以免在通水时污染物、泥垢进入黄铜管，擦伤黄铜管或沉积在黄铜管内。对设计有冷却水防垢、防微生物处理及胶球清洗设备的凝汽器，在投入运行时，应将这些设备也投入使用，以保证管壁干净，有利于形成良好的保护膜。若凝汽器投运后不能连续运行，在停运时间较长时，凝汽器应放水排干并保持干燥。

四、铜合金管凝汽器的防护

由于凝汽器铜合金管的腐蚀损坏会带来严重后果，包括由于凝汽器泄漏污染水质、在炉管蒸发部位形成含铜沉积物、在汽轮机叶片上沉积铜及铜腐蚀产物，威胁机组的安全运行。因此，必须根据《发电厂凝汽器及辅机冷却器管选材导则》（DL/T 712—2010）合理选材，同时对铜合金管凝汽器采取防护措施。

1. 表面保护处理

保持凝汽器管表面洁净，并有良好的保护膜是十分重要的。这不仅能减轻因表面有沉积物而带来的传热性能恶化的程度，而且能减少管材发生腐蚀的可能性，从而延长凝汽器的使用寿命，减少运行中的泄漏，更主要的是减轻了锅炉的腐蚀与结垢。

铜合金管的表面处理，一般采用机械的方法，例如，在冷却水中投放胶球，使表面清洁；也可用化学的方法，如向冷却水中添加硫酸亚铁、铜试剂和缓蚀剂，使凝汽器铜合金管表面形成保护膜。

1）胶球清洗

用胶球清洗凝汽器铜合金管内表面的方法是 1951 年发明的，这是一个能在凝汽器运行中连续清洗铜合金管表面污垢、沉积物的巧妙方法，1959 年国外开始在发电机组上试用，取得了很好的效果。

胶球是由发泡橡胶制成的多孔隙、能压缩的圆球，吸满水后的密度与水相近，其直径比凝汽器管径大 1mm 左右。胶球投入冷却水中后，在冷却水流动压力的作用下，随冷却水贯流过铜合金管，依靠胶球与铜合金管内壁的连续摩擦作用，可将管壁上的附着物擦去，也可防止新的附着物黏着在管壁上。因此，胶球的使用在恢复凝汽器的真空度和防止铜合金管腐蚀方面很有效。

胶球清洗系统如图 8-12，包括循环泵、装球分配器和回收器等。

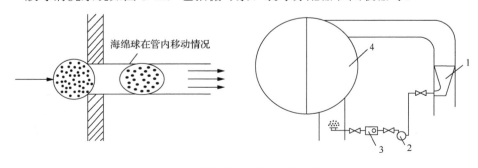

图 8-12　凝汽器胶球连续清洗系统

1-回收器；2-循环泵；3-加球室；4-凝汽器

胶球清洗的频率和用球量，在不同国家和同一国家内的不同电厂都不完全相同。应根据凝汽器管内附着沉积物的种类及沉积速度，通过试验确定合适的清洗频率和投球量。一般每台凝汽器所需胶球量为凝汽器管总数的 5%～10%，一次清洗每根管子平均通过 3～5 个球。每次投球清洗间隔时间应视具体情况通过试验而定，有的每星期一次，有的每天一次。例如，一滨海电厂，每两天投球一次，每次清洗 0.5h，每次投球量为铜合金管总数的 7%～8%，取得了很好的效果。

如果凝汽器管壁污脏很严重或者新铜合金管表面有碳膜等有害膜，那么可根据情况采用表面粘贴有碳化硅磨料的胶球来清洗，这种胶球俗称金刚砂球。但在运行中使用这种球应当慎重，因为它可能擦伤铜合金管的表面保护膜。特别是在表面有点蚀坑的铜合金管中使用时间较长时，它会"撕裂"蚀坑下较薄的管壁造成泄漏。即使用普通胶球清洗，也要选择好适宜的清洗条件，清洗频率不宜过高，否则也会损害铜合金管的保护膜，促进腐蚀。

采用胶球清洗还可以间接减少冷却水氯化处理中的加氯量，有时甚至可以不再加氯。此外，在用化学药剂，如硫酸亚铁进行铜合金管表面保护处理时，同时加胶球清洗，可以改善表面保护膜的质量，使化学药剂成膜效果更好。

2）亚铁离子造膜

凝汽器铜合金管内表面镀膜是保护铜合金管的一种有效措施。据有关资料报道，沿海电厂的凝汽器被污染后，其污垢的附着层由于种种原因经常会剥落。一旦污垢层剥落，剥落处铜合金管壁就裸露出来，成为一个阳极，而被附着物覆盖的部分是阴极，它们的电位差值可达 0.096V。在这个小电池的作用下，裸露的铜合金管壁将受到电化学腐蚀，大大缩短铜合金管的寿命。

此外，由于水质受污染，铜合金管的腐蚀速度会大大加快。如使用清洁海水时铜合金管的腐蚀速度约为 0.06mm/a，而当水质受到污染后其腐蚀速度为 0.3mm/a。当夏季水温增高时，腐蚀速度约为年平均腐蚀速度的 2 倍。

为防止上述运行中出现的问题，可在应用胶球清洗装置的前提下采用化学镀膜。

在冷却水中加硫酸亚铁进行铜合金管表面保护处理，可以在不同程度上有效地解决凝汽器铜合金管的多种腐蚀问题。在本节前面讨论铜合金管的各种腐蚀形态和保护措施时已经提到，它可以明显地改善铜合金管的耐冲刷腐蚀性能，减少铜合金管对点蚀的敏感性，扩大铜合金管的水质适应范围。

冷却水中亚铁离子及其氧化产物对铜合金管有保护作用是早在 20 世纪初就已知道的。20 世纪 50 年代末，在凝汽器上的工业性试验获得成功之后，用硫酸亚铁进行凝汽器铜合金管表面保护处理就成为防止铜合金管腐蚀的一项重要措施。

向冷却水中加硫酸亚铁，或用其他方式如用铁作阳极的电解法使水中含有亚铁离子，会在铜合金管表面原有的氧化亚铜膜上形成一层铁氧化物保护膜。因此，这时铜合金管的表面膜基本上是由两层氧化膜组成的，外层膜的厚度大约为 50μm，内层膜厚为 10～15μm。外层膜主要是无定形或微晶的水合氧化铁（FeOOH）；内层膜中主要是氧化亚铜和少量的锌氧化物或氢氧化物，仅有更少量的水合氧化铁。由此可知，此时铜合金管表面膜的外层是水中亚铁离子的氧化产物膜，内层是铜合金管的自身氧化膜，依靠两层中间的铁、铜、锌等元素的分布交错将两层联系在一起。水合氧化铁的生成很可能是按如下反应进行的：

$$2Fe^{2+}+4OH^-+\frac{1}{2}O_2 \longrightarrow 2FeOOH+H_2O$$

而铜合金管表面的自身氧化亚铜膜则是靠铜合金管表面均匀腐蚀生成的。

要在铜合金管表面形成良好的水合氧化铁膜，铜合金管表面有一层新鲜、较完整、清洁的氧化亚铜层是很重要的。水中水合氧化铁一般带负电荷，而铜合金管表面新鲜而清洁的氧化亚铜膜带正电荷。如果铜合金管表面比较清洁，则不须酸洗，只需经胶球清洗。有时胶球清洗后，也可以再用 1%氢氧化钠溶液循环 2h，排放后再用冷却水冲洗。若铜合金管表面较脏，则必须酸洗。酸洗后应先经水冲洗、用 0.5%～1%的氢氧化钠溶液循环 2h，再用水冲洗。总之可以通过小型试验，寻找合适的条件，力求使表面有良好的氧化亚铜膜。

影响硫酸亚铁膜形成的因素主要有水中亚铁离子量，以及亚铁离子的水解氧化时间、水温和水的 pH 以及水中溶解氧含量和流速等。

水中加入的亚铁离子浓度越大，则生成的水合氧化铁量越多。但若亚铁离子量过大，则水的 pH 会降低很多，这不利于水合氧化铁的生成。图 8-13 示出了水中 FeOOH 浓度与 Fe^{2+} 浓度的关系。

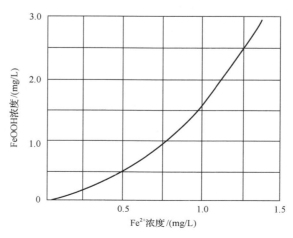

图 8-13　水中 FeOOH 浓度与 Fe^{2+} 浓度的关系

图 8-14 是水中 FeOOH 浓度与反应时间的关系。

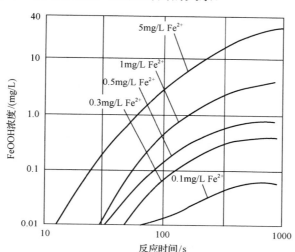

图 8-14　水中 FeOOH 浓度与反应时间的关系

由图 8-14 可知，亚铁离子加入冷却水后，水解氧化生成水合氧化铁的过程需要一定时间，但不需要很长时间。因此，凝汽器冷却水系统中硫酸亚铁的加入点应设置在适当位置，离铜管的距离不可太近或过远。用电解铁阳极法产生的亚铁离子的活性较大，一般可将铁阳极设置在凝汽器水室中。

水中水合氧化铁的形成速度与水温和水的 pH 关系极大。水合氧化铁的形成速度随水温升高而增大，在一定范围内随水的 pH 的增高而增大。因此，硫酸亚铁造膜时，水温不能过低，一般以 10~35℃ 为佳。高于 40℃，则由于亚铁离子氧化过快会影响膜的生成和膜的质量。水的 pH 对"造膜"也有较大影响，pH 低时，水解氧化生成的水合氧化铁浓度太低，不易形成膜质良好的保护膜；但 pH 也不宜过高，当水的 pH 高于 8.5 时，水中的铁会大量沉淀为氢氧化物而影响造膜效果。一般在采用大剂量硫酸亚铁一次造膜工艺时，应控制溶液 pH 在 6.5~7.5 范围。图 8-15 为水中 FeOOH 生成速度与水的 pH 的关系。

水中溶解氧含量对硫酸亚铁造膜的膜质影响较大。因为亚铁离子只有氧化为水合氧化铁胶体后才能成膜。当水中溶解氧含量不足时，亚铁离子不能充分氧化，可能由亚铁离子和三价铁离子混合生成绿色或黑色的膜。这种情况在大剂量硫酸亚铁一次造膜时容易发生，因为这时亚铁离子含量高，消耗了水中的溶解氧。若采用敞口系统及加工业水调 pH、同时带进氧的方法，则可得到改善。也可改变工艺，如在铜合金管接触硫酸亚铁溶液一段时间后，排空溶液，将铜合金管表面暴露在空气中进行"曝气氧化"，反复多次进行，使所成的膜均匀、致密。但此法操作比较复杂，费时费工。

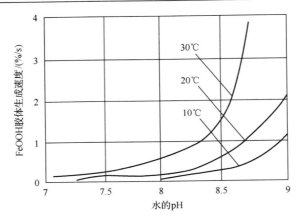

图 8-15　水中 FeOOH 的生成速度与水的 pH 的关系

由于凝汽器铜合金管均为水平安置,而在大剂量硫酸亚铁一次造膜工艺中,硫酸亚铁循环泵的容量小,溶液在铜合金管内的流速较低,一般仅 0.1m/s,因此会在管的下半部沉积大量氢氧化铁,影响膜质。所以流速应尽可能提高,最好能达到 1m/s。

硫酸亚铁处理保护铜合金管表面的方法,一般有两种常用工艺,即一次造膜工艺和运行中造膜工艺。

一次造膜工艺是在新机组投产前或停机检修时,设置专门的系统,用大剂量硫酸亚铁溶液进行造膜操作。图 8-16 为一次造膜工艺常用的系统图。

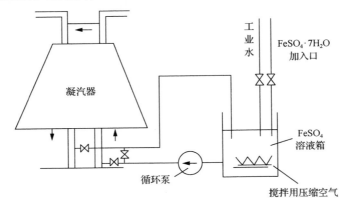

图 8-16　凝汽器硫酸亚铁处理一次造膜工艺系统图

一次造膜一般采用以下工艺条件:Fe^{2+}浓度为 200mg/L,不低于 50mg/L;溶液 pH 为 6.5～7.5(25℃);溶液温度大于 10℃,不超过 35℃;循环流速大于 0.2m/s;循环时间为 96h。

运行中造膜工艺采用胶球清洗和硫酸亚铁处理相结合的方式。一般在凝汽器投入运行前先进行一次预膜处理,在凝汽器正常运行后进行经常性的运行中造膜处理。具体工艺如下:凝汽器投运前,首先通入冷却水,流速达到 $1\sim2$m/s 时,投入胶球清洗,使铜合金管表面清洁无污垢,然后在凝汽器入口冷却水中连续加入浓度为 10%的硫酸亚铁溶液,控制入口水中 Fe^{2+} 含量为 $1\sim3$mg/L 或出口水中 Fe^{2+} 含量不低于 0.5mg/L。连续处理 $90\sim150$h,处理过程中每隔 $6\sim8$h 进行胶球清洗 0.5h,擦去造膜过程中铜管表面疏松的沉积物。硫酸亚铁溶液的加入点应尽量设置在靠近凝汽器入口 $15\sim20$m 处。同时,冷却水的温度应高于 10℃,这样处理的效果较好。在凝汽器正常运行后,每天或每两天向冷却水中补加硫酸亚铁,每次 $0.5\sim1$h,硫酸亚铁加入量可控制在低于 1mg/L。有报道指出,采用低于 0.2mg/L 的剂量已可得到良好的效果。例如,采用铁阳极电解法向冷却水提供亚铁离子,因其活性很高,可以采用极低浓度处理(如 Fe^{2+} 含量 $0.01\sim$ 0.05mg/L)。应该注意,运行中硫酸亚铁处理与加氯处理不能同时进行,因为氯是氧化剂,会迅速氧化亚铁离子,使两者的处理效果降低。若两者错开 1h 以上,则无影响。

硫酸亚铁处理使铜合金管表面生成水合氧化铁膜,增加了铜合金管腐蚀过程阴、阳极的极化作用,但对阴极过程的阻滞比对阳极过程的阻滞要大得多。因此,水合氧化铁膜主要起阴极缓蚀作用,是一种比较安全的膜。但是,如果有膜的管内表面污脏、有沉积物,则在沉积物处仍有可能诱发点蚀。

硫酸亚铁处理也带来一些不足之处,例如,使铜合金管的热传导系数降低,但在膜不太厚的情况下,影响并不大。此外还造成水道的污染,因为加入的铁只有一小部分沉积在铜合金管表面上,大部分都排入了水道。

2. 凝汽器的阴极保护

为控制和减缓凝汽器内的腐蚀,阴极保护技术是极有效,又很经济、省事的。

阴极保护技术的原理是基于金属腐蚀的电化学理论,因此是一种电化学防腐蚀方法。它是将被保护金属进行外加阴极极化,使其电位负移至稳定区或钝化区,从而使金属腐蚀速度降低而得到保护。阴极保护技术是从根本上降低金属的腐蚀倾向和腐蚀速度,具有保护效果好、保护周期长、施工简单方便等突出优点,已在地下油气管线、地下电缆、舰船、海洋石油钻井平台、水闸、码头等领域得到广泛应用,并取得了很好的效果。

凝汽器中装设阴极保护装置对防止电偶作用引起的管板腐蚀和铜合金管端部应力腐蚀、脱锌腐蚀、冲刷腐蚀等短期即能见效,而这些腐蚀形态恰恰是凝汽器水侧发生的危害最大的几种。

根据外部提供阴极极化的方式不同,阴极保护可分为牺牲阳极保护法和外加电流保护法两种。

1) 牺牲阳极保护法

牺牲阳极保护法是将被保护金属与一种更活泼即电位更负的金属(如镁、铝、锌及其合金等)相连接而构成一个短路原电池，电位更负的金属作为阳极逐渐溶解牺牲掉，并提供保护所需的电流，被保护金属作为短路原电池的阴极而得到保护。

牺牲阳极保护法不需要外加电源，故适用于难以提供稳定电源的场合；保护电流分散能力好，分布均匀，利用率高，对临近设施的干扰很少，适用于需要局部保护的场合；设备简单，施工方便，投产后基本上不需要经常维护检修。

可用作牺牲阳极的材料有锌合金、镁合金、铝合金等。利用锌基合金牺牲阳极提供保护电流，可对凝汽器水室管板及铜合金管实施有效保护。有研究报告指出，对未加涂层的凝汽器进行阴极保护可作如下选择：保护电流密度为 $100\sim400mA/m^2$(最佳保护电流密度范围为 $150\sim250mA/m^2$)；水室及管端的保护电位为$-0.900\sim-1.000V$(SCE)。牺牲阳极面积与受保护面积的比值 r 可采用经验公式 $\lg r =1.3771\lg i-5.4$ 估算，最佳比值范围可取 1/250～1/125。这种方法不需要外电源，安装时不需在凝汽器外壁上开孔，但输出的电流有限且不能调节，并且只能用于电阻率低的水中。

2) 外加电流保护法

外加电流保护法是将被保护金属与外部的直流电源的负极相连，利用外加阴极电流对被保护金属进行阴极极化的方法。

外加电流保护系统主要包括稳压直流电源、辅助阳极、参比电极等。外加电流保护法的优点是电流和电压可调，只要将保护电位控制在最佳电位范围内，保护电流可以随着外界条件的变化而自动调节，不会出现过保护现象；外加电流保护法使用了辅助阳极，因此排流量大，电流分布面积广，可应用于电流需求量大的情况，适用范围广；外加电流保护系统的使用寿命和保护周期长，只需一次性投资，后期费用较少，采用不溶性阳极时，装置更加经久耐用。

凝汽器中使用的直流电源有磁饱和式恒电位仪和晶体管式恒电位仪。这种方法输出的电流大且可调，电位可自动控制。一般大型凝汽器上需使用这种方式的阴极保护系统，但在系统的设计上要考虑全面、小心。

在外加电流阴极保护系统中，电源正极与安装于凝汽器内的辅助阳极相连，负极接通被保护凝汽器的外壳。辅助阳极的作用是使电流可以从电源经阳极通过冷却水介质传输到被保护的管板、铜合金管及壳体上。目前可采用的阳极种类有三大类，即可溶性阳极(如碳钢、纯铁，消耗率为 9kg/a)、微溶性阳极(如硅铸铁、铅银合金，消耗率为 $0.05\sim1.0kg/a$)、不溶性阳极(如铂钛、铂铌，消耗率为 $6\times10^{-6}kg/a$)。其中铂钛、铂铌阳极具有体积小、外形可塑性大、重量轻、供出电流量(排流量)大、寿命长等优点，适合在各种海水、淡水冷却的凝汽器中使用。

我国某热电厂有四台采用海水冷却的凝汽器，其铜合金管管材为 HAl77-2A，管板材料为 HSn62-1A，水室的材质为 A3 钢并内衬环氧玻璃钢。投入运行后不久，就有三台凝汽器的铜合金管遭受严重腐蚀。其中，凝汽器 A 和凝汽器 B 的铜合金管不到两年就因腐蚀而全部更换。更换后，采用海绵胶球清洗和硫酸亚铁成膜保护。运行一段时间后，发现新铜合金管的入口端仍有较严重的腐蚀。于是，在海绵胶球清洗和硫酸亚铁成膜的基础上，再对凝汽器 A 进行外加电流阴极保护。该阴极保护系统如图 8-17 所示，其中辅助阳极为钛镀铂阳极，参比电极为 Ag/AgCl 电极。在阴极保护过程中，将铜合金管管端的电位控制在–0.9～–1.0V（相对于 Ag/AgCl 电极），铜合金管的保护电流密度为 150mA/m²，水室的保护电流密度为 10mA/m²。运行四年半后，仅有三根铜合金管泄漏，年泄漏率降低到 0.012%，可见保护效果、经济和社会效益都非常显著。

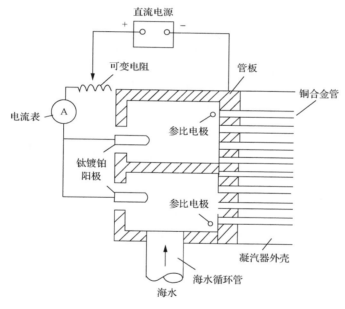

图 8-17　凝汽器的外加电流阴极保护系统示意图

另有某黄铜管制凝汽器，管长 3m，1380 根，共 250m²，管内为海水。为防止管内壁脱锌及水室腐蚀，采用铁盘阳极。按水室计算保护面积，阳极∶阴极=12∶1。管端电位为–0.95V（相对于 Ag/AgCl 参比电极），管内中间电位为–0.55V。同时加入 $FeSO_4 \cdot 7H_2O$ 造膜，开始每天一次，使海水出口处含铁 5～15mg/L，pH 为 6.5～7.5（25℃），每次保持 15～30min，数月后每周加 1～2 次。

在淡水冷却凝汽器上实施阴极保护难度较大。经过多年努力，目前已在 600MW 机组和 125MW 机组等凝汽器上成功设计、安装、投运了外加电流阴极保护系统，并已取得明显效果。例如，一台 600MW 机组的凝汽器阴极保护系统投入运行十个月后停机检查时，看到原先管板上，尤其是铜合金管区严重的局部腐蚀已经被抑制，铜合金管内壁也不再有斑点状腐蚀。又如，在有的 125MW 机组上，与历史情况相比，已延缓凝汽器出现泄漏时间，延长了使用寿命，减少了事故因素，保证了凝结水水质。

阴极保护系统若设计合理，采用的设备性能可靠，安装质量得到保证，投运后的运行管理及维护工作量极小，可以说几乎不增加运行人员的负担。在设计阴极保护时应考虑到水温及流速对阴极保护的影响，温度升高有利于增强阴极保护效果，因此设计时应选取低温端作为依据。

采用阴极保护时，可以同时在水室及管板上刷涂防蚀涂层。加此涂层可以节省阴极保护工程费用，且使保护效果更好。因为有阴极保护，一方面可使涂层更牢固；另一方面可以防止因涂层缺陷(这是难以避免的)而出现更为危险的局部腐蚀。

阴极保护技术虽然较早被人们认识，但实施外加电流阴极保护也只是在 20世纪 50 年代末才实用化。在大型发电机组凝汽器上大量采用阴极保护，国外也只有几十年，但推广应用速度极其迅速。

由于凝汽器采用阴极保护的一次性设备投资和运行、维护费用不大，能取得极其明显的效果，因此有很大的推广应用价值。

第二节　不锈钢管凝汽器的腐蚀与防护

一、国内外凝汽器不锈钢管的使用情况

不锈钢管凝汽器在欧美国家使用较多，如美国早在 20 世纪 40 年代就开始使用不锈钢管。1958 年美国发现一台在役使用的凝汽器铜合金管的寿命很短，而同机的 304 不锈钢管没有腐蚀，因此把所有铜合金管都换成了 304 不锈钢管。至 1990年，美国凝汽器用不锈钢管总长度就超过了 24.4 万 km(约相当于 1300 台 300MW机组)。现在美国约有 70%机组的凝汽器使用不锈钢管。

我国凝汽器用不锈钢管起步较晚，国内第一台不锈钢管凝汽器 1989 年底才在河北某电厂投入使用。由于其优良性能未被人们认识，当时国内不锈钢管凝汽器的发展处于低潮期或停滞状态。直至 1996 年，该电厂发现不锈钢管凝汽器的使用效果非常好，而且造价与黄铜管差不多，于是二期工程的凝汽器又采用不锈钢管后，我国凝汽器用不锈钢管进入了加速发展阶段。2000 年 5 月，我国第一台旧铜合金管全部换成不锈钢管的凝汽器投入使用。目前，淡水冷却的新机组基本上采用的是不锈钢管凝汽器。

国外在包括海水在内的各种冷却水中，均有使用不锈钢管的许多实例。使用过的不锈钢品种也很多，不仅有奥氏体不锈钢，还有铁素体不锈钢和双相不锈钢，

但奥氏体不锈钢占绝大多数。美国国际管材公司的资料表明,1967 年至 1997 年销售的 61180km 凝汽器用不锈钢管材中,奥氏体不锈钢占 93.6%,其中 304 和 304L 占 57.7%,316 和 316L 占 12.2%,317L 占 1%,AL-6X 和 AL-6XN 占 22.7%。

我国凝汽器用不锈钢管几乎都是奥氏体不锈钢焊接管,品种有 304、316、317 型,有进口的也有国产的,管壁厚度为 0.5～1.0mm、机组功率为 125～1000MW,冷却水有淡水、微咸水和咸水,有地表水,也有地下水,但还没有海水。在海水冷却的凝汽器中,国内基本上都使用钛管。

整体来讲,与铜合金管、钛管凝汽器相比,不锈钢管的机械强度和弹性模量较高,耐腐蚀性能比铜合金管好,总的传热性能也不比铜合金管差,与铜合金管相比使用寿命较长,造价也不高,尽管比不上钛管在海水中的耐蚀性,但价格比钛管便宜很多,具有优良的技术经济性能,受到了用户的欢迎,在我国淡水冷却的凝汽器上的应用前景十分广阔。

二、不锈钢管耐蚀性分析

根据调查,凝汽器铜合金管在使用中不仅普遍存在点蚀、沉积物下腐蚀(缝隙腐蚀),而且黄铜管的冲刷腐蚀、氨腐蚀、应力腐蚀也很严重。

不锈钢管耐冲刷腐蚀,可大幅度提高管内水流速;不锈钢管无氨腐蚀;就整体情况而言,应力腐蚀是不锈钢管的主要腐蚀形态,但在凝汽器工况条件下,由于温度较低,不锈钢管一般无应力腐蚀;晶间腐蚀曾经是不锈钢管常见的腐蚀形态,主要是由制造加工工艺不当、晶界贫铬引起的。如果不锈钢管制造质量没问题,管子与管板的连接仅为胀接,则发生晶间腐蚀的可能性较小。因此,选材时可不考虑应力腐蚀和晶间腐蚀。

同其他材料一样,不锈钢管也存在微生物腐蚀。由于铜离子有杀生作用,因此不锈钢管凝汽器微生物繁殖的问题可能会比铜合金管更严重一些,但循环冷却水中若加入有效的杀生剂,而且管子的清洗工作做得好,则微生物腐蚀的矛盾也不会突出。关键是要在循环冷却水中加入有效的杀生剂,并将胶球清洗等工作做好。

沉积物下腐蚀是铜合金管最常见的腐蚀形态之一,普通不锈钢在淡水中很耐蚀,但也不能忽视沉积物下腐蚀。影响缝隙腐蚀、点蚀的主要因素不仅有 Cl⁻浓度,还有 SO_4^{2-} 等缓蚀性离子的浓度,水处理药剂的品种、用法、用量,不锈钢品种和温度等。普通不锈钢管(304、316 型)在海水中易发生点蚀,317 型不锈钢对 Cl⁻的耐受性高于普通不锈钢,超级不锈钢(AL29-4C、AL-6XN 等)在海水中耐蚀性很好。此外,缝隙尺寸对缝隙腐蚀的影响非常大。

综上所述,凝汽器用不锈钢管的主要腐蚀形态是点蚀和缝隙腐蚀。而不锈钢管耐缝隙腐蚀的能力和耐点蚀的能力密切相关,因此按照不锈钢在试验水质中的耐点蚀性能选材具有较好的可行性和可靠性。同时,不锈钢选材应遵循《工业循环冷却水处理设计规范》(GB/T 50050—2017)规定：碳钢设备的腐蚀速度应小于 0.075mm/a，铜合金、不锈钢设备的腐蚀速度应小于 0.005mm/a。

三、不锈钢管和黄铜管之间的机械物理性能比较

本节以 304 不锈钢管和 HSn70-1 黄铜管为例进行比较。304 不锈钢管和 HSn70-1 黄铜管的化学成分如表 8-2 所示，它们的机械物理性能比较如表 8-3 所示。

表 8-2　304 不锈钢管和 HSn70-1 黄铜管的化学成分　　　　（单位：%）

管材牌号	C_{max}	Cr	Ni	Mn_{max}	P_{max}	S_{max}	Si_{max}
304	0.08	18.00～20.00	8.00～11.00	2.00	0.045	0.030	1.00
黄铜管牌号	Cu	Zn	Sn	As			
HSn70-1	69.0～71.0	余量	0.8～1.3	0.03～0.06			

表 8-3　304 不锈钢管和 HSn70-1 黄铜管的机械物理性能比较

管材牌号	抗拉强度 δ_b/MPa	屈服强度 $\delta_{0.2}$/MPa	伸长率 δ_{10}/%	密度/(g/cm³) (20℃)	弹性模量 /GPa	热导率 /(W/(m·K)) (20℃)	热膨胀系数/$10^{-6}K^{-1}$ (20～100℃)
304	≥515	≥205	≥35	8.03	193	13.8	15.1
HSn70-1，半硬	≥320	≥147	≥38	8.53	110	110	17.6

由表 8-3 可知，304 型不锈钢的抗拉强度比 HSn70-1 黄铜管的高得多，弹性模量比黄铜管的高约 1 倍，热膨胀系数与黄铜管的相比更接近碳钢（碳钢的热膨胀系数为 $12 \times 10^{-6}K^{-1}$），导热系数即热导率约为黄铜管的 15%，与钛管的差不多（钛管的导热系数为 17W/(m·K)）。由此可见，除了导热系数外，304 型不锈钢管的机械物理性能比 HSn70-1 黄铜管的好得多。

弹性模量 E 与惯性矩 J 的乘积 EJ 是表征构件刚度的参数，EJ 越大，抗振性能越好，允许有较大跨距而不振动。当管外径为 $\phi25mm$，HSn70-1 黄铜管壁厚为 1mm、304 不锈钢管壁厚为 0.5mm 时，不锈钢管与黄铜管的刚度之比为

$$E_2J_2/(E_1J_1)=193 \times (25^4-24^4)/[108 \times (25^4-23^4)]=0.95$$

当管外径为 $\phi25mm$，HSn70-1 黄铜管壁厚为 1mm、304 不锈钢管壁厚为 0.6mm 时，不锈钢管与黄铜管的刚度之比为

$$E_2J_2/(E_1J_1)=193 \times (25^4-23.8^4)/[108 \times (25^4-23^4)]=1.13$$

因此，当 304 不锈钢管壁厚选用 0.6mm 时，它的刚度比 HSn70-1 黄铜管的大 13%，即抗振性能高于 HSn70-1 黄铜管。

四、不锈钢管和黄铜管的传热性能比较

这里也以 304 不锈钢管和 HSn70-1 黄铜管为例进行比较。虽然 304 不锈钢的导热系数比 HSn70-1 黄铜管的小很多，但由于以下几点，不锈钢管凝汽器的总传热效果不一定比铜合金管的低，有时甚至还略好一点：

(1) 304 不锈钢管的壁厚比 HSn70-1 黄铜管的薄；

(2) 管壁热阻只占总热阻的 2%～5%，管材的导热系数对总的传热效率影响很小，而管壁的污垢热阻占有很大比例；

(3) 与铜合金管相比，不锈钢管的腐蚀产物较少，故管壁光洁，不易沾污，因此具有较高的清洁度和较低的流动阻力；

(4) 不锈钢管的堵管率较低；

(5) 旧铜合金管换成不锈钢管后，由于阻力变小，冷却水流量相对提高。

曾有人用"凝汽器流动与传热特性数值计算程序"计算过 N11220 型凝汽器的传热特性，采用的部分参数和计算结果如表 8-4 所示。

表 8-4　材料及清洁度系数对真空度的影响

材料	HSn70-1	304	304
管子规格/mm	$\phi25$，1.0	$\phi25$，0.71	$\phi25$，0.71
热导率/(W/(m·K))	109	13.8	13.8
清洁度系数	0.85	0.85	0.90
真空值改变/Pa	基准 0	−250	+70

计算结果表明，在清洁度和其他条件均相同的情况下，用不锈钢管替换黄铜管确有可能使真空度有所下降。但若不锈钢管的清洁度系数比铜合金管的高 5%，不锈钢管凝汽器的真空度反而会比黄铜管的略高。如再考虑堵管率低和水量增高等因素，真空度会更高。国外和国内使用不锈钢管凝汽器的实践也证明，不锈钢管凝汽器的总传热效果不一定比铜合金管的差，有时甚至还略好一点。

五、不锈钢管和黄铜管的经济性能比较

下面仍以 304 不锈钢管和 HSn70-1 黄铜管为例进行比较。

凝汽器用不锈钢管基本上都是焊接管，不仅尺寸精度高，而且价格比无缝管的低。不锈钢焊接管国内外均有生产，不同制造商的价格和质量均悬殊。由于不锈钢的密度比黄铜的小，管壁薄，厚度可以只有黄铜管的 60%，因此不锈钢管的总质量约为黄铜管的 56%；而且目前黄铜管的价格高于不锈钢焊接管，所以换 304 不锈钢焊接管的材料费用比 HSn70-1 黄铜管的低。

更重要的是在淡水中，304 不锈钢管的腐蚀泄漏率大大低于黄铜管，使用寿

命大大高于黄铜管。此外，由于换成不锈钢管后腐蚀泄漏率大大降低，不仅减少了停机检修时间，而且安全性能大大提高，由此带来的经济效益更大。

六、凝汽器用不锈钢管的质量标准、安装、运行及其他注意事项

不锈钢用作凝汽器管除了必须根据《发电厂凝汽器及辅机冷却管选材导则》（DL/T 712—2010）合理选材外，还应注意以下几个问题，即不锈钢的质量标准、胀管器和胀管工艺的选定、运行规范等。

1. 凝汽器用不锈钢管的质量标准

凝汽器用不锈钢管一般都是焊接管。我国凝汽器用不锈钢管的质量标准，在《发电厂凝汽器及辅机冷却管选材导则》（DL/T 712—2010）里有。美国材料与试验协会（ASTM）按不同用途和不同类型的不锈钢管制定了不同标准，其凝汽器用奥氏体不锈钢焊接管通常执行 *Standard Specification for Welded Austenitic Steel Boiler，Superbearter，Heat-Exchanger，and Condenser Tubes*（ASTM A249）标准，该标准分正文和补充技术要求（supplementary requirements）两大部分，它不仅适用于凝汽器，还适用于锅炉、过热器、换热器。

2. 安装及其注意事项

不锈钢的弹性模量比黄铜管的高约 1 倍，壁厚比黄铜管的薄，冷作硬化现象比黄铜管的严重。这些因素决定了不锈钢管的胀管器、胀管工艺、胀管参数应与黄铜管的不一样。如果照搬黄铜管的，会产生问题。例如，某电厂第一台 350MW机组不锈钢管凝汽器采用与黄铜管一样的胀管器，结果试漏时 90%胀口泄漏。

一般来说，不锈钢管胀接用机械式胀管器比较成熟，胀管器的力矩应比铜合金管的大，转速比铜合金管的低。胀管是否用润滑剂，用什么样的润滑剂，各家不一样。如果使用润滑剂，胀接后应将其彻底清洗干净，有些国外胀管器制造商推荐使用水溶性润滑剂。

管子胀接时的扩张程度是一个非常重要的参数。一些著名跨国公司常用壁厚减薄量或 2 倍壁厚减薄量来表示。在保证不漏和有足够拉脱力条件下，EJ（弹性模量 E 与惯性矩 J 的乘积）应取较低值。在正式胀管前，应进行试胀，每胀完一定数量的管子应进行测量和校正。

胀接是一种不锈钢管的冷加工，冷加工对点蚀的影响较为复杂，不同研究者甚至得出了相反的结论，应加以注意。

3. 运行及其他注意事项

运行及其他注意事项如下：

(1)冷却水长期低流速运行或长期停留在凝汽器内，对不锈钢管的耐蚀性能非常不利，流速对不锈钢管的点蚀电位、维钝电流有较大影响。例如，304 不锈钢电极在 NaCl 溶液中的动态和静态阳极极化曲线表明，不锈钢在动态 NaCl 溶液中的点蚀电位高于其在静态 NaCl 溶液中的点蚀电位。因此，从耐蚀角度考虑，不锈钢管凝汽器应尽可能在较高流速下运行，停运时保护措施要到位。

(2)不锈钢存在微生物腐蚀，因此应高度重视冷却水的杀生问题。

(3)因为水处理药剂很多，无论选材还是运行，都应考虑水处理药剂对不锈钢耐蚀性能的影响，必要时应做试验。试验发现含氯杀生剂使点蚀电位有所下降，因此在对不锈钢管凝汽器加氯时要特别小心。游离氯过大或由于分配不均使局部氯含量过高都会使管子出现点蚀，固体含氯杀生剂停留在不锈钢上会在较短时间内引起该处点蚀。

(4)防止结垢。尽管国内有的电厂凝汽器结垢严重(密实的硬垢)也没发生腐蚀，但绝大多数情况下，污垢易引起腐蚀，且严重影响传热；而且普通不锈钢管(304、316 型)发生点蚀和缝隙腐蚀，一般是由长期停用和沉积物下 Cl⁻浓缩所造成的。因此，不锈钢管凝汽器应更加重视防止结垢，胶球等清洗装置应正常投运。

(5)注意防止管板的电偶腐蚀。

(6)注意防止凝汽器过热，因为温度上升，点蚀电位会下降。

(7)旧铜合金管全部改换为不锈钢管时，最好校核一下传热效果。

第三节　钛管凝汽器的腐蚀与防护

一、钛管凝汽器在电厂中的应用现状

在采用海水作为冷却水的电厂中，由于海水盐含量高，凝汽器铜合金管水侧经常出现严重的腐蚀；当海水中含有大量泥沙时，铜合金管内壁和管端会发生冲刷腐蚀、点蚀等而引起凝汽器频繁发生腐蚀泄漏，严重影响机组的安全、经济运行。国外电厂的运行经验表明，在海水中铝黄铜管的使用寿命不到 10 年，白铜管的使用寿命也仅有 10 年左右。而在我国某些海滨电厂，白铜管的使用寿命只有 3 年左右。可见，铜合金管已不能适应于海滨电厂的要求，而钛管以其优异的耐腐蚀、抗冲刷、高强度、比重轻和良好的综合机械性能，已成为采用海水冷却的电厂凝汽器的理想管材。

早在 20 世纪 50 年代末 60 年代初，英国、美国等相继开始在火力发电厂凝汽器中进行无缝钛管和焊接钛管的插管试验。美国于 1972 年在 Arthur Kill 电站 500MW 的 3 号机组上首次使用了全焊接钛管凝汽器，随后又于 1976 年在 Faricy 电站860MW 的 1 号机组和 Diablo Canyon 电站 1060MW 的 1 号机组压水堆核电站上，采用了全焊接钛管凝汽器。日本大多数电厂的凝汽器都用海水冷却。1960

年以后，由于海水严重污染，原来使用铜合金管的凝汽器相继发生了严重腐蚀，促使日本开始研究开发钛管以代替铜合金管。1981 年，日本首先在火力发电厂实现了全钛凝汽器；接着在 1982 年，又在核发电设备上使用了全钛凝汽器。目前，日本已经确定了在凝汽器采用海水冷却的新建电厂使用全钛凝汽器的方针，使得日本不仅成为运用全钛凝汽器最多的国家，也是向国外出口全钛凝汽器最多的国家。

我国凝汽器钛管的开发研究起步较晚。1978 年 8 月，为解决我国凝汽器铜合金在污染水、海水及氨环境中的腐蚀问题，冶金工业部和水利电力部首次在北京联合召开了"凝汽器钛管试验协调会议"。从此，我国的冶金和电力部门开始合作在电厂进行钛管的插管试验和现场模拟试验，并着手研制采用无缝钛管的全钛凝汽器。我国第一台无缝钛管全钛凝汽器于 1983 年 8 月在台州电厂 125MW 的 2 号机组上安装投运，1985 年通过技术鉴定，运行情况良好。同年，国家科学技术委员会又与北京有色金属研究总院、沈阳有色金属加工有限公司和哈尔滨汽轮机厂签订了薄壁焊接钛管及全钛凝汽器研制的联合攻关合同。1985 年 12 月，$\phi25mm \times 0.6mm$ 薄壁焊接钛管通过国家技术鉴定。1987 年 1 月，由西安热工研究院有限公司组织管材生产厂、汽轮机制造厂、电厂等单位共同承担了"国产焊接钛管的装机工业性试验"项目，并于 1987 年 11 月在广东省沙角 A 发电厂 200MW 的 2 号机组上首次插入 28 根不同规格的国产焊接钛管进行试验，1991 年 6 月通过技术鉴定。

据不完全统计，随着我国经济和电力事业的迅速发展，到 1998 年底，全国已有近 30 个电厂的 94 台机组的全钛凝汽器或钛管凝汽器投入运行，机组的累计总容量达到 26997MW，钛管总用量将近 3400t。1991 年后，平均每年有将近 2000MW 以上使用全钛凝汽器的机组投入运行，钛管年用量平均在 250t 以上。目前，我国全钛凝汽器的应用，已从沿海和海水倒灌水域，发展到部分内陆水域，特别是高盐含量或高砂含量的水域。但是，由于种种原因，这些钛管绝大部分来源于日本、美国、法国、英国等国家的焊接钛管。

二、凝汽器钛管的耐蚀性

凝汽器钛管常采用工业纯钛，如我国采用 TA1 和 TA2。钛的耐蚀性与铝一样，起因于钛表面的保护性氧化膜。钛的新鲜表面一旦暴露在大气或水中，立即会自动形成新的氧化膜。在室温大气中，该膜的厚度为 1.2～1.6nm；随着时间的延长，该膜会自动逐渐增厚到几百纳米。钛表面的氧化膜通常是多层结构的氧化膜，它从氧化膜表面的 TiO_2 逐渐过渡到中间的 Ti_2O_3，在氧化物与金属界面则以 TiO 为主。

钛在海水等自然水中几乎都不会发生任何形式的腐蚀。在热水中，钛可能失去光泽，但不会发生腐蚀。因此，钛在所有天然水中是最理想的耐蚀材料，在海水中尤其可贵。例如，在污染海水中的钛管凝汽器使用 16 年，只发现稍有变色而没有任何腐蚀迹象。海水中存在硫化物也不影响钛的耐蚀性。在海水中，即使钛表面有沉积物或海生物，也不发生缝隙腐蚀和点蚀。钛也能抗高速海水的冲刷腐蚀，水的流速高达 36.6m/s 时只引起冲刷腐蚀速度稍有增加，海水中固体悬浮物颗粒(如砂粒)对钛的影响不大。工业纯钛在海水中基本上不发生应力腐蚀破裂，疲劳性能也不会明显下降。但是，钛在海水中的电极电位低于 −0.70V(SCE) 时，可能析氢而发生氢脆。这种情况可能在对凝汽器进行阴极保护，或当钛管与电极电位较低的金属(如铜合金管板)形成电偶腐蚀电池时发生。对此，应予以足够重视。

三、钛管凝汽器设计中的几个重要问题

1. 防腐蚀设计

在钛管凝汽器的设计中，为了防止海水对凝汽器冷凝管水侧的腐蚀，冷凝管全部选用钛管；为了防止钛管与管板构成电偶腐蚀电池而导致管板的电偶腐蚀，管板应选用钛板或碳钢板外侧包覆薄钛板(0.3～0.5mm)组成的复合管板。这样，就构成了全钛凝汽器。为了保证全钛凝汽器的严密性，钛管经过胀管、翻边后直接与钛板焊接。另外，为了防止全钛凝汽器碳钢水室的腐蚀，还应采用良好的衬胶工艺，对碳钢水室进行衬胶处理。这样，整个凝汽器将具有良好的耐蚀性和严密性。

2. 钛管的导热系数

为了提高钛管的传热效果，利用钛强度高和耐蚀性优异的特点，可尽量减小管壁厚度。综合考虑强度和成本等因素后，火力发电厂的凝汽器钛管壁厚通常选用 0.5mm。国外的试验结果表明，虽然铝黄铜的总导热系数是按 3050～3300W/(m²·K) 设计的，但实际上用 0℃的海水运行时，只能达到 2300～2600W/(m²·K)；而在同样条件下，钛管的导热系数可达到 2900～3000W/(m²·K)，与设计值相同。在此试验中，钛管之所以有较高的导热系数，与一天进行多达六次的胶球清洗有关。我国电厂钛管凝汽器的实际运行经验也表明，只要冷却水的流速足够大，并进行有效的胶球清洗，钛管的实际传热效果不一定比铜合金管的差。

3. 钛管的振动

由于使用的钛管壁厚仅为 0.5mm，钛的弹性模量约为铜的一半，因此解决凝汽器钛管的振动问题直接关系到凝汽器的可靠性和使用寿命。为了抑制凝汽器中管束的振动，对全钛凝汽器最外一圈钛管可采用较大的壁厚(如 0.7mm)；但更重要的是应适当减小支撑板间的间距，以保证排汽压力使钛管发生弯曲时，相邻钛

管不会相互接触；并且，凝汽器钛管的固有频率和汽轮机的转数不应发生共振。这样，凝汽器采用钛管时支撑板间的间距比采用黄铜管时稍小，一般以 700～800mm 为宜；如果该间距达到 900mm 时，就比较容易产生振动。此外，还应注意避免补给水、疏水和辅助蒸汽等直接冲击到钛管上，并且防冲击挡板一定要牢固可靠。

四、钛管凝汽器的维护

1. 运行中的维护

如上所述，钛管在冷却水中几乎不会发生任何形式的腐蚀，因此人们忽视了对全钛凝汽器的维护，导致钛管水侧清洁度下降，水生物在钛管内表面附着和生长。这些都将影响凝汽器的真空度，从而影响机组效率。一般情况下，真空度每下降 400Pa，机组效率就下降 0.07%～0.14%，这是一笔惊人的损失。针对这些问题，可采取下列措施。

(1)对钛管进行胶球清洗。

(2)对冷却水进行杀生处理。由于钛对于海生物没有毒性，因此水生物在钛管上比在黄铜管上更容易附着和生长。为了抑制水生物在钛管上的附着和生长，可采取向冷却水中添加杀生剂的措施，如采取电解海水或直接加药的方法(如加次氯酸钠，或者加其他工业杀生剂)。为了减小对海水的污染，最好选用高效、低毒、可降解的非氧化型杀生剂。

(3)提高冷却水的流速。提高冷却水的流速可抑制海洋生物在钛管上的附着。在夏季，冷却水流速为 1m/s 时，海洋生物在钛管上的附着数量是 2m/s 时的 10～20 倍。另外，提高冷却水的流速还可减少污泥等的沉积，有利于提高凝汽器的清洁度。凝汽器管内的设计流速一般应为 2.3m/s 左右。

2. 定期检修

在机组检修期间，应对凝汽器彻底清扫和检修。在用刷子或 H 型橡皮塞对管内壁作定期清扫处理时，应注意避免将钛管刮伤。钛管凝汽器一般设计的可清理次数在 1000 次以上，国外一年最多清扫 6 次。在我国，大多数电厂一年仅清扫一次，有些电厂未作清扫，有些电厂虽进行过清扫，但用力过大，甚至用钢棒疏通被堵塞的管子，使一些管子被划伤。

在检修消缺时，对有泄漏或缺陷的钛管应进行堵管处理。为了避免电偶腐蚀和保证堵管的严密性，最好不用金属塞。聚四氟乙烯棒的密封效果也不理想，有时同一根管子在半年中需要处理两次。密封效果最好的是半硬质的商品专用橡皮塞。

调查结果表明，正常情况下全钛凝汽器可在无阴极保护的情况下长期运行而不发生明显的腐蚀。但是，如果凝汽器水室中的螺栓、螺母、抽气管等是用环氧树脂涂敷防腐的，如不进行定期检查与维护，有可能发生腐蚀而导致泄漏，这种泄漏比凝汽器管的泄漏更为严重。例如，某电厂全钛凝汽器的抽气管因防腐涂层脱落，被海水腐蚀穿孔而导致泄漏，在短时间内使炉水 pH 从 9 降至 4，被迫停机处理两天。

第九章　发电机内冷水系统的腐蚀与防护

第一节　概　　述

一、发电机的冷却方式

发电机在运转过程中有部分动能转换成热能。这部分热能如不及时导出，容易引起发电机的定子、转子绕组过热甚至烧毁，因此需要用冷却介质冷却发电机的定子、转子和铁芯。

发电机所用冷却介质主要有空气、油、氢气和水等。

空气的冷却能力小，摩擦损耗大，不适于大容量机组。油黏度大，通常为层流运动，表面传热比较困难，因此被冷体得不到及时冷却，且易发生火灾。氢气的热导率是空气的 6 倍以上，而且它是最轻的气体，对发电机转子的阻力最小，所以大型发电机广泛采用氢气冷却。但氢冷需要有严密的发电机外壳、气体系统及不漏氢的轴密封，需增设油系统和制氢设备，对运行技术和安全要求都很高，给制造、安装和运行带来了一定困难。纯水的绝缘性较高，热容量大，不燃烧。此外，水的黏度小，在实际允许的流速下，其流动是紊流，冷却效率高，可保证及时带走被冷体的热量。

因此，目前普遍采用氢气和水作为发电机的冷却介质。

发电机的冷却方式通常按定子绕组、转子绕组和铁芯的冷却介质来区分。例如：定子绕组水内冷、转子绕组氢冷和铁芯氢冷的冷却方式称为水-氢-氢冷却方式，简记为水-氢-氢；同理，定子绕组水内冷、转子绕组水内冷和铁芯氢冷的冷却方式称为水-水-氢。水内冷是指将发电机定子或转子线圈的铜导线做成空芯、水在里面通过的闭式循环冷却方式。进入空芯铜导线的水来自内冷水箱，内冷水箱内的水通过耐酸水泵升压后送入管式冷却器、过滤器，再进入定子或转子线圈的汇流管，进入空芯铜导线，将定子或转子线圈的热量带出来再回到内冷水箱。内冷水箱的水（包括补水）一般是直接引来的合格二次除盐水，也有的是凝结水或高混（高速混床）出水。开机前，管道、阀门等所有元件和设备要经多次冲洗排污，直至水质取样化验合格后方可向定子或转子线圈充水。

随着发电机单机容量越来越大，要求不断改善冷却方式。水的冷却能力大，允许发电机的定子、转子的线负荷和电流密度大，这为提高单机容量、减轻单机重量创造了条件。所以，现代大型发电机均采用水冷却。可以说，水内冷发电机技术的应用，为发电机的发展开辟了一条新的道路。

二、水内冷存在的问题

虽然水内冷发电机有众多优点，也得到了广泛应用，但发电机内冷水水质和运行方面存在一些问题，如内冷水水质指标难以合格(包括内冷水 pH 低、电导率高)，从而使空芯铜导线腐蚀速度高，泄漏电流增大、电气绝缘性能降低，沉积物阻塞水回路造成线圈温升增加；定子内冷水系统密闭性较差，造成补水频繁、运行操作量大、水量损失较大等。其中空芯铜导线的腐蚀问题比较突出。空芯铜导线的腐蚀产物只有少量附着在腐蚀部位的管壁上，大部分进入了冷却介质中。被带入空芯铜导线冷却介质中的腐蚀产物，如果在定子线棒中被发电机磁场吸引而沉积，会产生极其严重的后果。一些电厂曾发生因内冷水水质不理想引起频繁跳机、降负荷运行，甚至烧毁发电机等事故，对发电机的安全运行构成了严重威胁。

三、发电机内冷水水质标准

由于发电机内冷水是在高压电场中做冷却介质，因此水质的优劣直接影响机组的安全、经济运行。为此，内冷水应满足下列基本要求：

(1)有足够的绝缘性(即较低的电导率)，以防止发电机绕组对地短路而导致泄漏电流和损耗增加，特别是闪络事故导致的严重后果。

(2)对发电机铜导线和内冷水系统无侵蚀性，以防止铜导线的腐蚀产物(主要是铜氧化物)颗粒在空芯铜导线内沉积。

内冷水水质标准就是根据上述要求和内冷水中铜导线的腐蚀规律制定的。水质指标包括电导率、pH、铜含量、氧含量等。现行的内冷水水质标准主要有《火力发电机组及蒸汽动力设备水汽质量》(GB/T 12145—2016)、《大型发电机内冷却水质及系统技术要求》(DL/T 801—2010)和《隐极同步发电机技术要求》(GB/T 7064—2017)，见表 9-1。

DL/T 801—2010 是专门针对发电机内冷水制定的电力行业标准，该标准同时规定，新投运机组的内冷水系统宜采用下列配置：定子内冷水箱宜采用充气的全密闭式系统，推荐充以微正压的纯净氮气密封；进水端应设置 5～10μm 滤网；应设置旁路小混床或其他有效的处理装置，并按水质指标要求进行运行中的具体调控；系统设计或混床结构应能严格防止树脂在任何运行工况下进入发电机；定子、转子的内冷水应有进出水压力、流量、温度测量装置，定子还应有直接测量进、出发电机水压差的测量装置；内冷水系统应设置完整的反冲洗回路；内冷水系统的管道法兰和所有接合面的防渗漏垫片，不得使用石棉纸板及抗老化性能差(如普通耐油橡胶等)、易被水汽冲蚀或影响水质的密封垫材料，应采用加工成型的成品密封垫；在发电机出水端管段的适当位置，设置 pH、电导率、铜含量等化学就地取样点，应有电导率仪、pH 的在线测量装置(作者认为还应有溶解氧在线测量装置），并传送至集控室显示。已投运的机组宜在大修和技改中逐步实施和完善。DL/T 801—2010 不推荐对内冷水添加缓蚀剂；非常必要时，可依具体情况添加缓蚀剂，但必须密切监视药剂浓度和添加后的运行参数。作者认为更应定期做好反冲洗工作。国家电网公司《防止电力生产重大事故的二十五项重点要求》指出，125MW 及以下机组允许运行中添加缓蚀剂，但必须控制 pH 大于 7.0。

表 9-1 发电机内冷水水质标准

标准代号、名称		电导率/(μS/cm)(25℃)	pH(25℃)		铜/(μg/L)		溶解氧/(μg/L)
			标准值	期望值	标准值	期望值	
《火力发电机组及蒸汽动力设备水汽质量》(GB/T 12145—2016)	定子空芯铜导线	≤2.0	8.0～8.9	8.3～8.7	≤20	≤10	—
			7.0～8.9	—			≤30
	双水内冷	<5.0	7.0～9.0	8.3～8.7	≤40	≤20	

标准代号、名称		电导率/(μS/cm)(25℃)	pH(25℃)	铜/(μg/L)	溶解氧[①]/(μg/L)
《大型发电机内冷却水质及系统技术要求》(DL/T 801—2010)	定子空芯铜导线	0.4～2.0	8.0～9.0	≤20	—
			7.0～9.0		≤30

注：(1) 将 pH 由 7 升至 8 时，铜的腐蚀速度可下降为 1/6，由 8 升至 8.5 时，腐蚀速度下降为 1/15。
(2) 提高 pH 可采用 Na 型混床，补凝结水和补精处理出水加氨、加 NaOH 等方式。
(3) 因泄漏和耐压试验需要，可临时将电导率降至 0.4μS/cm 以下。
有上标①的仅对 pH=8 时控制

			标准值	期望值	标准值	期望值	
	双水内冷	<5.0	7.0～9.0	8.0～9.0	≤40	≤20	—

标准代号、名称		电导率/(μS/cm)(25℃)	pH(25℃)	铜/(μg/L)	硬度/(μmol/L)	溶解氧/(μg/L)
《隐极同步发电机技术要求》(GB/T 7064—2017)	贫氧系统	0.4～2.0	8.0～9.0	≤20.0	<2	<20
	富氧系统	<0.3	7～8	≤20.0	—	>2000

注：要求水质透明纯净、无机械混杂物

第二节 发电机空芯铜导线的腐蚀机理

发电机空芯铜导线的材质为工业纯铜。纯铜呈紫红色，所以常称紫铜，密度为 8930kg/m³，熔点为 1083℃，其晶体晶格属面心立方晶格；纯铜有良好的导电、导热性；在大气中易生成膜质较致密的氧化膜，因而具有较好的耐腐蚀性；纯铜还有良好的塑性，低温时也不会出现脆性。因此，纯铜广泛用于制造电缆、电线等。但由于纯铜的强度低，所以一般不直接用来作结构材料。

紫铜在不含氧水中的腐蚀速度很低，数量级仅为 $10^{-4}g/(m^2 \cdot h)$。当水中同时含有游离二氧化碳和溶解氧时，铜的腐蚀速度大大增加。

大多数火力发电机组以除盐水作为内冷水的补充水，铜导线按下述反应发生腐蚀。

阳极反应（铜被氧化）：

$$2Cu + H_2O - 2e^- \longrightarrow Cu_2O + 2H^+$$

$$Cu \longrightarrow Cu^+ + e^-$$

$$Cu \longrightarrow Cu^{2+} + 2e^-$$

阴极反应（溶解氧被还原）：

$$O_2 + 2H_2O + 4e^- \longrightarrow 4OH^-$$

进一步反应：

$$2Cu^+ + \frac{1}{2}O_2 + 2e^- \longrightarrow Cu_2O$$

$$2Cu^+ + O_2 + 2e^- \longrightarrow 2CuO$$

$$2Cu_2O + O_2 + 4e^- \longrightarrow 4CuO$$

反应结果是铜表面形成一层覆盖层。纯铜在不高于 100℃不除氧静态除盐水中腐蚀时，其表面形成的覆盖层开始是红色，随时间延长逐步变黑，直至变为深黑色；纯铜在不高于 100℃不除氧动态除盐水中腐蚀时，其铜表面形成的覆盖层开始也为红色，随时间延长颜色会加深，可能变成棕褐色，但不会变很黑，比长时间静态腐蚀后覆盖层的颜色浅很多。

由于覆盖在铜表面上的氧化物的保护，铜的溶解受到阻滞，因而铜的腐蚀不仅取决于铜生成的固体氧化物的热力学稳定性，还与氧化物能否在铜表面上生成黏附性好、无孔隙且连续的膜有关。若能生成这样的膜，则保护作用好，可防止铜基体与腐蚀性介质的直接接触；若生成的膜是多孔的或不完整的，则保护作用不好。同时，保护膜的稳定性还与介质的性质有关，如果介质具有侵蚀性，可使生成的保护膜溶解，则此保护膜也不具有阻止金属腐蚀的作用。

除盐水的纯度很高，但缓冲性很小，易受空气中二氧化碳和氧的干扰，例如，它的 pH 会因少量二氧化碳的溶入而明显下降。pH 的下降会引起 Cu_2O 和 CuO 的溶解度增加，从而破坏空芯铜导线表面的初始保护膜，加剧空芯铜导线腐蚀，反应式为

$$CO_2 + H_2O \rightleftharpoons H_2CO_3$$

$$H_2CO_3 \rightleftharpoons H^+ + HCO_3^-$$

$$CuO + 2H^+ \longrightarrow Cu^{2+} + H_2O$$

$$Cu_2O + 2H^+ \longrightarrow 2Cu^+ + H_2O$$

第三节　影响空芯铜导线腐蚀的因素

一、电导率

电导率对内冷水系统的影响主要表现在电流泄漏损失上。电导率大，水的绝缘性差。由于冷却水系统的外管道和设备外壳是接地的，因此会引起较大的泄漏电流，造成电流损失，促使聚四氟乙烯等绝缘引水管老化，导致发电机相间闪络，甚至破坏设备。电导率越大(冷却水系统电阻越小)、定子电压越高，泄漏电流越大。机组容量提高，对电导率的要求也越高。所以，从减小电流泄漏损失考虑，认为电导率越低越好。

电导率对内冷水系统铜的腐蚀也会产生一定影响，主要表现在低电导率条件下腐蚀严重。有关文献介绍了电导率对铜腐蚀的影响：电导率降低，腐蚀速度上升；电导率由 $1.0\mu S/cm$ 减小到 $0.5\mu S/cm$ 时，铜的腐蚀速度上升 1.8 倍；如果电导率降低到 $0.2\mu S/cm$，则铜的腐蚀速度上升 35 倍。因此，一般认为电导率的低限为 $1.0\mu S/cm$，个别电压等级较高的机组也不应低于 $0.5\mu S/cm$。纯水能溶解很多物质，包括金属；与金属的化合物相比，除金、铂外，其他金属都具有比较高的自由能，需要通过反应形成氧化物和其他化合物，达到稳定状态；当电导率小于 $1.0\mu S/cm$ 时，水的介电常数减小，铜的溶解度增加。所以，从防腐蚀角度看，电导率过低并非好事。而电导率越高，水中导电离子的含量越多，溶液电阻越小，阴、阳极电极反应的阻力也越小，铜的腐蚀速度也加快。

二、溶解氧

水中溶解氧具有双重性质：一方面，溶解氧作为阴极去极化剂会引发空芯铜导线的腐蚀，促进不稳定的氧化物生成；另一方面，在一定条件下，氧与铜反应，会在铜导线表面形成一层保护膜，阻止铜导线进一步腐蚀，但即使这样，铜的腐蚀速度仍较大。因而不能指望通过提高内冷水氧含量来抑制空芯铜导线的腐蚀。

由于内冷水系统的运行温度通常为 20～85℃(空芯铜导线部位水温常在 40℃以上)，与空气接触后内冷水溶解氧的饱和浓度为几毫克每升，所以铜的腐蚀速度较高。为避免腐蚀，国外规定内冷水溶解氧含量的上限值为 $20\mu g/L$ 或 $50\mu g/L$；

我国发电机内冷水水质标准中，GB/T 12145—2016 和 DL/T 801—2010 都规定了内冷水溶解氧含量<30μg/L 的水质，当然也都对内冷水溶解氧含量规定了水质。需要强调的是，溶解氧是引起空芯铜导线腐蚀的根本因素，应加强监测和控制。

三、pH

pH 对铜在水中腐蚀的影响，可借助铜-水体系的电位-pH 平衡图进行分析。

绘制电位-pH 平衡图时，通常以 10^{-6} mol/L 作为腐蚀发生与否的界限，也就是说，当金属可溶性离子的浓（活）度总和小于 10^{-6} mol/L 时，认为金属没有发生腐蚀；反之，认为金属发生了腐蚀。但是，根据内冷水控制标准，应该以可溶性铜离子总和等于 $10^{-6.5}$ mol/L（即 20μg/L）作为腐蚀发生与否的界限。

采用25℃时铜-水体系的下列反应和平衡条件关系式，以 10^{-6} mol/L、$10^{-6.2}$ mol/L、$10^{-6.5}$ mol/L、10^{-7} mol/L 作为铜发生腐蚀与否的界限浓度，并以 Cu、Cu_2O、CuO 和 Cu_2O_3 为平衡固相，绘制铜-水体系的简化电位-pH 平衡图，如图 9-1 所示。

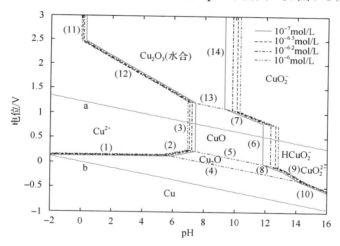

图 9-1　铜-水体系的简化电位-pH 图

其中，（1）～（13）涉及的反应及电位关系如下：

（1）$Cu^{2+}+2e^- \rightleftharpoons Cu$

$$\varphi_e = 0.337 + 0.0295 \lg a_{Cu^{2+}}$$

（2）$2Cu^{2+}+H_2O+2e^- \rightleftharpoons Cu_2O+2H^+$

$$\varphi_e = 0.203+0.0591pH+0.0591\lg a_{Cu^{2+}}$$

（3）$CuO + 2H^+ \rightleftharpoons Cu^{2+}+H_2O$

$$\lg a_{Cu^{2+}} = 7.89 - 2pH$$

(4) $Cu_2O + 2H^+ + 2e^- \rightleftharpoons 2Cu + H_2O$

$$\varphi_e = 0.471 - 0.0591\,pH$$

(5) $2CuO + 2H^+ + 2e^- \rightleftharpoons Cu_2O + H_2O$

$$\varphi_e = 0.669 - 0.0591\,pH$$

(6) $CuO + H_2O \rightleftharpoons HCuO_2^- + H^+$

$$\lg a_{HCuO_2^-} = -18.83 + pH$$

(7) $CuO + H_2O \rightleftharpoons CuO_2^- + 2H^+ + e^-$

$$\varphi_e = 2.609 - 0.1182\,pH + 0.0591\,\lg a_{CuO_2^-}$$

(8) $2HCuO_2^- + 4H^+ + 2e^- \rightleftharpoons Cu_2O + 3H_2O$

$$\varphi_e = 1.783 - 0.1182\,pH + 0.0591\,\lg a_{HCuO_2^-}$$

(9) $2CuO_2^{2-} + 6H^+ + 2e^- \rightleftharpoons Cu_2O + 3H_2O$

$$\varphi_e = 2.560 - 0.1773\,pH + 0.0591\,\lg a_{CuO_2^{2-}}$$

(10) $CuO_2^{2-} + 4H^+ + 2e^- \rightleftharpoons Cu + 2H_2O$

$$\varphi_e = 1.515 - 0.1182\,pH + 0.0295\,\lg a_{CuO_2^{2-}}$$

(11) $Cu_2O_3 + 6H^+ \rightleftharpoons 2Cu^{3+} + 3H_2O$

$$\lg a_{Cu^{3+}} = -6.09 - 3pH$$

(12) $Cu_2O_3 + 6H^+ + 2e^- \rightleftharpoons 2Cu^{2+} + 3H_2O$

$$\varphi_e = 2.114 - 0.1773\,pH - 0.0591\,\lg a_{Cu^{2+}}$$

(13) $Cu_2O_3 + 2H^+ + 2e^- \rightleftharpoons 2CuO + H_2O$

$$\varphi_e = 1.648 - 0.0591\,pH$$

(14) $Cu_2O_3 + H_2O \rightleftharpoons 2CuO_2^- + 2H^+$

$$\lg a_{CuO_2^-} = -16.31 + pH$$

在图 9-1 中，铜及其氧化产物的等溶解度线(10^{-6}mol/L 或 $10^{-6.2}$mol/L、$10^{-6.5}$mol/L、10^{-7}mol/L)把电位-pH 平衡图划分为腐蚀区、免蚀区和钝化区；铜-水体系的电位和 pH 共同决定铜的状态，即铜处于哪个区域。

以 10^{-6}mol/L 作为铜腐蚀发生与否的界限时，由图 9-1 可知，在电位大于 0.1V、pH 低于 6.94 所围成的区域中，出现铜的离子的是铜的腐蚀区；在电位大于 0.1V、pH 高于 6.94 所围成的区域中，存在 Cu_2O 和 CuO 的部分，铜表面可能形成膜，是铜的钝化区；线(1)、(4)、(10)以下的区域中铜不会发生腐蚀，这是铜的稳定区；存在 CuO_2^- 和 $HCuO_2^-$、CuO_2^{2-} 的可溶性化合物的稳定区域，也是铜的腐蚀区。

从化学热力学的观点看，水中铜的电极电位低于氧的电极电位，因此铜能被氧腐蚀。但是，腐蚀反应能否持续下去，取决于腐蚀产物的性质，如果产物在铜表面沉积快而致密，就能形成保护膜。反之，腐蚀持续进行。内冷水系统中，氧腐蚀铜导线的产物氧化亚铜和氧化铜属于两性氧化物，pH 过高或过低都会导致它们溶解，致使铜导线发生腐蚀，这可结合图 9-1 加以解释。例如，在 pH<6.94 的区域，水偏酸性，氧化铜和氧化亚铜作为碱性氧化物被溶解，即铜导线表面很难形成保护膜，此时铜处于图中所示的铜的离子区域，即腐蚀区；在 6.94<pH<12.8 的区域，水呈碱性，氧化铜和氧化亚铜的溶解度很小，即它们可能在铜表面形成保护膜；在 pH>12.8 的区域，水呈强碱性，氧化铜和氧化亚铜作为酸性氧化物被溶解，此时铜处于图中所示的 $HCuO_2^-$、CuO_2^{2-} 或 CuO_2^- 区域，即腐蚀区。

上述说明，对于发电机内冷水系统，若不考虑空芯铜导线的电位，只考虑提高 pH 防止空芯铜导线的腐蚀，以 10^{-6}mol/L、$10^{-6.2}$mol/L、$10^{-6.5}$mol/L、10^{-7}mol/L 作为发生腐蚀与否的界限，铜稳定存在的pH区间分别为6.94~12.83、7.04~12.63、7.2~12.33、7.44~11.83。因此，单纯从控制铜含量不大于 20μg/L、电导率不超过 2μS/cm 考虑，发电机内冷水 pH 的控制范围宜为 7.2~8.89(用 NaOH 调节)或 8.85(用氨水调节)。这里将 pH 控制范围的上限定为 8.89(用 NaOH 调节)或 8.85(用氨水调节)，是因为对于纯水，当其 pH 调到 8.89(用 NaOH 调节)或 8.85(用氨水调节)时，理论计算的电导率为2μS/cm，这是DL/T 801—2010和GB/T 12145—2016规定的定子铜导线内冷水电导率的控制上限。

四、二氧化碳

内冷水中二氧化碳对铜导线腐蚀的影响主要表现在以下两个方面：

(1)二氧化碳溶于水后降低水的 pH，破坏表面保护膜，使铜进入腐蚀区。

(2) 在有氧的情况下，它可以直接参与化学反应，使保护膜中的 Cu_2O 转化为碱式碳酸铜(即 $CuCO_3 \cdot Cu(OH)_2$)，该物质比较脆弱，在水中的溶解度也比较大，在水流冲刷下极易剥落而堵塞空芯铜导线，还会造成内冷水铜含量上升。

五、水温

对于密闭性不好的内冷水系统，一方面水温上升，铜的腐蚀加快；另一方面温度影响系统的漏气量，从而影响铜的腐蚀，因为水温上升到一定数值后，溶解的腐蚀性气体(如 O_2、CO_2)减少，故腐蚀速度反而下降。文献指出，一台 125MW 机组，采用补凝结水的内冷水处理方式，内冷水铜含量夏季的比冬季的低。这是因为凝结水的水温在冬、夏两季存在着 20℃左右的温差，补充到内冷水系统后，引起转子回水盒处动静间隙的季节性变化，夏季动静间隙缩小，回水携带的空气量减小，因而内冷水的侵蚀性减小，铜导线腐蚀程度减轻，内冷水铜含量减小。

需要说明的是，目前人们对于温度影响铜腐蚀规律的认识尚未统一。有的试验结果表明，在 30～80℃的范围内，铜含量随温度升高而降低；有的人认为，随着温度的升高铜含量有先降后升的趋势，在 60℃附近存在一个极小值。这牵涉如何评价铜在除盐水中的腐蚀情况。对于铜在除盐水中的短时间腐蚀，由于铜试样的质量变化还检测不出来，只通过检测水中铜含量来评价铜的腐蚀程度是合适的。对于铜在除盐水中的长时间腐蚀，由于铜试样表面都变色，在静态除盐水中增重、动态除盐水中减重，如果还只通过检测水中铜含量来评价铜的腐蚀程度是不合适的，应综合考虑试样表面颜色、试样质量变化和水中铜含量进行评价。

六、流速

内冷水的流动对腐蚀产生两方面的影响：

(1) 水的流速越高，机械磨损越大。有人用电解空芯铜导线进行过内冷水的流速试验。结果表明：流速为 0.2m/s 和 1.65m/s 时，铜的月腐蚀量分别约为 $0.7mg/cm^2$ 和 $2mg/cm^2$；流速超过 5m/s，还会产生气蚀现象。因此，设计发电机时，空芯铜导线内水流速度一般小于 2m/s，但转子空芯铜导线内水流速度有大于 2m/s 的。

(2) 水的流速越高，腐蚀速度越大。一方面，水的流动会加快水中腐蚀性物质向金属表面迁移，使腐蚀产物不易在铜表面形成覆盖层；另一方面，水中的各种金属和金属氧化物颗粒(如腐蚀产物、磨损产物、外界带入的颗粒)会加速磨损并破坏铜导线表面的保护膜，在水流转变处、非均匀磁场处和线棒从定子槽伸出的部位，这种磨损加速腐蚀最为严重。

第四节　发电机内冷水处理与空芯铜导线防腐

为防止铜在内冷水中发生腐蚀，首先应当控制水质，减少水中氧和游离二氧化碳的含量。如果能通过充以微正压的纯净氮气使内冷水氧含量<30μg/L，则铜在内冷水中基本上不会发生腐蚀；如果不能通过充以微正压的纯净氮气使内冷水氧含量<30μg/L，也就是系统密封性不是很好，则应调节内冷水的 pH 以防止铜在内冷水中发生腐蚀。应调节 pH 到抑制铜腐蚀溶出的最佳范围，否则不能很好地抑制铜的溶出和防止发电机空芯铜导线的腐蚀损坏。调节水的 pH 可以加氢氧化钠、氨水或采用钠型小混床旁路处理部分内冷水来进行。若用氢氧化钠、氨水来调节，应经常排放一部分内冷水，否则可能达不到防止腐蚀的目的，因为水中存在钠盐、铵盐会增大水的电导率，从而加速铜的腐蚀，特别是存在过量的铵盐还会加速铜的腐蚀。当水的 pH 不能调节到抑制铜腐蚀溶出的最佳范围时，应尽量减少系统中的氧含量。例如，将发电机定子冷却水系统改造为密封循环，防止空气进入；或在内冷水系统中增设有除氧功能的除氧树脂交换器，以除去水中的溶解氧。像发电机转子内冷水系统，由于内冷水与空气接触，其中氧含量较高，二氧化碳也会不断溶入，应尽量想办法提高和维持内冷水的 pH，以减轻铜在内冷水中的腐蚀；还可以在内冷水中添加防止铜腐蚀的高效缓蚀剂，如二巯基苯并噻唑(MBT)或苯并三唑(BTA)等，它们能在铜管表面形成有保护性的膜，防止铜的进一步腐蚀。

我国发电机内冷水采用的处理方式和防止空芯铜导线腐蚀的措施主要有中性处理(包括补换除盐水、小混床旁路处理、保持系统密闭处理、除氧法等)、碱性处理(包括直接加碱、补换碱性水、钠型小混床旁路处理等)和缓蚀剂处理等。

一、中性处理

1. 补换除盐水

目前我国一部分 125MW 机组采用溢流排水的方式调节内冷水水质，即连续向内冷水箱补充除盐水，同时不断有水从水箱溢流管流出。采用溢流换水方式，电导率能满足要求，铜含量能基本稳定，但 pH 偏低。另外，部分 200MW 及 300MW 机组采用频繁换水方式调节内冷水水质，监控内冷水的铜含量和电导率，当两者中有一项超标时就更换内冷水箱中的水。

这种处理方式简单易行，内冷水的电导率容易满足要求，不需设备投资和维护，却是一种消极的处理方式。因为换水的稀释作用降低了铜的浓度，掩盖了铜的腐蚀程度；正是由于稀释降低了腐蚀产物浓度，因此会增大铜的腐蚀反应速度；

除盐水 pH 较低，换水后内冷水 pH 难以合格；浪费大量除盐水。

例如，某厂一台 300MW 机组的发电机内冷水处理方式是，当电导率或铜含量超标时，用除盐水更换内冷水箱中的水。内冷水的水质监测结果表明，仅有电导率的合格率较高，pH 和铜含量长期超标，铜含量均在 100μg/L 以上，有的甚至超过 400μg/L，表明铜导线的腐蚀较严重。说明单纯的换水溢流方式不能减缓发电机空芯铜导线的腐蚀。

2. 小混床旁路处理

200MW 及以上发电机均在内冷水旁路上配备了小混床。小混床中填充的是 H/OH 型树脂，运行中部分内冷水(一般不超过内冷水流量的 10%)连续通过小混床以除去内冷水中的杂质，出水返回内冷水中。

这种处理方式能保证内冷水电导率和铜含量合格，但是混床出水偏酸性，内冷水 pH 偏低、铜含量低(是离子交换的结果，不是腐蚀被抑制的结果)。例如，某双水内冷机组安装 H/OH 型小混床后，出水 pH 在 6.5 左右，内冷水铜含量急剧上升，树脂被污染呈绿色；某 300MW 水-氢-氢冷却机组的小混床投运后，内冷水 pH 呈降低趋势，最低达到 5.8，水质偏酸性，加重了铜导线的腐蚀；另一台 300MW 水-氢-氢冷却机组的内冷水系统为密闭系统，补水为除盐水，旁路上装有小混床，处理 2%～10%的内冷水流量，内冷水 pH 经常在 6.6～6.8 的偏低范围，电导率很快超过发电机制造厂家的运行控制标准值(1.5μS/cm)而需要换水，换水周期为 3～5 天。

这种小混床可能存在的问题有：①偏流、漏树脂；②树脂强度低，易破碎，粉末树脂经常泄漏到内冷水中；③出水 pH 偏低；④需要体外再生，费时费力。因此，我国 300MW 及以上发电机组配备的这种小混床投运的不多，单独运行的更少，总是和其他内冷水处理方式联合运用，如某水-氢-氢冷却机组，采用内冷水系统全密封(氢气充当密封气体)和小混床旁路处理相结合的方式，运行时内冷水电导率<0.5μS/cm，pH 不高，铜含量合格。

3. 保持系统密闭处理

由于空芯铜导线在内冷水中的腐蚀由氧引起、二氧化碳促进，而这两种物质都来自空气，所以密闭内冷水系统，可以降低内冷水中氧和二氧化碳含量，有效减缓铜导线的腐蚀。

密闭措施有以下几种：①充氮密封；②充氢密封；③在内冷水箱排气孔上安装除 CO_2 呼吸器；④将溢流管改成倒 U 型管水封。

如果内冷水补水为除盐水，需要保证补水系统(包括除盐水箱和补水管道等)的密封性，以减少补水带入的溶解氧和二氧化碳含量，或者补充高混出水。例如，某 300MW 水-氢-氢冷却机组，内冷水箱容积为 $2m^3$，在线监测内冷水的电导率，pH 需要连续取样，取样流量为 $500\sim700mL/min$，每天需补水 $0.72\sim1.008t$，补水来自高混出水。高混出水不含 NH_4^+，电导率 $\leqslant0.2\mu S/cm$，pH 为 $7.03\sim7.10$，溶解氧含量为 $20\sim30\mu g/L$。内冷水运行水质为电导率小于或等于 $0.2\mu S/cm$、pH 为 $7.00\sim7.11$、铜含量为 $9.85\sim16.4\mu g/L$。

应注意的是，除盐水和高混出水都是中性水，水的缓冲能力小，如果系统密封性不好，少量漏入的二氧化碳就会将内冷水 pH 降到 7 以下，引起铜导线腐蚀。

4. 除氧法

德国开发了一种去除发电机内冷水溶解氧的技术，即向内冷水箱上部空间充氢气，使内冷水中溶解一定量的氢气，在内冷水循环系统的旁路系统中，以钯树脂做接触媒介，使水中溶解氧还原为 H_2O。这种方法可将内冷水的氧含量控制在 $30\mu g/L$ 以下，能有效控制空芯铜导线腐蚀。但由于使用氢气存在安全隐患，再加上钯树脂价格较贵，且对系统气密性要求高等原因，目前国内没有应用。

中性处理方式具有简单易行和电导率容易合格等优点，但实际运行中存在的问题不少。例如：①pH 难以合格，原因是内冷水系统和补水系统密闭不严，导致二氧化碳溶入内冷水，经计算，纯水与空气长期接触后，pH 可降低至 $5.66(25℃)$；②铜含量超标严重，原因是除盐水的氧含量高和 pH 低，引起和促进铜导线的腐蚀。根据文献报道和现场调研结果，采用除盐水作为内冷水水源的电厂普遍存在铜含量很高的现象，铜含量一般为 $300\mu g/L$，有时甚至超过 $500\mu g/L$。

二、碱性处理

碱性处理是基于铜表面保护膜在微碱性条件下比较稳定而提出的。维持内冷水 pH 在微碱性范围的方法有直接加碱处理、补换碱性水处理、钠型小混床旁路处理。

1. 直接加碱处理

直接加碱处理即向内冷水中加入一定量的某种碱性物质(通常为氨、NaOH)，调节内冷水 pH 在抑制铜腐蚀的最佳范围。

虽然通过加碱容易做到内冷水的 pH 合格，但难以保证电导率和铜含量同时合格。因为加入的碱可同时提高内冷水的电导率和 pH，加碱量偏低，电导率容易合格，但 pH 可能偏低，不能有效抑制铜腐蚀，铜含量可能超标；反之，铜含量容易合格，但电导率可能超标。这种电导率与铜含量相互矛盾的制约关系，使这种方法难以控制加碱量。

有的机组采用向补加除盐水或高混出水的内冷水中直接加氨来调节内冷水的 pH，但由于发电机入口和出口处内冷水的温度不同，氨的分配系数受温度的影响较大，因此氨的加入量较难控制，且操作频繁（2～3 天/次）。例如，某双水内冷国产 125MW 机组采用直接加氨处理，电导率超过 2.0μS/cm，只能控制不大于 10μS/cm，铜含量超过 40μg/L，只能控制不大于 200μg/L。

采用直接加氢氧化钠调节内冷水的 pH 必须监督内冷水的钠含量，以防内冷水的钠含量过高。如果加药量和加药时间控制不好，则有可能导致电导率在短时间内严重超标，直接威胁机组的安全运行。加药点设在内冷水箱顶部或内冷水旁路处理小混床出口处。

2. 补换碱性水处理

为了维持内冷水的微碱性，可以用凝结水和除盐水的混合水作为内冷水系统的补充水，或者用凝结水和除盐水的混合水置换内冷水系统中的水，这便是补换碱性水处理。

由于凝结水中含有一定量的氨，因此向内冷水补加凝结水相当于向内冷水中加氨。也由于凝结水的 pH 比较高，氧含量小，因此补入内冷水系统既可防止氧腐蚀，又可与二氧化碳发生中和反应使内冷水 pH 升高。所以用凝结水和除盐水以适当比例混合作为内冷水的补充水，既可以调节内冷水的 pH 在标准范围之内，又不至于造成氨腐蚀，因为凝结水中含有的氨可被除盐水稀释。一般采用连续补入凝结水，并连续排水或回收的方法。此法很方便，只需在凝结水管路上引出一段管接到内冷水箱上即可，不用投入其他设备，可节约成本。

补凝结水与除盐水的混合水，对于定子独立冷却密闭系统，可控制 pH 在 7.0～9.0，电导率不超过 2.0μS/cm，铜含量不超过 40μg/L。

实际应用中存在的问题是：

（1）现场凝结水与除盐水的来水压力不同，配比控制较难，且最佳配比需通过现场调试确定。由于现场运行的种种限制，现场试验不好开展。

（2）水量损失较大。如果将回水直接排放，则需补充较多的凝结水或除盐水，从而损失的水量较大，经济性差。如某厂 1 台机组每天将损失 10t 以上的除盐水，年损失 3000t 以上。

（3）控制较难。凝结水的电导率受给水加氨调整的影响大，如给水加氨量不严格，波动大，造成电导率不易控制，具体实施时可操作性差；内冷水对凝汽器泄漏而造成的水质恶化没有免疫力，凝结水水质一旦恶化，就得立即采用其他方式处理。

（4）操作较复杂。水质一超标，就必须换除盐水来降低内冷水的电导率，待电导率合格后再用凝结水来调节其 pH，使其达到水质标准。

3. 钠型小混床旁路处理

钠型小混床旁路处理是以钠型小混床代替 H/OH 型小混床对内冷水进行旁路

处理。

钠型小混床为 Na/OH 型混床,内冷水流过该床时,阳离子(主要是 Cu^{2+} 和 Fe^{3+})转化为 Na^+、阴离子(主要是 HCO_3^-)转化为 OH^-,因此钠型小混床的出水呈微碱性。这一方面相当于向内冷水中投加了 NaOH,将内冷水 pH 维持在微碱性,即 pH 为 7.0～9.0 的范围内;另一方面也降低了内冷水的电导率和铜含量。这样,同步实现了内冷水 pH、电导率和铜含量三项指标的协调控制。目前,这种处理方法已被广泛使用。实践证明,内冷水系统密闭性好时,钠型小混床处理具有水质稳定、树脂运行周期长、运行工作量少等优点。

三、缓蚀剂处理

缓蚀剂是一种用于腐蚀介质(如水)中抑制金属腐蚀的添加剂。对于一定的金属腐蚀介质体系,只要在腐蚀介质中加入少量缓蚀剂,就能有效降低金属的腐蚀速度。缓蚀剂的使用浓度一般很低,故添加缓蚀剂后腐蚀介质的基本性质不发生变化。缓蚀剂的使用不需要特殊设备,也不需要改变金属设备或构件的材质或进行表面处理。因此,使用缓蚀剂是一种经济有效且适应性较强的金属腐蚀防护措施。

内冷水采用除盐水作补充水,为防止铜腐蚀,可加入铜缓蚀剂,使金属表面形成致密的保护膜从而达到防止腐蚀的目的。可用于除盐水中的铜缓蚀剂有 MBT、BTA、TTA,以及以它们为主要组分的复合缓蚀剂,下面加以介绍。

1. MBT

MBT 的学名为 2-巯基苯并噻唑(2-mercaptobenzothiazole),分子式为 C_6H_4SC-(SH)N,相对分子质量为 167.25,密度为 1460～1480kg/m³。市售商品是一种淡黄色粉末,微臭、有苦味,可溶于乙醇、丙醇、氯仿、氨水、氢氧化钠和碳酸钠等碱性溶液或有机溶剂中,但不溶于汽油,微溶于苯,不易溶于水,是一种优良的铜缓蚀剂,在很低的剂量下能对铜和铜合金产生良好的缓蚀作用。其缓蚀机理是,分子中巯基在水中解离出氢离子后带负电荷,与铜离子之间通过电化学吸附而形成溶解度极小、黏附性很强的络合物保护膜(Cu-MBT 膜)。膜层牢固,不易脱落或变质。据试验研究,此膜实际上是在铜原有的氧化亚铜膜上生成的,因此铜的表面膜呈双层结构:

$$Cu|Cu_2O|Cu\text{-}MBT$$

水的 pH 较高时,Cu-MBT 膜的生长速度极快,MBT 加入水中 30s 内就能成膜。

20 世纪 80 年代初,许多电厂采用 MBT 处理发电机内冷水,具体是用氢氧化钠溶液溶解 MBT,再用除盐水稀释后加入内冷水箱,MBT 的加入量为 5～10mg/L;

内冷水中铜含量低，在 30μg/L 以下，换水周期一周以上。

MBT 作为铜缓蚀剂有以下缺点：①该药品有异味，使人感觉不适。②MBT 在低温纯水中的溶解度很低，需要用氢氧化钠溶解并加温，使内冷水电导率上升较大，难以控制，促使内冷水换水频繁或内冷水系统的混合床频繁投运。③适用的 pH 范围窄，当内冷水由于漏入空气等而致 pH 低时，MBT 的解离度将降低，使部分 MBT 从溶液中沉淀出来，这样不但形成保护膜较慢，影响防腐效果，而且 MBT 有时会沉积在冷却水系统的死角处。大部分机组使用 MBT 后发现冷却水系统沉积有淡黄色的松软物，像油泥一样，这是否会对发电机安全运行带来不利，是一个令人担心的问题。④MBT 浓度很小时反而会加速铜的腐蚀。有文献报道，当 MBT 质量浓度在 1mg/L 以下时，会促进腐蚀，MBT 质量浓度为 0.5mg/L 时，铜的腐蚀速度比不含 MBT 的大 3 倍，原因是 MBT 浓度很低时，铜基体大部分表面未被 MBT 覆盖，而在 MBT 覆盖的部分，Cu 与 MBT 作用生成的 Cu-MBT 膜中含有较多的空隙，空隙中的铜发生局部腐蚀，生成黑色的 CuO，局部腐蚀的出现致使铜腐蚀速度增大。⑤橡胶会大量吸附 MBT，因此在实施 MBT 处理前，应将系统中的橡胶部件全部换成塑料或其他部件。

2. BTA

BTA 的学名为苯并三氮唑(benzotriazole)，分子式为 $C_6H_4N_3H$，是白色针状或颗粒状固体，熔点为 97.09℃左右，沸点为 201～204℃，热分解温度为 330℃，对酸、碱、氧化/还原剂稳定，毒性小(LD_{50}：小鼠口服 937mg/kg)，溶于热水、醇、苯及其他多数有机溶剂，易溶于碱性水溶液，在中性冷水中的溶解度约为 0.1g。BTA 溶于水后基本不增加水的电导率，每增加 1mg/L BTA，电导率仅增加约 0.005μS/cm。

BTA 是一种常用的有效铜缓蚀剂，能与铜原子作用，在铜表面生成一层聚合直线结构的 Cu-BTA 膜。实际上 Cu-BTA 膜也生长在铜管表面原有的 Cu_2O 膜上，所以也具有双层膜的结构：

$$Cu|Cu_2O|Cu\text{-}BTA$$

温度升高时，Cu-BTA 膜的形成速度也高。

BTA 对铜的缓蚀性能与 pH 的关系较大，它能在较宽的 pH 范围(3～10)有较好的缓蚀性。一般在内冷水中添加 1～3mg/L BTA 就可抑制空芯铜导线的腐蚀。

BTA 的抗氧化性比 MBT 的强得多，不会被氯气等氧化剂氧化，但 BTA 的价格比 MBT 的要高。

在应用中有单纯 BTA 法，也有 BTA＋ETA 法、BTA+NaOH 法、BTA+NH₃ 法和 BTA 复合缓蚀剂法。以前应用较多的是 BTA＋ETA 法。

ETA 即乙醇胺，是一种有机碱。ETA 加入后，与 BTA 产生协同效应，大大增加铜的阴阳极极化率，促进铜表面保护膜的形成，从而防止铜的腐蚀。内冷水中加入 BTA+ETA 后，铜导线内表面被一层聚合成链状结构的 Cu-BTA 络合物覆盖，其中铜原子置换 BTA 分子上的氢原子形成共价键，同时又与另一 BTA 分子上的氮原子的一对未饱和电子结合形成配位键，从而构成链状络合物。这种链状络合物能起钝化保护作用。Cu-BTA 膜厚随 BTA 浓度增加而加大，但是当 BTA 浓度增加到一定程度时膜厚不再显著增加。

向内冷水中加入 BTA+ETA 存在的问题是，铜表面形成的保护膜层薄，易破损，必须保持水中有一定量的 BTA。当停止补充 BTA 使内冷水中 BTA 的浓度过低、起不到修复保护膜的作用时，保护膜的性能下降，内冷水的铜浓度增大，从而很难使电导率、pH、铜含量几项指标同时合格，给运行操作造成一定难度，存在一定的安全隐患，如铜的腐蚀产物在空芯铜导线沉积形成污垢，严重时阻塞水流，使线棒超温，最终烧毁线棒等。

3. TTA

TTA 的学名为甲基苯并三氮唑，又称甲苯基三氮唑（$C_7H_7N_3$），相对分子质量为 133.13，纯品为白色至灰白色颗粒或粉末，熔点为 74～85℃，易溶于醇、苯、甲苯、氯仿等有机溶剂，也可溶于稀碱，难溶于水。TTA 对铜的缓蚀机理与 BTA 相似，由于 TTA 比 BTA 多一个甲基，其缓蚀效率大为提高，相同效果下，TTA 的用量仅为 BTA 的 1/3。据报道，除盐水中加入 10mg/L TTA，电导率仅增加 0.1μS/cm，pH 下降 0.1，说明 TTA 对发电机内冷水电导率、pH 影响很小，有利于水质控制。另外，TTA 对铜的缓蚀效率随 pH 增大而增高，因而加入少量碱液，使内冷水 pH 提高，有利于降低内冷水铜含量，延长换水周期。但 TTA 价格高。

总之，机组容量不同、冷却方式不同，发电机内冷水系统不同；即使容量相同的机组，内冷水系统也不一定完全相同；即使相同，系统漏气或漏水的部位、日补水量、内冷水水源或补水水源也可能不同。对于双水内冷机组和转子独立循环冷却系统，由于冷却水系统的特殊性，主要采用敞开系统。对于定子独立密闭冷却系统，不同机组的密闭性有差异。因此，目前没有一种内冷水处理方法可以成功地应用在所有的发电机内冷水系统中。

影响内冷水处理方法应用的因素有很多，如内冷水系统的密封性、日补水量、水质控制标准等。例如，两台直流机组的给水均采用加氧联合水工况，凝结水的 pH 控制在 8.5 左右。采用补加凝结水时，一台机组未取得好的效果，另一台机组内冷水的水质却能合乎标准，其原因是前一台机组内冷水系统的严密性较差，另一台机组的内冷水系统采用了充氮密封。某热电厂的内冷水系统把凝结水引入离子交换柱的入口，交换掉水中的铵离子，以避免氨与铜反应，运行效果很好，但是这种处理方式应用到另一电厂的内冷水系统没有取得好的效果，其原因是该厂的内冷水取样装置连续监测 pH 和电导率，日补水量很大，离子交换柱的失效周期缩短。

因此，各机组应根据发电机组内冷水系统的实际情况选用合适的内冷水处理方法。

第十章 压水堆核电站第一回路结构材料的腐蚀与防护

由于压水堆核电站对第一回路结构材料的要求严格得多，第一回路结构材料的腐蚀问题也复杂得多，而压水堆核电站第二回路的结构材料及其腐蚀与防护和火力发电厂的相似，因此本部分只通过本章讨论压水堆核电站第一回路结构材料锆合金、镍基合金和不锈钢的腐蚀与防护问题。

第一节 锆合金的腐蚀与防护

因为锆合金的热中子吸收截面小，在高温高压水中的耐蚀性能好，且具有足够的高温强度，所以它是核反应堆中应用最广泛的核燃料元件包壳材料。

一、锆的性质

锆的热中子吸收截面为 $0.18 \times 10^{-28} m^2$，远比不锈钢的小。锆的热导率仅为铜的 4%左右，和不锈钢的相近。

锆有α锆和β锆两种晶体结构，862℃以下为稳定的密集六方结构α锆；862℃以上为体心立方结构β锆。锆发生相变的温度受杂质影响较大，大多数元素可降低其相变温度，而杂质锡、铪、铝、碳、氧、氮会提高其相变温度。表 10-1 为锆的主要物理性能。

表 10-1 锆的主要物理性能

参数		值	参数	值
晶型	α	（862℃以下）密集六方结构	热中子吸收截面/$10^{-28} m^2$	0.18
	β	（862℃以上）体心立方结构	熔点/℃	1852
晶格常数/Å	α	a=3.23 c=5.14	沸点/℃	3582
	β	a=3.61	热膨胀系数/℃$^{-1}$	4.9×10^{-6}
密度/(g/cm³)		6.5	热导率/(J/(cm·s·℃))	0.16

锆在中子辐照下易发生脆裂，这是因为它对氮、氧有很强的亲和力。添加少量的合金元素能大大改善锆的性能，因此在水冷反应堆中，广泛应用锆锡合金和锆铌合金。

锆锡合金主要有锆-2 和锆-4 两种，其成分如表 10-2 所示。

表 10-2　一些锆合金的成分

合金	Sn	Fe	Cr	Ni	Nb	应用
Zr-1Nb	—				1.0	苏联反应堆燃料包壳
Zr-2.5Nb	—	—	—	—	2.5	苏联和加拿大反应堆(压力管)
Zr-3Nb-1Sn	1.0				2.8	德国试验合金
奥塞尼特 0.5	0.2	0.1	—	0.1	0.1	苏联试验合金
锆-2	1.5	0.14	0.09	0.05	—	沸水堆
锆-4	1.3	0.22	0.10	—	—	压水堆

　　锆-2 合金是在海绵锆中按质量分数加入 1.5%锡、0.14%铁、0.09%铬、0.05%镍。合金中的锡可抵消氮的有害作用，合金元素铁、镍、铬都能有效提高锆锡合金的耐蚀性。但锆-2 合金的吸氢作用很强，腐蚀过程中产生的氢几乎 100%被它吸收，以致容易发生氢脆。合金中的镍是造成吸氢量大的主要元素，为此研制了锆-4 合金。它与锆-2 合金的区别是镍元素的含量大大降低，加入了等量的铁作补偿。锆-4 合金降低了锆锡合金的吸氢性能(其吸氢量仅为锆-2 合金的 1/3～1/2)，但其耐氧化性能及其他性能均与锆-2 的相当。所以，锆-4 合金被广泛用作水冷堆燃料元件的包壳材料。

　　锆铌合金在苏联和东欧国家被广泛采用，其核性能与锆锡合金的相似，但耐蚀性能稍差，吸氢量小，强度较高。一些锆铌合金的成分已在表 10-2 中列出。

二、锆合金的腐蚀动力学行为

　　锆是周期表第Ⅳ族的副族元素，是一种非常活泼的金属，但由于金属表面氧化膜的保护作用，它具有良好的抗腐蚀性能。

　　锆合金在高温水或蒸汽中生成氧化膜的反应为 $Zr+2H_2O \longrightarrow ZrO_2+2H_2\uparrow$。起初反应非常缓慢，当氧化膜增加到一定厚度时，腐蚀速度突然增加。图 10-1 为锆-2 和锆-4 合金的腐蚀动力学曲线。

　　图 10-1 中，虚线表示单个样品的试验结果，实线是工程近似曲线。腐蚀突然加快的一点称为转折点。在转折点以前，氧化膜呈黑色并紧贴在金属表面，具有光泽。氧化膜从开始生长一直到增重为 30～40mg/dm^2，腐蚀速度与时间的关系都近似于立方规律。在转折点以后，动力学曲线开始变为线性，但氧化膜仍然呈黑色并具有光泽。转折后经过长期腐蚀，膜的颜色会由黑色变为均匀的灰褐色，仍然牢固黏附在基体金属上。锆锡合金腐蚀后膜呈黑色或灰褐色，这可能是由氧含量不同造成的。

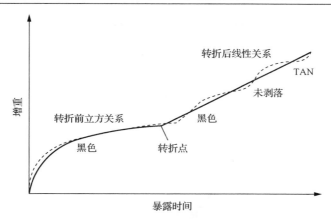

图 10-1　锆-2 和锆-4 合金的腐蚀动力学曲线示意（在 200～400℃水和
蒸汽中，实线为试验数据，虚线为外推值）

　　锆锡合金在水和水蒸气中的耐蚀性能可用腐蚀增重与时间变化关系来说明，这是由于在腐蚀过程中能生成致密黏着的氧化膜，即使在转折点以后的较长时间内，这层膜仍不脱落。腐蚀增重与时间变化的关系可用图 10-2 表示，也可用试验中归纳的公式表示。在工程上，常用近似的工程方程表示，即转折点前不同温度下的腐蚀数据可归纳成如下方程：

$$\Delta W^3 = K_c t \tag{10-1}$$

式中，ΔW——单位面积的增重，mg/dm^2；

　　K_c——立方速度常数；

　　t——腐蚀时间，d。

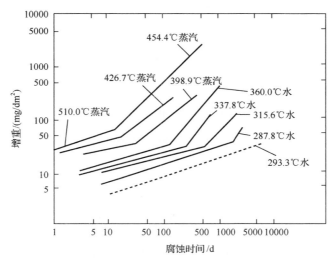

图 10-2　锆-2 合金在高温水（或蒸汽）中的腐蚀动力学曲线（实线为试验数据，虚线为外推值）

同样，转折点后不同温度下的腐蚀数据可归纳成方程：

$$\Delta W = K_1 t \tag{10-2}$$

式中，K_1——线性速度常数。

K_c、K_1 可由综合试验数据求得。例如，图 10-3 是工程腐蚀速度常数与绝对温度 T 的关系，用最小二乘法拟合，可得下述方程。

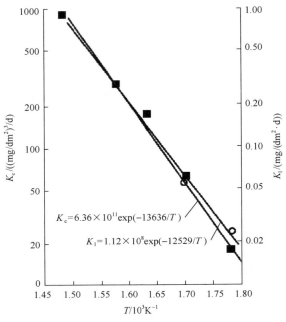

$$K_c = 6.36 \times 10^{11} \exp(-13636/T)$$

$$K_1 = 1.12 \times 10^8 \exp(-12529/T)$$

图 10-3　锆-2 和锆-4 合金的工程腐蚀速度常数与温度的关系

转折点前：

$$\Delta W^3 = 6.36 \times 10^{11} e^{-13636/T} t \tag{10-3}$$

转折点后：

$$\Delta W = 1.12 \times 10^8 e^{-12529/T} t \tag{10-4}$$

当处在转折点时（$t=t_t$），上述两式相等，从而可得转折时的增重 ΔW_t 和达到转折的时间 t_t：

$$\Delta W_t = 75.3 e^{-553.5/T} \tag{10-5}$$

$$t_t = 6.73 \times 10^{-7} e^{11975.5/T} \tag{10-6}$$

一般转折前的腐蚀量较小，而且锆合金在堆内的大部分时间是处在转折点后的腐蚀状态，因此可根据转折后的线性腐蚀速度来评定其腐蚀性能。

三、影响锆合金腐蚀的因素

1. 温度

由图10-2可知，冷却剂温度越高，发生转折越早，转折后的腐蚀速度也越高。特别是在高温条件下，温度稍有升高，达到转折点的时间可大大提前，转折后的腐蚀速度也会成倍增加，因此当前锆合金包壳元件的壁面温度被限制在 350℃ 以下。在 350℃，锆合金达到转折点的时间为 150 天，而燃料在堆内的辐照时间一般要延续 1000 天左右。

2. 冷却剂水质

冷却剂中含有的 LiOH（或 KOH）、氢、氟化物等对锆合金的腐蚀都有一定影响。

碱性溶液对锆合金的腐蚀影响较大。通常，碱浓度越高，锆合金的腐蚀速度也越快，且 LiOH 对锆合金腐蚀的影响较 KOH 明显。图 10-4 为锆合金在 LiOH 溶液中的腐蚀。从图中可以看出，当 LiOH 浓度超过 1000mg/L 时，腐蚀速度显著增加。可用下述关系式描述溶液中 Li^+ 浓度对锆合金腐蚀的影响：

$$v / v_0 = 1 + 13[Li^+] \tag{10-7}$$

式中，$[Li^+]$——Li^+的浓度；v、v_0 分别为锆合金在 LiOH 溶液和纯水中的腐蚀速度。

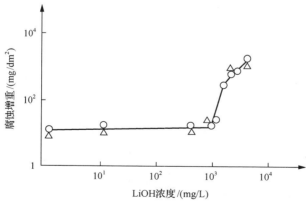

图 10-4　锆合金在 LiOH 溶液中的腐蚀
○-锆-2；△-锆-4

特别是 LiOH 在堆内构件缝隙处浓缩时，会造成锆合金的局部腐蚀。试验表明，在 360℃ 的水溶液中，即使 NH_4OH 浓度为 11.5mol/L，锆合金的腐蚀也不明显；若用 LiOH 将溶液 pH 调节至 10，则因泡核沸腾引起 LiOH 在缝隙处浓缩，锆合金的腐蚀大大加速。

在卤族元素中，氟对锆合金的腐蚀作用最明显。当水溶液中氟含量超过 2mg/L 时，锆合金就会遭受腐蚀破坏。反应堆冷却剂中有时会出现微量的氟，这可能来自聚四氟乙烯等密封材料，也可能是燃料元件制造厂对元件包壳表面进行氢氟酸处理后，冲洗不干净所致。

在冷却剂中硼酸浓度所能达到的范围内，硼酸不影响锆合金的腐蚀。

水中微量溶解氢气(分子)对锆合金的腐蚀影响不大，但锆合金腐蚀产生的氢(原子)可能产生氢脆。氢对锆合金的破坏作用主要表现在氢脆方面，将在后面讨论。

3. 中子通量

中子通量和氧含量对锆合金的腐蚀有强烈影响，且相互促进。在含有溶解氧的冷却剂中，提高中子通量会加剧锆合金的腐蚀。同样，在中子辐照下，冷却剂中的氧能显著提高腐蚀速度。由于压水堆冷却剂中的溶解氧浓度低，因此中子辐照对锆合金的腐蚀速度不会有显著影响。

4. 热通量

热通量对锆合金腐蚀的影响与氧化膜厚度有关。氧化膜较薄时，热通量的影响不大；氧化膜较厚时，热阻加大，会使温度升高、腐蚀加速。图 10-5 为热通量对锆-4 合金的腐蚀及吸氢量的影响(以材料腐蚀面 5mm 深度中的氢浓度表示吸氢量)。

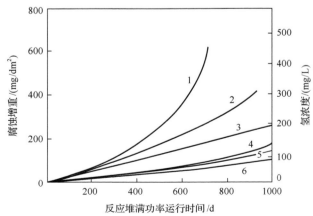

图 10-5　锆-4 包壳管腐蚀与热通量的关系

1-热通量为 $1.1 \times 10^{10} J/(m^2 \cdot h)$，温度 360.0℃；2-热通量为 $5.7 \times 10^9 J/(m^2 \cdot h)$，温度 360.0℃；

3-热通量为 $0 J/(m^2 \cdot h)$，温度 360.0℃；4-热通量为 $1.1 \times 10^{10} J/(m^2 \cdot h)$，温度 332.2℃；

5-热通量为 $5.7 \times 10^9 J/(m^2 \cdot h)$，温度 332.2℃；6-热通量为 $0 J/(m^2 \cdot h)$，温度 332.2℃

四、锆合金的氢脆

如前所述，锆合金在高温水或蒸汽中的腐蚀反应为

$$Zr + 2H_2O \longrightarrow ZrO_2 + 4H \tag{10-8}$$

锆腐蚀后在其表面形成氧化膜，同时产生氢，反应中释放出的氢有一部分（10%～30%）能够穿过氧化膜，溶解于基体金属中形成固溶体 $Zr(H)_{sol}$，或形成氢化锆：

$$Zr + H \longrightarrow Zr(H)_{sol} \tag{10-9}$$

或

$$2Zr + 3H \longrightarrow 2ZrH_{1.5} \tag{10-10}$$

使锆的脆性增加，这就是氢脆现象。氢脆会破坏燃料元件包壳，影响锆合金包壳的使用寿命，所以包壳的氢脆破坏是最受关注的问题。

1. 影响氢脆破坏的因素

影响氢脆破坏的因素包括吸氢量、温度、氢化物取向、氢化物大小。

(1) 吸氢量。根据腐蚀反应，试样每吸收 32g 氧就产生 4g 氢。如果腐蚀增重 ΔW 完全是由吸氧造成的（忽略吸氢对增重的影响），那么理论上产生的氢量应是 $1/8\Delta W$。锆合金所吸收的氢主要来自腐蚀反应过程中产生的氢，其次是在辐照作用下一回路水辐照分解产生的氢。

在一定温度下，氢在锆合金中具有一定的极限固溶度。当达到极限固溶度后，继续吸氢，过量的氢就会以小片状氢化锆形式沉淀出来。氢在锆合金中的固溶度很低，在室温时只有几毫克每升，在 300℃、350℃时分别约为 80mg/L、120mg/L。当合金所处的温度降低或其中氢含量超过极限固溶度时，就有氢化物析出。

而且随着氢含量增高，锆合金的延性会逐渐降低，当达到一定的氢含量时，氢化物析出会产生明显脆化作用，甚至使包壳破裂。通常规定运行终期锆合金包壳的氢含量为 500～600mg/L。

(2) 温度。如上所述，氢在锆合金中的固溶度随温度升高而增大，所以锆合金包壳的氢脆与使用温度有关。当温度低于 150℃时，氢化锆是一种脆性夹杂物；高于 150℃时，析出的氢化锆本身也变得有塑性。可以认为，温度高于 200℃，锆合金不存在氢脆效应。在 300℃，即使氢含量在 800mg/L 以上，其延性变化也不大。因此，锆合金燃料元件包壳只有在低于 200℃的停堆、开堆和换料时，才可能出现氢脆，而在正常运行过程中一般不会发生氢脆。

(3) 氢化物取向。氢化物取向对锆合金机械性能有一定影响。试验表明：氢化

物呈切向取向的锆合金管，延性和强度都比较好；氢化物呈径向取向的锆合金管，性能最差，氢脆最严重，尤其是长链状的氢化物能使锆合金的机械性能明显下降；混乱取向分布的氢化物，对锆合金的拉伸性能影响很小。

锆合金中溶解的氢化物在冷却析出时，若受应力作用会重新取向，这一过程称为应力再取向。通常应力再取向与锆合金的组织、晶粒度及冷加工时的残余应力有关，例如，锆合金管的冷加工会加剧应力再取向，锆合金管在加工过程中产生的残余内应力、高温冷却时出现的热应力和运行条件下的工作应力也都会影响氢化物的分布。即使锆合金管初始性能良好，应力再取向（由切向变为径向）也会加剧氢脆。

(4) 氢化物大小。当锆合金管的晶粒较细时，易得到分散、细小的氢化物。从缓和氢脆考虑，一般认为氢化物晶粒越细小越好，因为氢化物长度超过管壁厚度的 1/10 时，即使氢化物取向分布混乱，氢脆也会趋于严重。然而，晶粒也不宜过于细小，否则会引起大的应力取向效应。综合考虑氢化物长度与壁厚的关系以及氢化物应力取向的影响，一般认为锆合金管的晶粒度在 30~50μm 较为合适，这样可限制氢化物长度不超过壁厚的 1/10。

2. 吸氢机理

这里仅讨论锆合金在转折前腐蚀和吸氢的离子反应-离子扩散机理，转折后的吸氢机理有待进一步研究。

图 10-6 表明了锆合金的吸氢机理。氧化膜中的氧溶解到锆合金基体中后，在氧化膜内形成阴离子空位和自由电子，如图 10-6(a)所示。在氧化膜表面，阴离子空位的正电性使水分子(偶极性)的氧端朝向氧化膜定向排列。由于水分子和空位发生反应，水分子会解离，形成正常 ZrO_2 点阵中的氧离子(点位)，空位湮灭，如式(10-11)和式(10-12)所示：

$$\left.\begin{array}{c}H^+\\H^+\end{array}\right\rangle O^{2-} \rightarrow O^{2-}_{水} + 2H^+ \tag{10-11}$$

$$\square + O^{2-}_{水} \longrightarrow 点位 \tag{10-12}$$

式中，$O^{2-}_{水}$——水分子解离形成的氧离子。

新产生的阴离子与氧化膜中的阴离子空位不断作用，直到金属-氧化物界面。因此，锆合金在水蒸气中的腐蚀过程，是阴离子空位通过表面氧化膜的扩散过程。上述反应所产生的氢离子，会与由金属-氧化物界面扩散出来的电子结合，形成氢原子：

$$H^+ + e^- \longrightarrow H \tag{10-13}$$

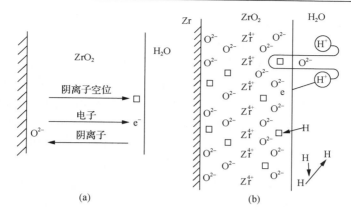

图 10-6 锆合金吸氢机理示意图

氢原子形成后有两种可能：

(1) 复合成氢分子，从氧化物表面扩散到腐蚀介质中，即

$$H + H \longrightarrow H_2 \uparrow \qquad (10\text{-}14)$$

(2) 以氢原子形式占据氧化膜中的阴离子空位，向金属-氧化物界面扩散，即腐蚀过程中产生的原子氢在氧化膜中通过阴离子空位进行扩散：

$$H + \square \longrightarrow \boxed{H} \qquad (10\text{-}15)$$

式中，$\boxed{H}$——占据阴离子空位的氢原子。

腐蚀过程中产生的原子氢之所以在氧化膜中通过阴离子空位进行扩散，是因为氢原子的直径约为 1.06Å，单斜 ZrO_2 中氧和锆离子之间的间隙仅为 0.15Å，氢原子不可能通过此间隙；与水接触的金属氧化物中的氧离子有各种排布方式，其平均间隙较小（0.5～0.9Å），氢原子也很难通过完好的氧化膜；而 ZrO_2 中氧离子直径约为 2.64Å，因此氢原子进入 ZrO_2 晶格，可由这些阴离子空位扩散到锆合金中。

锆合金转折前的吸氢量仅占腐蚀氢的一部分，因为此时氧化过程占优势，它消除了大部分可占据的阴离子空位。

3. 锆合金燃料元件包壳的内氢脆

内氢脆是氢化锆由燃料元件包壳内壁向外表呈辐射状析出，使管状包壳产生裂缝，甚至贯穿管壁造成裂变产物泄漏的现象。这是迄今为止水冷堆运行中危害最严重的问题之一。

一般认为，内氢脆是由燃料中和沿包壳缺陷进入其中的水分所造成的。在反应堆初次提升功率后，锆合金包壳内表面与这些水分迅速反应，生成氧化膜并放出氢。若氧化膜完好，可阻止氢向金属内部渗透。但随着锆水反应的进行，氧不断消耗，会逐渐形成缺氧状态，而氢在积累，其浓度不断增高；在长时间的高温缺氧条件下，氧化膜会出现缺陷点(也称"击穿点")。这样，氢可通过缺陷点透入金属基体，为氢脆打开缺口。氢在金属中逐渐积累，会形成 δ 相 $ZrH_{1.5}$。因为 δ 相氢化物的密度为 $5.48g/cm^3$，锆合金的密度为 $6.545g/cm^3$，所以氢化物的生成会使锆合金体积约膨胀 13%，这时所形成的应力对氢化物的径向再取向会产生明显影响，如在燃料棒的局部功率波动时，会形成径向针状氢化物和一些微小的贯穿性裂缝。而在包壳截面的温度梯度场中，氢从 δ 相 $ZrH_{1.5}$ 再溶入基体，形成氢化物，由内壁向外呈辐射状迁移扩张，内表面的 $ZrH_{1.5}$ 被还原成锆，体积收缩，以致在内壁造成裂纹和缺陷。这种缺陷常称为太阳状缺陷，如图 10-7 所示。

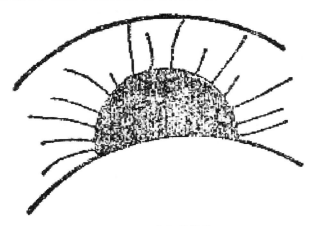

图 10-7　太阳状缺陷

　　焊接热影响区和包壳内表面的局部划痕都能加剧内氢脆过程。氧化膜的缺陷是产生内氢脆的必要条件，所以锆合金包壳的内氢脆是局部的，它与外部的均匀吸氢不同。

　　内氢脆危害极大，为了防止这种损坏，必须尽可能减少和消除燃料元件包壳内部的氢，其方法为：

　　(1)尽量降低燃料芯块吸附水分的能力。水分是氢的主要来源，UO_2 即使在干燥环境中也能吸附水分。吸水量与芯块开口气孔形状、表面积、密度等有关，因此应生产开孔率低、表面积小的芯块和使用高密度芯块。用热真空除气降低芯块水含量，可将芯块内水分降到 $1\sim3mg/L$。但对于避免内氢脆，目前尚无统一的水含量技术规范，有人根据经验提出冷燃料的水含量不应高于 $2mg/cm^3$。

　　(2)严格控制燃料芯块的含氟量。氟能与氧化锆反应生成络合物，从而破坏氧化膜，削弱氧化膜对氢穿透的阻止作用，加速太阳状缺陷的形成。因此，要求芯块中氟含量为 $10\sim15mg/L$。锆管内表面经化学清洗后氟化物的残余量应低

于 $0.5\mu g/cm^2$。

五、锆合金的应力腐蚀破裂与防止

锆合金包壳在同时受芯块与包壳之间机械作用和裂变产物化学作用时，会产生应力腐蚀破裂，严重影响核反应堆的安全经济运行，因此 20 世纪 70 年代后，人们对锆合金应力腐蚀破裂产生的条件、破裂机理、防止措施进行了深入研究，取得了一定成绩，但还有许多问题尚不清楚。

1. 产生条件

锆合金包壳的应力腐蚀破裂是在燃料元件经过一定时间燃耗后，快速提升功率时发生的。当功率跃增时，芯块膨胀量加大，致使破裂程度增大，裂变产物(主要是碘、镉)释放量增多，包壳内表面环形方向上的拉应力加大，从而为应力腐蚀破裂的产生提供了条件。

表 10-3 列出了锆-2 和锆-4 合金产生应力腐蚀破裂的临界应力值，它们与锆合金管的冶金状态、组织结构、辐照以及内表面腐蚀性裂变产物的浓度有关。

表 10-3　锆-2 和锆-4 合金的应力腐蚀破裂临界应力

合金	试验条件	临界应力值/MPa
锆-2	未受辐照，消除应力，320℃	329.5
锆-2	未受辐照，已退火，320℃	279.5
锆-4	未受辐照，消除应力，360℃	299.1
锆-4	受辐照，消除应力，360℃	200.0

锆合金包壳产生应力腐蚀破裂所需的碘浓度为 $3\times10^{-3}\sim7\times10^{-3}mg/cm^3$，这一浓度在运行中容易达到。

实践证明，当堆内燃料元件的燃耗约为 $43.2\times10^5J/t$ 铀时，继而快速提升反应堆功率，就会出现应力腐蚀破裂所需的应力与碘的浓度值。

2. 裂纹的形成机理

锆合金的应力腐蚀破裂可分为两个阶段，即裂纹的萌生和裂纹的扩展。

裂纹萌生阶段：由于芯块与包壳的机械作用，锆合金包壳内表面氧化膜破裂，挥发性裂变产物如碘与锆基体发生反应，形成腐蚀源。试验表明，裂变产物碘首先吸附在锆合金表面，然后与其反应，形成一层均匀的 ZrI_x。当局部反应特别强烈时，可形成微小蚀坑。蚀坑在应力作用下，会发展成微裂纹。在应力和腐蚀介质碘的作用下，它进一步发展为宏观裂纹。这一过程是锆合金发生应力腐蚀破裂的主要过程，占整个过程所需时间的 50%～90%。

裂纹扩展阶段：宏观裂纹在应力作用下进入裂纹扩展阶段，其扩展速度主要取决于力学因素，即裂纹尖端的应力强度因子 K_1，当 K_1 达到 K_{1c}(临界应力强度因子)时，锆合金包壳迅速断裂。

3. 断口特征

锆合金包壳应力腐蚀破裂的断口是典型的脆性断裂，具有以下特征：

(1)裂纹起源于包壳内表面，并垂直于拉应力。

(2)裂纹呈树枝状，根部细小，最初为晶间裂纹，达一定深度后为穿晶裂纹。

(3)在断口上有一明显的环形劈裂区，在劈裂面上有时可观察到平行的凹槽。劈裂是锆晶体在滑移面上因剪切位移而产生的，凹槽是某些结晶方向相差较大的晶体在劈裂时来不及滑移而产生的塑性断裂。

(4)在靠近包壳外表面的区域，能观察到具有延性特征的小旋涡，这种延性破坏是在裂纹扩展后期，作用于未断包壳上的拉应力越来越高的结果。

4. 防止破裂的方法

锆合金包壳应力腐蚀破裂的防止方法主要有以下几种。

1) 改进包壳的制造工艺

目前，水冷动力堆广泛采用锆-4 合金作为燃料元件包壳材料，在今后相当长的时间内，仍将会使用这种材料。为提高它的使用性能，可采取如下措施：对包壳内表面进行处理，如涂石墨层、硅氧烷层，这可以防止裂变产物直接与锆基体接触，同时可减少芯块与包壳间的摩擦力，减少包壳的局部应力集中，使元件破损率下降；在锆合金内壁喷砂，使包壳内表面形成硬化层，并使其残余压应力 $\sigma_c > 1/2\sigma_{0.2}$；改善热处理工艺，提高包壳管闭端爆破性能的环向延伸率等。

2) 控制运行条件

如前所述，元件的功率、功率跃增幅度及功率跃增速度对芯块开裂程度及裂变产物的释放均有影响。控制这些运行参数，是在不改变元件设计前提下防止锆合金包壳应力腐蚀破裂的有效方法。

3) 改进芯块设计

芯块的几何形状和尺寸、包壳-芯块的初始间隙，都直接影响芯块与包壳之间的机械作用。为减弱包壳-芯块的机械作用，可减小芯块高径比，设置倒角，使端面呈碟形，或制成空心芯块。双层燃料芯块(内层燃料浓度低，外层燃料浓度高)可降低芯块中心温度和芯块内温度差，从而减小芯块开裂的可能性。

第二节　镍基合金的腐蚀与防护

为解决蒸汽发生器中奥氏体不锈钢管的氯离子应力腐蚀破裂问题，一些国家广泛采用因科镍-600 和因科洛依-800 合金作为管材，也有用因科镍-690 的。它们都具有良好的冷、热加工性能，低温机械性能，耐氧化性能和耐高温腐蚀性能，特别是有良好的耐氯离子应力腐蚀性能。但是在高温、应力、浓碱条件下，苛性应力腐蚀破裂、晶间腐蚀（intergranular attack，IGA）仍可能发生。

一、因科镍-600 的腐蚀与防止

1. 晶间腐蚀与防止

因科镍-600 经敏化处理后，形成了晶界碳化物网和相应的贫铬区，从而易出现晶间腐蚀。因科镍-600 不仅可以在焊接过程中被敏化，而且在高温下即使时间很短也会严重敏化。

图 10-8 为因科镍-600 的晶间腐蚀敏化图。为便于比较，图中还给出了 18-8 型（18Cr8Ni）不锈钢的晶间腐蚀敏化图。由图可知，因科镍-600 在 350℃温度下约 1000h 后会发生敏化；而 18-8 型不锈钢在同样温度下使用，40 年内不存在敏化问题。因此，当蒸汽发生器采用因科镍-600 作为管材时，应考虑其长期处于运行温度下的敏化问题。

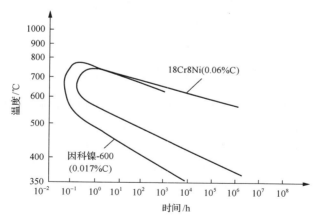

图 10-8　因科镍-600 的晶间腐蚀敏化图

2. 苛性应力腐蚀破裂与防止

因科镍-600 的苛性应力腐蚀破裂是由有游离 NaOH，且局部浓缩以及应力造成的，主要出现在二回路侧。

　　研究表明，合金的化学成分、热处理、碱液浓度、温度、介质氧含量等对因科镍-600 的应力腐蚀破裂有影响。

　　图 10-9 是 316℃、50%NaOH 除氧溶液中，Fe-Cr-Ni 合金的 Ni 含量对应力腐蚀破裂的影响。由图可见，随着 Ni 含量增加，合金耐苛性应力腐蚀破裂的能力增强。在含氧的高温碱溶液中，需要同时提高铬、镍含量才能改善合金的耐苛性应力腐蚀破裂性能。例如，在 300℃含氧的 50%NaOH 溶液中，含 Cr 高的 25Cr20Ni、30Cr42Ni、30Cr60Ni 比含 Cr 低的 304 不锈钢、因科洛依-800、因科镍-600 有较高的耐应力腐蚀破裂性能。

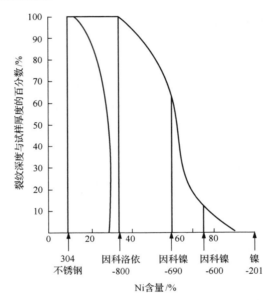

图 10-9　50%NaOH 除氧溶液中不同金属的应力腐蚀破裂（U 形试样，316℃，试验 5 周）

　　图 10-10 为 300℃、50%NaOH 溶液中 Cr、Fe 含量对高镍合金应力腐蚀破裂的影响。由图可见，当 Cr 含量高于 28%时，不产生应力腐蚀破裂；当 Cr 含量低于 28%、Fe 含量为 6%～11%时，发生应力腐蚀破裂。因科镍-600 的合金成分中 Cr、Fe 含量正好在此范围，所以为提高耐苛性应力腐蚀破裂的能力，应对因科镍-600 的化学成分进行适当调整。研究指出，因科镍-600 经 593～649℃热处理后，其耐苛性应力腐蚀破裂的性能可得到提高。

　　图 10-11 是 pH 为 10 的水溶液中，温度和溶解氧对因科镍-600 合金阳极极化曲线的影响。由图可知，温度升高，其极化曲线中致钝电位向正方向移动，使钝化区缩小；溶液中氧含量增大时，极化曲线中维钝电流密度增大。这表明温度升高、水中溶解氧增加均可促进因科镍-600 的应力腐蚀破裂。此外，在干湿交替的区域内会造成水中碱的局部浓缩，从而产生苛性应力腐蚀破裂。

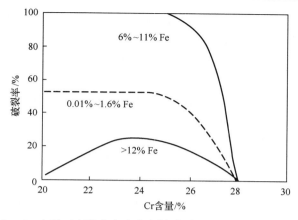

图 10-10　Cr、Fe 含量对高镍合金应力腐蚀破裂的影响(U 形试样，试验 27 天)

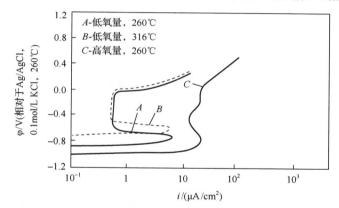

图 10-11　温度、溶解氧对因科镍-600 合金阳极极化曲线的影响

防止因科镍-600 苛性应力腐蚀破裂的主要措施首先是防止游离 NaOH 的产生，消除存在于蒸汽发生器内的浓缩机构；其次是调整合金成分和消除应力。

3. 因科镍-600 的晶间应力腐蚀破裂(intergranular stress corrosion cracking，IGSCC)与防止

在实验室中曾对因科镍-600 在高温高纯水中发生晶间应力腐蚀破裂的问题进行过许多研究。大量事实表明，因科镍-600 对晶间应力腐蚀破裂是敏感的，即使在相当纯的水溶液中也会发生破裂。

一般来说，应力、溶解氧、温度、敏化、晶粒度等对因科镍-600 晶间应力腐蚀破裂的敏感性有影响。图 10-12 是高温(343～349℃)水中应力对因科镍-600 应力腐蚀破裂的影响。由图可知，应力越大，破裂所需时间越短。一般认为接近或超过 $\sigma_{0.2}$ 的应力是破裂所必需的应力值。水中溶解氧能加速晶间应力腐蚀破裂。

在 pH 为 10、316℃的高温水中试验了溶解氧对因科镍-600 和 304 不锈钢应力腐蚀破裂裂纹扩展速度的影响，结果如图 10-13 所示。图 10-14 为高温水中溶解氧、应力、温度对因科镍-600 应力腐蚀破裂的影响。水中溶解氧浓度高时，裂纹出现的时间缩短。试验证实，温度对晶间应力腐蚀破裂的影响也比较明显，220~350℃是腐蚀加速的温度范围。由于因科镍-600 在固溶处理过程中的"自敏化效应"，固溶态因科镍-600 也会发生晶间应力腐蚀破裂。此外，构件存在缝隙时，会加速因科镍-600 的晶间应力腐蚀破裂。例如，在 220~350℃的高纯水中，因科镍-600 破裂前的潜伏期为 5000~10000h；其裂纹传播速度，无缝隙时为 0.02mm/1000h，有缝隙时为 0.3mm/100h。

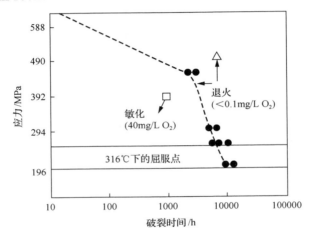

图 10-12　高温水中应力对因科镍-600 应力腐蚀破裂的影响
●-科里奥公司试验数据；□-克拉克公司试验数据；△-B&W 公司试验数据

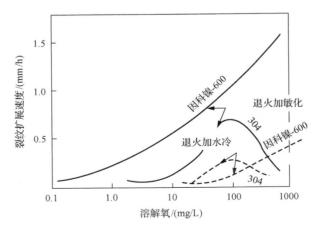

图 10-13　溶解氧对因科镍-600 和 304 不锈钢应力腐蚀破裂裂纹
扩展速度的影响（双 U 形管试样）

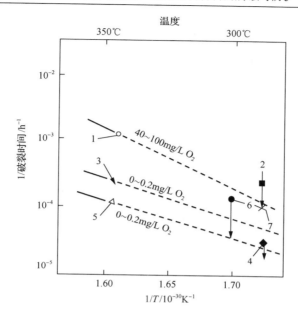

图 10-14 溶解氧、应力、温度对因科镍-600 应力腐蚀破裂的影响(无缝隙)

1-敏化，394.2MPa；2-敏化，274.6MPa；3-退火，394.2MPa；4-退火，敏化，274.6MPa；
5-退火，274.6MPa；6-退火，343.2MPa；7-波纹管

防止因科镍-600 晶间应力腐蚀破裂的措施有：

(1)调整材料成分；

(2)进行消除应力的热处理，如在 593～649℃温度范围内对因科镍-600 进行热处理，可提高其在高温、纯水中的耐晶间应力腐蚀破裂能力；

(3)消除构件的缝隙以及细化晶粒均可改善因科镍-600 的耐晶间应力腐蚀破裂性能。

二、因科洛依-800 的腐蚀与防止

因科洛依-800 的 Ni 含量约为 32%，1972 年开始被用来作压水堆蒸汽发生器管材。研究认为这种合金在高温水中既可耐穿晶应力腐蚀破裂，又可耐晶间应力腐蚀破裂。但因科洛依-800 在使用中还是可能发生晶间腐蚀、晶间应力腐蚀破裂和苛性应力腐蚀破裂的。

1. 晶间腐蚀与防止

实践证实，碳含量对因科洛依-800 的耐晶间腐蚀性能有影响。若在合金中加 Ti，同时将碳含量降至 0.01%左右，则能提高其稳定化程度，因此用 Ti/C 比或 Ti/(C+N)比表示稳定化程度。图 10-15 为稳定化程度对因科洛依-800 晶间腐蚀性

能的影响。由图可见，当 Ti/C≥12 时，其晶间腐蚀深度明显降低。因此，对目前应用于压水堆蒸汽发生器的因科洛依-800 管，规定 Ti/C≥12，Ti/(C+N)≥8。

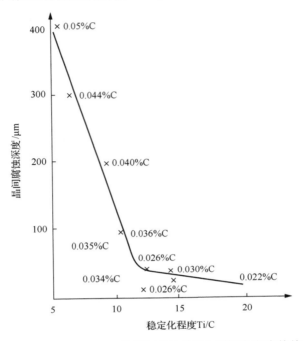

图 10-15　因科洛依-800 的晶间腐蚀性能与稳定化程度的关系

一般认为，经 533～760℃温度敏化的因科洛依-800 对晶间腐蚀敏感。图 10-16 为因科洛依-800 的晶间腐蚀敏化图。为便于比较，同时列入了因科镍-600 的晶间

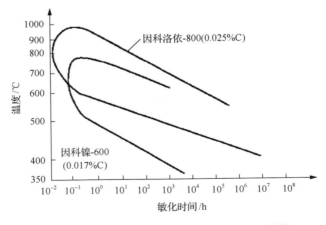

图 10-16　因科洛依-800(硫酸-硫酸铜试验)、因科镍-600
(硫酸-硫酸铁试验)的晶间腐蚀敏化图

腐蚀敏化图。由图可知，因科洛依-800 在高温下经过较短时间就会敏化。因此，当它用作蒸汽发生器管材时，应小心控制焊接温度，以防敏化。通常，焊接厚壁的因科洛依-800 管，敏化是很难避免的。因此，减薄管壁对提高因科洛依-800 的高温机械性能很重要。

图 10-17 是合金 A、B、C、D 的晶间腐蚀敏化图(四种合金的性质见表 10-4)。由图中曲线 A、B 可知，降低固溶处理温度，可改善其耐晶间腐蚀性能。这是由于降低固溶处理温度，可细化晶粒，并且使 C、Ti 易于结合。由图中曲线 C、D 可知，细化晶粒能提高其耐晶间腐蚀性能，因为晶粒细小，晶粒边界增大，形成连续网形的晶界碳化物的可能性就小。曲线 D 是对因科洛依-800 采用降低碳含量和固溶处理温度、细化晶粒等综合措施后所得到的晶间腐蚀敏化图。很明显，此时因科洛依-800 耐晶间腐蚀的性能明显提高。

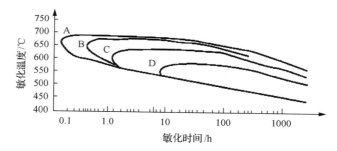

图 10-17　合金 A、B、C、D 的晶间腐蚀敏化图

表 10-4　合金 A、B、C、D 的化学成分、热处理方式

材料	热处理	化学成分/%								
		C	Si	Mn	Cr	Ni	Ti	Al	Ti/C	Ti/(C+N)
A(片)	1150℃，20min 水淬	0.036	0.56	0.46	20.9	31.8	0.41	0.24	11.4	7.1
B(片)	980℃，20min 水淬	0.036	0.56	0.46	20.9	31.8	0.41	0.24	11.4	7.1
C(片)	980℃，20min 水淬	0.026	0.49	0.55	21.0	33.5	0.40	0.36	15.4	9.1
D(管)	980℃，5min 空冷	0.015	0.55	0.56	20.7	33.6	0.42	0.21	28.0	13.1

2. 晶间应力腐蚀破裂与防止

在 Cl⁻、O₂ 含量较低的高温纯水中，因科洛依-800 一般不发生晶间应力腐蚀破裂；但是，因科洛依-800 在 Cl⁻、O₂ 含量较高的高温水中会发生晶间应力腐蚀破裂。

为了防止因科洛依-800 产生晶间应力腐蚀破裂，可以采用控制碳化物析出的方法。这一方法是反复冷却和退火，使碳以过饱和固溶的形式细化分散析出，既不沿晶界又均匀分布在晶粒内。

3. 苛性应力腐蚀破裂与防止

高温电化学试验和高压釜试验表明，在高浓度碱液中，因科洛依-800 对苛性应力腐蚀破裂是敏感的。在高温的 10%～50%NaOH 溶液中的试验表明，因科洛依-800 的耐蚀性能优于奥氏体不锈钢，但劣于因科镍-600。在高温高浓度碱溶液中，因科洛依-800 在低应力下就出现破裂；在高温低浓度碱液(10%NaOH)中，它比因科镍-600 破裂的起始应力高。

综上所述，一般认为因科镍-600、因科洛依-800 耐各种腐蚀的性能有以下关系：

(1)在含 Cl^-、O_2 的高温水中，耐晶间应力腐蚀破裂的能力是因科洛依-800 优于因科镍-600。

(2)在含 Cl^-、O_2 的高温水中，耐氯离子应力腐蚀破裂的能力是因科镍-600 优于因科洛依-800。

(3)在含强碱、O_2(或不含)的高温水中，耐苛性应力腐蚀破裂的能力是当碱液浓度高于 10%时，因科镍-600 优于因科洛依-800；当碱浓度低于 10%时，因科洛依-800 优于因科镍-600。

(4)在含 Cl^-、O_2 的高温水中，耐点蚀和缝隙腐蚀的能力是因科洛依-800 优于因科镍-600。

为了提高材料的抗蚀性能，德国对蒸汽发生器传热管的因科洛依-800 管材采取 1050℃固溶处理(空冷)，使其产生 5%的冷变形，并用喷射玻璃丸强化管子表面，取得了一定效果。美国在因科镍-600 的基础上研制出了新型合金因科镍-690(30Cr60Ni)，并已将其用于部分蒸汽发生器中。据报道，这种新型材料具有较强的抗蚀性能。

第三节　　不锈钢的腐蚀与防护

在压水堆中，大量的不锈钢被用作结构材料。这些材料在运行条件下会出现许多腐蚀问题，如应力腐蚀破裂、晶间腐蚀、点蚀和缝隙腐蚀等。本节对不锈钢的应力腐蚀破裂、晶间腐蚀进行讨论。

一、不锈钢的应力腐蚀破裂与防止

对不锈钢构件发生应力腐蚀破裂的统计结果表明，使用不到一年就产生这种腐蚀的构件占实际腐蚀破坏的 50%以上。在核电站用 1Cr18Ni9Ti 制造的热交换器管，经常发生应力腐蚀破裂，引起了人们的极大重视。

大量研究表明，不锈钢在高温水中所发生的应力腐蚀破裂与其所含的氯化物、氧或氢氧化物等腐蚀介质有关。

如图 10-18 所示，图中四根阳极极化曲线分别对应于裂纹内不同位置，由于不同位置的 O_2、Cl^-、pH 等不同，阳极极化曲线从左向右移动。

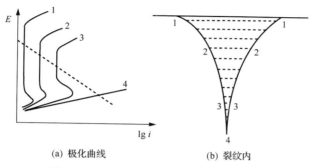

<table>
<tr><td>(a) 极化曲线</td><td>(b) 裂纹内</td></tr>
</table>

图 10-18 蚀坑各部分的极化曲线示意图

(一)不锈钢应力腐蚀破裂的影响因素

1. 不锈钢在氯化物溶液中应力腐蚀破裂的影响因素

1)介质的影响

(1)不同氯化物对奥氏体不锈钢应力腐蚀破裂的影响。奥氏体不锈钢在含有 $MgCl_2$、$CaCl_2$、$ZnCl_2$ 溶液中的腐蚀速度很小，但在这些介质中，拉应力引起的应力腐蚀破裂很强烈。

奥氏体不锈钢在含有 NaCl、KCl、NH_4Cl 的溶液中产生点蚀，只有长期暴露在这些溶液中才会发生应力腐蚀破裂。

奥氏体不锈钢在含有 $CuCl_2$、$FeCl_3$、$HgCl_2$ 的溶液中产生强烈的全面腐蚀和点蚀，不发生应力腐蚀破裂，但在这些溶液中加少量氧化剂、改变电位或 pH 时会发生应力腐蚀破裂。据文献报道，奥氏体不锈钢在稀的 HCl、CCl_4、$CHCl_3$、C_2H_5Cl 水溶液中会发生应力腐蚀破裂。

试验证实，在氯化物浓度、pH、温度等条件相同时，达到应力腐蚀破裂的时间取决于溶液中 Mg^{2+}、Ca^{2+}、Li^+、Na^+ 等阳离子的浓度。

$MgCl_2$ 溶液具有引起奥氏体不锈钢产生应力腐蚀破裂的强烈作用，在 20 世纪 40 年代初就有人提出可用沸腾 $MgCl_2$ 溶液检验奥氏体不锈钢应力腐蚀破裂敏感性的大小。但应当指出，用 $MgCl_2$ 溶液得出的规律和结论与实际情况有较大差异。

(2)氯离子浓度的影响。溶液中氯离子含量增加，会使局部金属表面的活性增加，缝内介质酸度升高。因此，在介质中增加氯离子含量会加速奥氏体不锈钢的应力腐蚀破裂。例如，18-9 钢在沸水堆中随氯化物浓度升高，破裂的时间缩短，如图 10-19 所示。

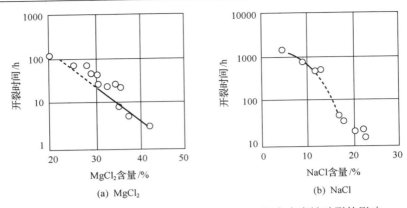

图 10-19 在沸水堆中，氯化物浓度对 18-9 钢应力腐蚀破裂的影响

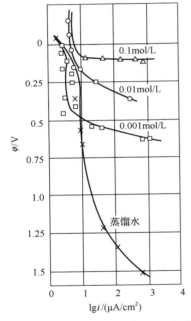

图 10-20 12X18H10T 钢在 300℃不同浓度的 NaCl 溶液中的阳极极化曲线

在溶液中增加氯化物浓度，可促使钢的表面离开钝化状态(图 10-20)。在钝化区钢的溶解速度本来是不变的，但是随着氯离子浓度增大，氯离子的活化作用增强，电位负移，钝化状态被破坏。即使介质中起始氯化物浓度十分低，也不能保证不发生应力腐蚀破裂，这是因为在缝隙部位氯化物浓缩。例如，在沸水堆元件包壳中发生应力腐蚀破裂时，发现破裂处 Cl⁻浓度高达 1000mg/kg，而反应堆运行水中 Cl⁻小于 0.05mg/kg。核电站的运行经验表明，Cl⁻的安全浓度取决于介质浓缩条件，介质的温度、压力、氧含量，缓蚀剂及其添加剂，钢的组成和原始状态，负荷等因素。

(3)氧浓度的影响。一般认为，介质中氧浓度增加会促使不锈钢产生应力腐蚀破裂。例如，18-9 钢在 300～350℃、Cl⁻含量为 0.01%～0.8%的水中，氧含量＜0.2mg/L 时不发生破裂，而氧含量＞0.3mg/L 时发生破裂。运行经验表明，随着介质中氧含量减少，奥氏体不锈钢发生应力腐蚀破裂的趋势降低，在除氧水和蒸汽中氯脆的可能性很小。

水中溶解氧的主要作用是改变阴极极化曲线，提高极限扩散电流。图 10-21 为奥氏体不锈钢在含氧高温水中的阴、阳极极化曲线，其中阴极极化曲线 1～4 分别对应不同的氧含量。由图可见，随着氧含量增加，腐蚀电位向正方向移动，达到曲线 4 的氧含量时，金属处于过钝化区，从而加速阳极溶解，使金属表面膜破坏，导致应力腐蚀破裂。

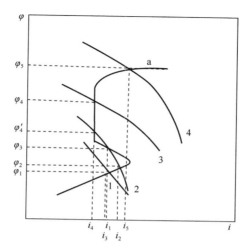

图 10-21　不锈钢在含氧水中的阴、阳极极化曲线

a-阳极极化曲线；1～4-阴极极化曲线（O_2 的浓度递增）

除了氧能加速不锈钢应力腐蚀破裂外，还有其他氧化剂，如 H_2O_2、Fe^{3+}、Cu^{2+}，在沸腾的 $MgCl_2$ 溶液中均能加速不锈钢的应力腐蚀破裂。

核电站的水溶液通常是中性或弱碱性的，氧对应力腐蚀破裂一般起促进作用。此外，反应堆水溶液辐照分解形成的过氧化氢和其他氧化性产物均可以促进氯脆。除氧水和蒸汽均可减缓奥氏体不锈钢的应力腐蚀破裂。

（4）氯离子和氧同时存在对奥氏体不锈钢产生应力腐蚀破裂的影响。试验表明，18H10T 钢在温度为 350℃、压力为 160Pa、氯化物含量为 0.05～0.1mg/L 的水溶液中，当氧含量为 0.1～0.4mg/L 时不发生应力腐蚀破裂；当氧含量为 0.2mg/L 时，氯化物含量即使达 1000mg/L、运行 873h，钢材也未出现裂纹；而氧含量升高达 1.5～4mg/L 时，氯化物含量即使只有 0.1mg/L，钢材也产生应力腐蚀破裂。

图 10-22 为水溶液中氯化物和氧同时存在对 304 不锈钢、347 不锈钢和 310 不锈钢产生应力腐蚀破裂的影响。试验是在水的汽、液相交替的条件下进行的，温度为 240～260℃，时间为 1～30 昼夜，应力在 $\sigma_{0.2}$ 以上。试验结果有如下规律性：

① 在中性水溶液中，只有同时存在氯化物和 O_2，不锈钢才产生应力腐蚀破裂。

② 氯离子浓度大，则只有在氧含量比较高时才产生应力腐蚀破裂；而氧含量低时，氯离子浓度再大也不发生应力腐蚀破裂。

③ 在氯化物含量高的介质中，彻底除氧可以防止奥氏体不锈钢发生应力腐蚀破裂。

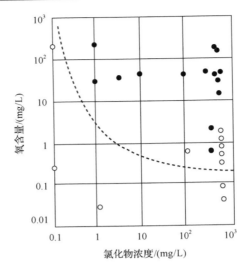

图 10-22　氯化物浓度和氧含量的影响及危险浓度

●-产生应力腐蚀破裂；○-不产生应力腐蚀破裂

　　(5)在水蒸气和水、汽两相系统中不锈钢的应力腐蚀破裂。尽管氯化物在蒸汽中的溶解度很低，但由于在汽相界面有水滴携带及挥发性盐酸(氯化物水解产物)，并有氯化物的浓缩作用，奥氏体不锈钢在水蒸气中仍会发生应力腐蚀破裂。试验表明，当没有浓缩性氯化物，饱和蒸汽和过热蒸汽温度为 200～650℃时，超临界压力蒸汽系统的奥氏体不锈钢也不会发生应力腐蚀破裂。

　　不锈钢的应力腐蚀破裂在水、汽两相的交界处较易发生，因为此处氯化物容易浓缩。

　　图 10-23 是氯化物在水、汽两相介质中浓缩于金属表面的典型情况。图 10-23(a)表示构件表面水位波动的状态，在水线(水平虚线)下干湿交替，此处金属表面上的水不断被蒸发，而杂质则留在壁上；图 10-23(b)表示水流喷溅或蒸汽流中的水滴落在金属壁面的情况；图 10-23(c)表示水滴落在金属表面剧烈浓缩的情况；图 10-23(d)表示在受热面上水沸腾时，靠壁层产生的气泡，气泡与金属表面之间可能形成薄的水膜，由于氯化物在蒸汽中溶解度低，因此这层水膜中富集了氯化物，当气泡破裂时，氯化物会再一次溶入水中，但溶解比蒸发迟缓，因此近壁处仍有一层高浓度的稳定区；图 10-23(e)表示受热面的沸腾液体流和含有水分的蒸汽；图 10-23(f)表示受热面上存在的缝隙会加速杂质的积聚；图 10-23(g)表示在受热面上形成的沉积物中有气孔和缝隙，浓缩作用在沉积物下进行。

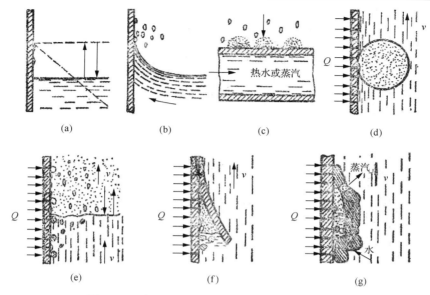

图 10-23　氯化物在水、汽两相介质中的浓缩过程

v-载热介质流；Q-热流

（6）pH 的影响。溶液 pH 对奥氏体不锈钢应力腐蚀破裂的影响主要在潜伏期。溶液 pH 低，促进氧化膜溶解，使不锈钢的腐蚀速度增大，破裂时间缩短，如图 10-24 所示。

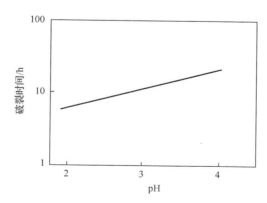

图 10-24　pH 对 18-8 不锈钢在 $MgCl_2$ 溶液中应力腐蚀破裂时间的影响（125℃）

核电站运行情况表明，溶液 pH 为 8～10 时，奥氏体不锈钢耐应力腐蚀破裂的能力增强。例如，溶液 pH 从 7 提高至 10，18-10 不锈钢和 18-12Mo 钢在 270℃、氯化物含量为 5mg/L 的溶液中耐应力腐蚀破裂的能力明显增加。但也必须指出，随着 pH 增加，奥氏体不锈钢对氯离子应力腐蚀破裂的敏感性虽然减轻了，但当 pH 升至 11 时，会出现碱脆。

2) 温度的影响

一般认为，不锈钢对应力腐蚀破裂有敏感的温度区间。奥氏体不锈钢在 NaCl 溶液中，温度为 150～250℃时，随着温度升高，应力腐蚀破裂明显加速，当温度升至 300～350℃时，应力腐蚀破裂有减缓的趋势。这是因为在较高温度下，氧化膜的生长速度大于其溶解速度，从而使滑移阶梯出现滞后。然而，产生应力腐蚀破裂的温度下限是很低的，一般认为是 70℃，也有资料报道在 40℃左右。例如，18-9 型奥氏体不锈钢在 50～90℃时发生了应力腐蚀破裂，该温度下限与介质的侵蚀性、材料的应力应变状态、钢的结构和成分有关。

3) 应力的影响

随着拉应力的增加，奥氏体不锈钢的应力腐蚀破裂明显加速，而且引起破裂的临界应力值相当低。当温度恒定时，通常认为应力 σ 与破裂时间 t_f 有如下关系：

$$\lg t_f = C_1 + C_2\sigma, \quad C_2 < 0 \tag{10-16}$$

式中，C_1、C_2 是与试验温度、钢的品种等有关的系数。

各种奥氏体不锈钢在 154℃的 $MgCl_2$溶液中破裂时间与应力的关系如图 10-25 所示。应力将促进不锈钢的应力腐蚀破裂，其作用是：引起不锈钢滑移形变、局部地破坏保护膜，使腐蚀处应力集中，促使奥氏体向马氏体转变并产生位错、晶格缺陷等，这就为裂纹扩展提供了通道。

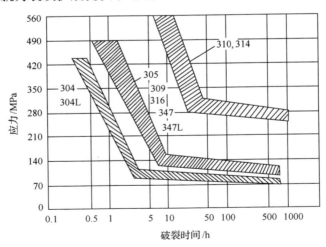

图 10-25　各种奥氏体不锈钢的破裂时间与应力的关系

4) 合金元素的影响

(1) 氮和碳的影响。增加氮和碳的含量将增加不锈钢对应力腐蚀破裂的敏感性，这是因为氮和碳具有稳定不锈钢奥氏体组织的作用，而奥氏体组织会降低不锈钢抗应力腐蚀破裂的性能。

奥氏体不锈钢发生应力腐蚀破裂所需要的氮量为 0.03%～0.05%。若钢中氮量低于此值，则不锈钢变为铁素体组织，从而不容易发生应力腐蚀破裂。图 10-26 为在沸腾的 $MgCl_2$ 溶液中，19Cr-20Ni 不锈钢中氮含量对应力腐蚀破裂的影响。

18-8 型不锈钢中碳含量达到 0.01%～0.06% 时对应力腐蚀破裂的敏感性增加，如果从这种钢中去掉氮和碳，就会使不锈钢成为铁素体组织而降低它对应力腐蚀破裂的敏感性。

（2）镍、铬、钼、硅、磷的影响。在 Cr-Ni 合金中，当镍含量低于 8% 时，其应力腐蚀破裂的敏感性随着镍含量降低而减小。这是因为形成了复相钢和铁素体不锈钢，它们对应力腐蚀破裂的敏感性较小。在 Cr-Ni 合金中，当镍含量高于

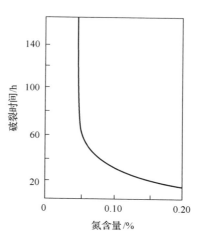

图 10-26 氮含量对不锈钢应力
腐蚀破裂的影响

8% 时，其应力腐蚀破裂的敏感性随着镍含量增加也减小。因为奥氏体不锈钢随着镍含量增加错层增加，容易出现网状结构位错，从而降低了穿晶破裂的敏感性。

不锈钢铬含量在 5%～12% 时，其应力腐蚀破裂敏感性最小；铬含量大于 12% 时，随着铬含量增加，其敏感性增大。

研究表明，少量（1%～2%）钼会增加 18-8 型不锈钢对应力腐蚀破裂的敏感性，在钢中加入较多（>4%）的钼才能提高其耐应力腐蚀破裂的性能。

奥氏体不锈钢中加入 2%～4% 的硅，能显著降低钢在高浓度氯化物溶液中对穿晶应力腐蚀破裂的敏感性。但钢中硅含量高会降低碳在奥氏体不锈钢中的溶解度，使晶界上析出的碳化物增多，从而增强其晶间应力腐蚀破裂的敏感性。

磷能使不锈钢出现层状位错结构，因此它对 Cr-Ni 不锈钢的耐应力腐蚀破裂不利。

5）组织结构的影响

通常，面心立方晶体组织对氯离子应力腐蚀破裂敏感，因为它在很小应力作用下就可产生滑移。在奥氏体不锈钢中，当具有体心立方晶体组织的铁素体含量为 40%～50% 时，铁素体含量越多，耐应力腐蚀破裂的能力越强，因其屈服强度比奥氏体不锈钢高，滑移系统多，容易产生交错滑移，从而难以产生粗大的滑移台阶。

6）表面处理的影响

电解抛光表面较机械抛光表面更耐应力腐蚀破裂，因为电解抛光可使金属表面形成钝化膜。在不锈钢表面电镀 0.1～0.5mm 镍层，再经 1010℃扩散退火 100h，能有效改善不锈钢耐氯离子应力腐蚀破裂的性能，也能减轻其点蚀倾向。

2. 不锈钢在高温水中应力腐蚀破裂的影响因素

对核电站高温、高压、高纯水中 Cr-Ni 不锈钢的应力腐蚀破裂问题，人们进行了大量研究，但还不如在高浓度氯化物中那样研究得深入，下面就一些主要因素加以讨论。

1）氯离子浓度和溶解氧的影响

在高温水中影响奥氏体不锈钢应力腐蚀破裂的主要因素是 Cl⁻浓度和溶解氧。

Cl⁻浓度对奥氏体不锈钢阳极极化曲线的位置和形状有很大影响。由图 10-27 可知，提高 Cl⁻浓度将使钝化区缩小；Cl⁻浓度极高时，钝化区会消失（如曲线 4）；Cl⁻浓度增加，钝化电流也增大；在阴极过程不变的情况下，随着 Cl⁻浓度增加，均匀腐蚀速度增大。所以，水中 Cl⁻浓度越高，应力腐蚀破裂越容易发生。处于潮湿与干燥交替条件下的金属最危险，在核电站蒸汽发生器的二回路侧也较容易发生应力腐蚀破裂，因为 Cl⁻易在这些部位浓缩。

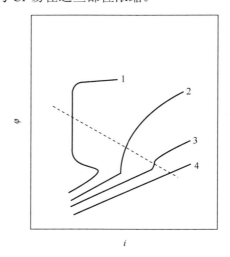

图 10-27　奥氏体不锈钢在含 Cl⁻高温水中的阳极极化曲线变化示意图
1-Cl⁻浓度＜0.1mg/L；2-Cl⁻浓度=1mg/L；3-Cl⁻浓度=100mg/L；4-Cl⁻浓度极高

在温度为 200～290℃的水中，氧含量＜0.1mg/L 时，敏化 304 不锈钢不发生晶间应力腐蚀破裂。随着氧含量增加（从 0.1～0.2mg/L 增加到 100～400mg/L），破裂时间减小 1～2 个数量级，如图 10-28 所示，裂纹扩展速度增大 1 个数量级。随着氧含量增加，奥氏体不锈钢(18-9 型)在 270～290℃水中的电位有规则增高，在除氧水中为–0.7V，在含 0.1mg/L、10mg/L O_2 的水中分别为–0.2V、0.0V。水中溶解氧加速奥氏体不锈钢应力腐蚀破裂的原因如前所述。

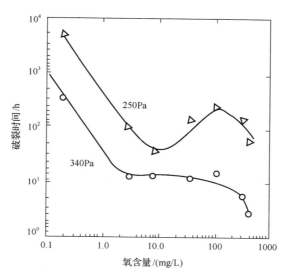

图 10-28　在 290℃水中氧含量对敏化 304 不锈钢晶间应力腐蚀破裂的影响

2)合金元素的影响

合金元素碳、磷、氮对奥氏体不锈钢耐高温水应力腐蚀破裂的性能有害，而铬、硅、钼、铜、钒等则有益。

(1)碳。在高温水中，随着奥氏体不锈钢中碳含量的增加，其耐应力腐蚀破裂的性能下降，如图 10-29 所示。

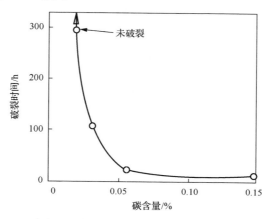

图 10-29　碳含量对高纯奥氏体不锈钢(693℃，24h 敏化处理)
在高温水(288℃，100mg/L O_2)中应力腐蚀破裂的影响

(2) 硅和氮。在奥氏体不锈钢中添加硅,可以使钢出现奥氏体-铁素体钢结构。如前所述,铁素体对应力腐蚀破裂敏感性小,因此加入硅能提高奥氏体不锈钢耐应力腐蚀破裂的能力。对于氮,当 18-8 型不锈钢中氮含量为 0.002%～0.005% 时,由于出现了 10%～15% 的铁素体相,因此不锈钢对应力腐蚀破裂的敏感性下降;而钢中氮含量增至 0.05% 以上时,由于析出氮化物,其对应力腐蚀破裂的敏感性增加。

(3) 镍和铬。在含微量氯的高温水中,镍能提高 Cr-Ni 不锈钢耐应力腐蚀破裂的能力;但当镍含量在 50% 以下时,镍含量对 Cr-Ni 不锈钢和合金耐应力腐蚀破裂能力的影响并不明显。因此,出现了镍含量高的 Cr15-Ni75Fe 镍基合金。这种合金能提高其耐穿晶应力腐蚀破裂的能力,但在高温水中其耐晶间应力腐蚀破裂的能力差,所以又不得不把镍含量降低,使它在高温水中既耐晶间应力腐蚀破裂又耐穿晶应力腐蚀破裂,如因科洛依-800(Cr20-Ni32Fe)合金。实际上,这一合金在一定条件下仍然会发生晶间应力腐蚀破裂。一般认为铬在高温水中能提高 Cr-Ni 不锈钢耐应力腐蚀破裂的能力。

3) 反应堆运行工况的影响

通常,启、停次数较多的反应堆部件发生应力腐蚀破裂的概率高些。因为在反应堆启、停过程中,材料要受到温差应力影响,同时介质中的氧含量也不断变化。实践证明,在反应堆的启动过程中最容易发生应力腐蚀破裂,运行过程中次之,停堆过程中的可能性最小。

4) 敏化处理

对奥氏体不锈钢在 450～850℃ 温度下进行敏化处理,会加速其应力腐蚀破裂,并且会使其从穿晶应力腐蚀破裂转变为晶间应力腐蚀破裂。在核电站,部件的焊接和反应堆本身释放的热量会使材料敏化而出现应力腐蚀破裂。

敏化处理主要会加速 0Cr18Ni10 钢的应力腐蚀破裂,对超低碳的 00Cr18Ni10 钢和含碳化物稳定化元素的 0Cr18Ni11Nb 钢没有显著影响。

3. 不锈钢在碱性溶液中应力腐蚀破裂的影响因素

在核电站的蒸汽发生器和二回路水中,碱的局部浓缩和拉应力共同作用会使部件发生晶间应力腐蚀破裂,这种破裂又称碱脆。

1) 产生碱脆的电位区

如前所述,奥氏体不锈钢可能在三个电位区发生应力腐蚀破裂,即非活化-活化过渡区、活化-钝化过渡区、钝化-过钝化过渡区。

2) 碱的浓度、介质温度和应力的影响

图 10-30 表示碱浓度、温度对一些奥氏体不锈钢应力腐蚀破裂的影响。从图中可以看出，随着 NaOH 浓度增大、温度升高，奥氏体不锈钢碱脆的敏感性增大。就 18Cr-8Ni 不锈钢而言，碱浓度达到 0.1%～1% 就可出现碱脆。由于蒸汽发生器中存在着浓缩机构，因此即使蒸汽发生器水中碱度很低，奥氏体不锈钢也会发生碱脆。

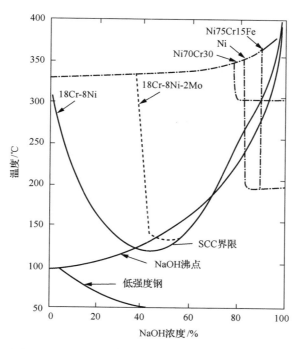

图 10-30　碱的浓度和温度对不锈钢碱脆性能的影响

表 10-5 为温度对 18Cr-8Ni-Nb 不锈钢碱脆的影响，由表可知，温度升高，发生碱脆的时间缩短。

表 10-5　温度对 18Cr-8Ni-Nb 不锈钢碱脆的影响（20%NaOH，应力 152.3MPa）

碱	破裂时间/h							
	150℃	175℃		200℃		250℃		300℃
NaOH	—	—		177.8	3.6	1.6	1.1	1.8
KOH	500（未破裂）	43.7	195.3	40.8	82.6	12.7	55.7	3.8	19.8

　　图 10-31 表示应力对碱脆的影响。从图中可见，随着应力的增大，奥氏体不锈钢产生碱脆所需要的时间缩短。

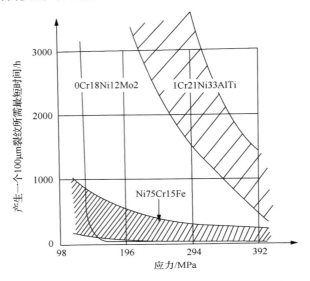

图 10-31　应力对不锈钢与合金碱脆敏感性的影响

　　3) 合金元素的影响

　　铬、含镍量低的不锈钢容易发生碱脆。随着镍含量的增加，不锈钢发生碱脆的临界应力强度提高。

　　(二) 不锈钢应力腐蚀破裂的防止方法

　　影响不锈钢应力腐蚀破裂的因素很多，防止这种腐蚀必须从多方面入手，下面就几种主要防腐措施进行讨论。

　　1. 正确选材

　　表 10-6 和表 10-7 分别给出了国内一些牌号不锈钢的化学成分和常用不锈钢的国内、外牌号对照，可以根据不同的用途和使用条件选择耐应力腐蚀破裂的不锈钢。一般在高浓度氯化物溶液中，可选用不含镍、铜或含镍<0.5%、含铜<0.3%的低碳、氮高铬铁素体不锈钢以及高硅奥氏体不锈钢。对于易产生晶间应力腐蚀破裂的设备，可选用超低碳或含钛、铌稳定化元素的不锈钢材料；对于容易产生点蚀并由此而引起应力腐蚀破裂的设备，可选用含铝或含高铬、钼的不锈钢材料。

表10-6　一些常用不锈钢的化学成分

类别	钢号	化学成分									
		C	Si	Mn	S	P	Cr	Ni	Ti	Mo	其他
铁素体	1Cr17	≤0.12	≤0.80	≤0.80	≤0.030	≤0.035	16~18				
铁素体	1Cr25Ti	≤0.12	≤1.00	≤0.80	≤0.030	≤0.035	24~27		5×C~0.8		
马氏体	1Cr13	0.08~0.15	≤0.60	≤0.80	≤0.030	≤0.035	12~14				
马氏体	2Cr13	0.16~0.24	≤0.60	≤0.80	≤0.030	≤0.035	12~14				
马氏体	3Cr13	0.25~0.34	≤0.60	≤0.80	≤0.030	≤0.035	12~14				
马氏体	3Cr13Mo	0.28~0.35	≤0.60	≤0.80	≤0.030	≤0.035	12~14			0.5~1.0	
马氏体	1Cr17Ni2	0.11~0.17	≤0.80	≤0.80	≤0.030	≤0.035	16~18	1.5~2.5			
马氏体	9Cr18	0.90~1.00	≤0.80	≤0.80	≤0.030	≤0.035	17~19				
奥氏体	00Cr18Ni10	≤0.03	≤1.00	≤2.00	≤0.030	≤0.035	17~19	8~12			
奥氏体	0Cr18Ni9	≤0.06	≤1.00	≤2.00	≤0.030	≤0.035	17~19	8~11			
奥氏体	1Cr18Ni9	≤0.12	≤1.00	≤2.00	≤0.030	≤0.035	17~19	8~11			
奥氏体	2Cr18Ni9	0.13~0.22	≤1.00	≤2.00	≤0.030	≤0.035	17~19	8~11			
奥氏体	0Cr18Ni9Ti	≤0.08	≤1.00	≤2.00	≤0.030	≤0.035	17~19	8~11	5×C~0.7		
奥氏体	1Cr18Ni9Ti	≤0.12	≤1.00	≤2.00	≤0.030	≤0.035	17~19	8~11	5×(C−0.02)~0.8		
奥氏体	1Cr18Ni11Nb	≤0.10	≤1.00	≤2.00	≤0.030	≤0.035	17~20	9~13			Nb8×C~1.5
奥氏体	1Cr18Mn8Ni5N	≤0.10	≤1.00	7.5~10	≤0.030	≤0.060	17~19	4~6			N0.15~0.25
奥氏体	00Cr17Ni14Mo2	≤0.03	≤1.00	≤2.00	≤0.030	≤0.035	16~18	12~16		1.8~2.5	
奥氏体	0Cr18Ni12Mo2Ti	≤0.08	≤1.00	≤2.00	≤0.030	≤0.035	16~19	11~14	5×C~0.7	1.8~2.5	
奥氏体	1Cr18Ni12Mo2Ti	≤0.12	≤1.00	≤2.00	≤0.030	≤0.035	16~19	11~14	5×(C−0.02)~0.8	1.8~2.5	
奥氏体	00Cr17Ni14Mo3	≤0.03	≤1.00	≤2.00	≤0.030	≤0.035	16~18	12~16		2.5~3.5	
奥氏体	0Cr18Ni12Mo3Ti	≤0.08	≤1.00	≤2.00	≤0.030	≤0.035	16~19	11~14	5×C~0.7	2.5~3.5	
奥氏体	1Cr18Ni12Mo3Ti	≤0.12	≤1.00	≤2.00	≤0.030	≤0.035	16~19	11~14	5×(C−0.02)~0.8	2.5~3.5	

续表

类别	钢号	化学成分									
		C	Si	Mn	S	P	Cr	Ni	Ti	Mo	其他
奥氏体	0Cr18Ni18Mo2Cu2Ti	≤0.07	≤1.00	≤2.00	≤0.030	≤0.035	17~19	17~19	≥7×C%	1.8~2.2	Cu1.8~2.2
	0Cr17Mn13Mo2N	≤0.08	≤1.00	12~15	≤0.030	≤0.060	16.5~18			1.8~2.2	N0.2~0.3
	0Cr17Mn13N	≤0.08	≤1.00	13~15	≤0.030	≤0.040	16.5~18				N0.23~0.31
	1Cr18Ni9Se	≤0.12	≤1.00	≤2.00	≤0.030	≤0.060	18~20	8~11			Se0.15~0.30
沉淀硬化型	0Cr17Ni4Cu4Nb	≤0.07	≤1.00	≤1.00	≤0.030	≤0.035	15.5~17.5	3~5			Cu3.0~5.0 Nb0.15~0.45
	0Cr17Ni7Al	≤0.09	≤1.00	≤1.00	≤0.030	≤0.035	16~18	6.5~7.5			Al0.75~1.50
	0Cr15Ni7Mo2Al	≤0.09	≤1.00	≤1.00	≤0.030	≤0.035	14~16	6.5~7.5			Al0.75~1.50
双相	00Cr25Ni5Ti	≤0.03	≤1.00	≤1.50	≤0.030	≤0.030	25~27	5~7	0.2~0.4		N≤0.03

表 10-7　常用不锈钢的国内外牌号对照

中国 GB(YB)	美国 AISI	日本 JIS	英国 BS	苏联 ГОСТ
1Cr17	430	SUS430、SUS24	430S15、En60	X17(Ж17)
1Cr13	403	SUS403、SUS21	403S17、En56A、En56AM、S61	1X13(ЭЖ1、Ж1)
2Cr13	410	SUS410J1、SUS22	410S21、En56B、En56C、S62	2X13(ЭЖ2)
3Cr13	420	SUS420J2、SUS23	420S37、420S45、En56M、STA5/V25M	3X13(ЭЖ3、Ж3)
1Cr17Ni2	431	SUS431、SUS44	431S29、En57、S80	X17H2(ЭИ268)
9Cr18	—	—	—	X18(9X18、ЭИ229)

续表

中国 GB(YB)	美国 AISI	日本 JIS	英国 BS	苏联 ГОСТ
00Cr18Ni10	304L	SUS340L、SUS28	304S12	00X18H10(0X18H9、ЭИ0)
0Cr18Ni9	304	SUS304、SUS27	304S15、304S16、En58	1X18H9(X18H9、ЭИ1)
1Cr18Ni9	302	SUS302、SUS40	302S25、En58A、STA5/V27	2X18H9(ЭИ2)
2Cr18Ni9	442	SUS440F	442S19	1X18H9T(X18H9T、ЭИ1T)
1Cr18Ni9Ti	321	SUS321、SUS29	321S20、En58G、En58O、S110	0X18H12B(X18H11B、ЭИ724、ЭИ298、ЭИ402)
1Cr18Ni11Nb	347、348	SUS347、SUS43	347S17、En58F、~En58G、1631B、Nb	X17A Г 9H4(ЭИ878)
1Cr18Mn8NiSN	202、204、204L	SUS202	—	X18H12M2T (ЭИ400) 401
1Cr18Ni12Mo2Ti	316	SUS32	En58H	X18H12M3T(ЭИ432)
1Cr18Ni12Mo3Ti	317	—	~En58J	—
00Cr17Ni14Mo2	316L	SUS316JH、SUS33	316S12	—
00Cr17Ni14Mo3	317L	—	—	—
0Cr17Ni4Cu4Nb	630(17-4PH)	SUS630	—	—
0Cr17Ni7Al	531(17-7PH)	SUS631、SUS631J	—	X17H7IO
0Cr15Ni7Mo2Al	632(PH15-7Mo)	—	—	—

2．控制水质

在核电站，不锈钢的应力腐蚀破裂最引人注目。不锈钢接触介质中的氯化物、溶解氧和碱会加速应力腐蚀破裂。所以，降低这些物质的含量，合理控制水质，对确保核电站的安全运行很重要。

3．防止敏化

核电站运行工况下，在 20～650℃的高纯水中，敏化的不锈钢和高合金钢会出现晶间应力腐蚀破裂。实际上，对设备完全消除应力是不可能的。因此，防止晶间应力腐蚀破裂的主要手段是防止材料敏化，主要有如下方法：

（1）采用超低碳钢和稳定钢。如前所述，为防止晶间应力腐蚀破裂，可采用超低碳钢或稳定钢，如 18-9 型钢，若其碳含量降至 0.03%～0.04%或对其加稳定元素钛或铌，则在危险温度下也能防止敏化。一般认为超低碳钢比稳定钢更耐晶间腐蚀和晶间应力腐蚀破裂。

（2）热处理。在 400～800℃温度范围内电焊或加热不锈钢之后，再次淬火，即加热至 950～1100℃，保温一定时间，使碳的铬化物溶入奥氏体中，然后快冷以防止碳的铬化物在晶间析出。这种方法可以消除不锈钢的敏化，在一定条件下能防止其发生晶间应力腐蚀破裂。

如果奥氏体不锈钢敏化是由于再次淬火、高温慢冷却产生的，那么可用水淋洗或空气吹洗方法，使残余应力减小。

为了保持设备尺寸的稳定性，也可以在 500～600℃温度范围内进行处理，然后缓冷。这种处理方法仅适于允许有残余应力而晶间腐蚀倾向小的设备。

通常热处理温度越高，时间越长，应力消除越彻底。对含钛、铌的稳定化不锈钢在850～900℃进行稳定化热处理，既可以很好地消除其残余应力，又有利于钢中 TiC、NbC 的形成和减少碳铬化物沿晶界析出，从而降低其对晶间应力腐蚀破裂的敏感性。

对经加工、焊接后具有较高应力的设备，为消除其应力可进行局部热处理。如果在 700～900℃下消除应力，要防止铁素体-奥氏体双相的出现，因为这可以使钢的塑性和韧性下降。

目前生产的 18Cr-8Ni 不锈钢板及管材，通常是经热处理后急冷，然后平整、矫直、酸洗后出厂的。对于要求耐应力腐蚀破裂的材料应在平整、矫正后再进行一次热处理以消除残余应力，然后进行酸洗。

（3）改善焊接。通常，在设备的焊口处容易发生应力腐蚀破裂。管内水冷焊接法能将焊接的残余应力变为压应力，同时可消除焊接过程中材料出现的敏化。

4．电化学保护

在电化学保护防止应力腐蚀破裂方面，人们仅对氯化物引起破裂的情况进行了研究。试验表明，较低电流的阴极保护能防止应力腐蚀破裂，因此核电站设备采用阴极保护一般没有困难。

二、不锈钢的晶间腐蚀与防止

在压水堆回路的高温高纯水中，就经敏化处理的奥氏体不锈钢会不会发生晶间腐蚀的问题，人们曾进行过许多研究。苏联的一些研究人员认为，经敏化处理的奥氏体不锈钢及其焊件，在中性或中性偏酸性的高温高纯水中会发生晶间腐蚀。目前，压水反应堆回路尽管在碱性水条件下运行，但是在其缝隙中水可能呈酸性，因此要注意防止压水堆中奥氏体不锈钢的晶间腐蚀问题。

奥氏体不锈钢的晶间腐蚀和晶间应力腐蚀破裂的区别是：就裂纹形态而言，二者裂纹均是沿晶界呈网状分布，但是晶间腐蚀一般出现在与腐蚀介质相接触部件的整个表面上，而不是在局部；晶间腐蚀的晶间裂纹没有分支，且深度比较均匀；晶间腐蚀在强、弱腐蚀介质中均可产生；晶间腐蚀有较明显的腐蚀产物，与所受应力的大小、方向无关。

1．不锈钢晶间腐蚀的机理

关于奥氏体不锈钢晶间腐蚀的解释很多，但一般均用贫铬理论来阐明晶间腐蚀现象。

贫铬与铬的碳化物和氮化物的固溶度有关。因为碳和氮在奥氏体不锈钢中的固溶度随温度变化而变化。例如，$1050\sim1100℃$时 1Cr18Ni9 不锈钢中碳的固溶度为 $0.10\%\sim0.15\%$，温度更高时碳的固溶度更大；但是在 $500\sim700℃$ 范围内，固溶的碳量最多不超过 0.02%。当温度由此急降，可使碳全部固溶在奥氏体中。此外，还可能有铬的氮化物析出，但由于氮在奥氏体不锈钢中的固溶度较大，如在 $700℃$ 时，溶氮量约为 0.07%，所以只有在特别加氮的不锈钢中才考虑铬的氮化物的析出。因此，如果将经固溶处理后的奥氏体不锈钢在 $500\sim850℃$加热（如焊接），这种过饱和的碳就会全部或部分地从钢中析出，形成碳铬化物（主要是$(Cr、Fe)_{23}C_6$型，即新相)，并分布于晶界。在析出的碳化铬中，其铬含量比钢的基体高，使得碳化物附近的晶界区贫铬，即形成贫铬区。

贫铬可用化学方法和电化学方法予以证实。化学方法是对晶间腐蚀的腐蚀产物进行化学分析。化学分析结果表明，腐蚀产物中铁与铬的比例显著超过了奥氏体基体中铁与铬的比例。电化学方法表明，钢在晶间腐蚀时溶解速度提高，是由于在晶界铬含量降低。图 10-32 为固溶体中铬的浓度从 18%降到 2.8%的阳极极化曲线。由图可知，有晶间腐蚀倾向的钢在较正的电位下发生活化。随着铬含量的降低，钝化区内的溶解速度显著提高。

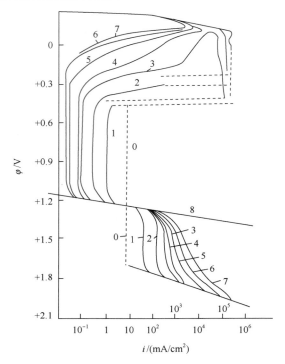

图 10-32　Fe-Cr 合金和 Cr 在 10%H_2SO_4 溶液中的阳极极化曲线

0-Fe；1-2.8%Cr；2-6.7%Cr；3-9.5%Cr；4-12%Cr；5-14%Cr；6-16%Cr；7-18%Cr；8-100%Cr

图 10-33 为敏化不锈钢晶间贫铬区示意图。由这种贫铬导致的晶间腐蚀主要发生在活化-钝化过渡区，而且多数发生在弱氧化性介质中。

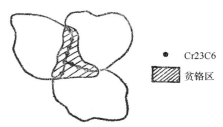

　　　　　　　　　　　　　　　　　　● Cr23C6

　　　　　　　　　　　　　　　　　▨ 贫铬区

图 10-33　敏化不锈钢晶间贫铬区示意图

2. 晶间腐蚀的影响因素

影响奥氏体不锈钢晶间腐蚀的因素有很多，如钢的成分、加热时间、加热温度及腐蚀介质等，下面对这些因素加以讨论。

1）加热温度和时间的影响

通常，钢种及其化学成分不同，产生晶间腐蚀的实际温度和加热时间范围不同，这只能依靠试验来测定。图 10-34 为产生晶间腐蚀倾向的加热温度与时间范围的试验曲线，即 TTS 曲线。线的左侧表示不产生晶间腐蚀的区域，右侧表示产生晶间腐蚀的范围。这条曲线对研究钢材的晶间腐蚀很有益，但它不能说明晶间腐蚀的程度。

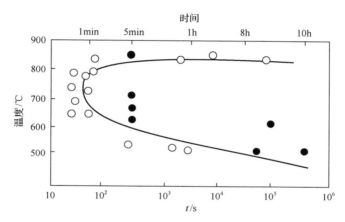

图 10-34　加热温度和时间对奥氏体不锈钢晶间腐蚀的影响
●-在沸腾 $CaSO_4$ 溶液中有晶间腐蚀；○-无晶间腐蚀

通常，奥氏体不锈钢产生晶间腐蚀的温度范围为 500~700℃，而最为敏感的温度范围是 650~750℃。

在某一温度下，随着加热时间的延长，奥氏体不锈钢晶间腐蚀倾向加重，但是加热时间过长，会完全消除晶间腐蚀倾向，如图 10-35 所示。这是因为随着敏化时间的增加，析出的碳化物逐渐增多，贫铬程度加重，使得晶间腐蚀倾向加重；但加热时间过长，析出的碳化物逐渐凝聚，其颗粒之间的贫铬区不再连续，同时铬也不断从晶粒内部扩散到晶界区，从而消除了晶间腐蚀倾向。

2）合金元素的影响

（1）铬。奥氏体不锈钢中铬含量增大，可以使已达到平衡的贫铬区的铬含量增大，因此增加铬含量可以减小晶间腐蚀倾向。

（2）碳和镍。图 10-36 为合金元素镍和碳对奥氏体不锈钢晶间腐蚀的影响。由图可见，随着碳含量的增加，奥氏体不锈钢晶间腐蚀的倾向增大。因此，为了提高钢对晶间腐蚀的稳定性，必须降低其中的碳含量。当碳含量一定时，时间-温度图中晶间腐蚀区的位置随镍含量的增加而发生变化，即镍含量增加时，晶间腐蚀倾向增加。镍的这种影响是由于钢中镍含量增加，碳的固溶度降低，造成晶界有较多的碳铬化合物析出，从而晶界更贫铬，对晶间腐蚀更敏感。

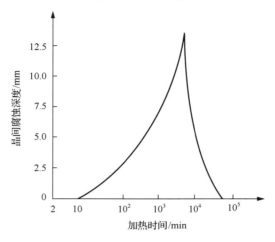

图 10-35　加热时间对 Cr18Ni9 钢晶间腐蚀深度的影响（含碳 0.08%，650℃敏化）

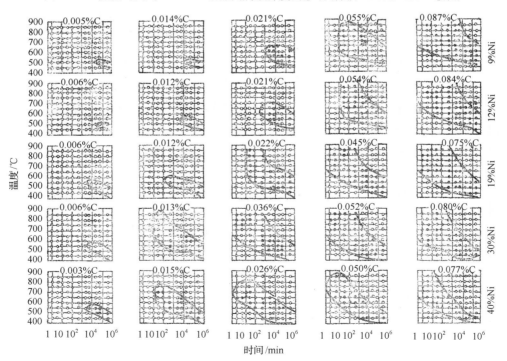

图 10-36　Ni 和 C 对含 18%Cr 的奥氏体不锈钢晶间腐蚀的影响

(3)钛和铌。添加钛和铌能阻止碳化铬的生成，从而有效防止晶间腐蚀。

(4)氮。它能扩大出现晶间腐蚀的温度范围，所以氮对晶间腐蚀有不良影响。

3)腐蚀介质的影响

奥氏体不锈钢在高温酸性介质中会发生最严重的晶间腐蚀。当温度高于100℃时，在高压下，如果水和蒸汽中的氧含量超过 $0.1\sim0.3\mathrm{mg/L}$，奥氏体不锈钢将产生晶间腐蚀；而在除氧的水和蒸汽中，它不发生晶间腐蚀。因此，在一定条件下，酸性介质和溶解氧均导致奥氏体不锈钢的晶间腐蚀。

3. 晶间腐蚀的防止措施

防止晶间腐蚀的措施如下：

(1)加入合金元素。加入钛、铌有利于降低奥氏体不锈钢的晶间腐蚀倾向，因为它们与碳形成很稳定的碳化物，因而不会生成碳化铬，因此不会出现晶界贫铬现象。

加入钢中的钛和铌的量取决于钢中的碳含量，可按式(10-17)和式(10-18)确定：

$$加入钢中的钛含量(\%)=5(碳含量为\ 0.03\%) \tag{10-17}$$

$$加入钢中的铌含量(\%)=10(碳含量为\ 0.03\%) \tag{10-18}$$

(2)合理选择介质。严格控制介质中的氧含量，提高介质的 pH，使钢处于钝化电位区。

(3)降低碳含量。如前所述，降低碳含量可以减小晶间腐蚀倾向。在 18Cr-8Ni 不锈钢中，不引起晶间腐蚀的最大碳含量与铬含量的关系式是

$$铬含量(\%)-80\times 碳含量(\%)\geqslant16.8 \tag{10-19}$$

即当钢中含 18%铬时，极限碳含量≤0.015%；含 19%铬时，极限碳含量≤0.03%。

(4)合理的热处理工艺。应该避免奥氏体不锈钢在敏化温度范围内受热，受热后应重新对钢进行固溶处理。

第十一章　水力及其他新能源发电设备的腐蚀与防护

第一节　水力发电设备的腐蚀与防护

水能是可再生资源，水电站利用水能发电，没有环境污染，而且水电的调峰蓄能作用独具特点。所以水力发电在我国能源建设中占有重要地位，2015 年、2016 年、2017 年和 2018 年我国水力发电的绝对发电量分别占当年全国总发电量的 17.7%、17.1%、17.2%和 16.2%。

一、水轮机的腐蚀与防护

水轮机组耗用钢材多，其金属结构长期处于水下或是干湿交替的环境中，饱受水、水生物、大气、阳光的侵蚀，以及各种泥沙、漂浮物的冲击摩擦，很容易发生腐蚀，其中比较突出的是水轮机的气蚀和磨蚀，也常发生脆断损坏。

1. 水轮机的冲蚀及其防止

1）水轮机的冲蚀：气蚀和磨蚀

水轮机是利用水能带动水轮发电机转动的设备，有冲击式与反击式两大类，前者用于高水头、小流量水力发电；后者在水的压头低而流量大时使用，大型水电站中多为反击式水轮机。水轮机的主要部件是转轮，转轮上装有叶片，混流式水轮机的叶片为 12～20 片，轴流式水轮机的叶片为 4～6 片。

水轮机的主要部件都是钢铁，与天然水相接触，由于工作条件不同，各部件的腐蚀情况有差别。其中转轮的材料是碳钢、铸钢或含铬 13%的不锈钢，在用有泥沙的水流推动转轮时，可产生磨蚀，水轮机的磨蚀常是主要的困扰因素。转轮的叶片是易损坏部件，在用清洁的水流推动转轮时，可产生气蚀，碳钢叶片的气蚀严重，铸钢的也有类似损坏，不锈钢叶片无气蚀与磨蚀，但经常出现叶片碎裂失效。

在水轮机中高速流动的水，一旦局部压力降低，会使水汽化而产生微气泡。水的压力降低时，水中溶解气体也可以微气泡形式析出。这些气泡与气泡破裂时，可对金属产生巨大的冲击作用，使钢铁的表面膜被破坏并产生冲蚀。气泡与气泡破裂时的压力冲击也具有水锤作用而使钢铁受侵蚀。

当水轮机的引水室使用钢铁制成时，在运行中承受水压与水流的冲刷，尤其是在接近转轮处，由于管径收缩，水的流速升高，冲蚀作用加强。水流中的漂砂及悬浮物可引起水轮机引水室、转轮及尾水管的冲蚀，以水的流速高而且形成强烈涡流的叶片及底环部位最严重。水流中的砂粒对钢铁的表面膜有刮削研磨和使之剥离的作用。对于金属基体来说，冲蚀速度高于表面膜的形成速度。因此，当水中漂砂及悬浮物使钢铁的表面膜遭受破坏时，随之而来的是腐蚀的延伸与发展。漂砂的直径为 0.03~0.3mm 时，对钢铁表面膜与钢铁的侵蚀作用最强；直径过小，对表面膜及基体的冲击作用小；过大则不容易被水流携走，容易分离出来。

　　某厂 65MW 混流式水轮机的铸钢转轮使用不足 10 年，直径 3.3m 的转轮由于叶片气蚀严重而更新。某厂 15MW 混流式机组共两台，铸钢的转轮叶片与底环均有气蚀现象，被迫更换一台，对另一台进行焊补修理继续使用。某厂 15MW 水轮机的碳钢转轮使用不久即产生气蚀，使叶片穿透。

　　有的气蚀在蚀坑或蚀孔的残留物和泥包中发现了大量碳和硫，表明可能存在腐蚀性很强的噬硫细菌和其他腐蚀性细菌。机组在静水中长时间停机时，过流部件表面产生的泥包将生物腐蚀集中在其下面的金属材料表面上，因为泥包提供了理想的促进细菌数量增长的局部微观环境，加快腐蚀。机组重新投运后泥包被水冲走，腐蚀仍将继续，但速度有所减缓。

　　为了证实生物腐蚀的存在，确定引起生物腐蚀的细菌的种类和数量，有人对铁细菌 IRB、噬硫细菌 SRB、黏液细菌 SLYM、需氧性异养菌 HAB、产酸菌 APB 等 5 种细菌进行了测试。测试方法是针对不同细菌采用特制的不同颜色的培养剂，先将培养剂装在试验用的专用小瓶内，并将从机组采集到的水样或腐蚀残留物溶液分别注入小瓶中，使培养剂溶解到水样中，然后将小瓶放置在避光的柜子里进行培养观察，根据规定试验天数内水样颜色及状态变化情况确定单位体积内细菌的数量。试验结果证实了细菌在过机水流中的存在，且数量较多。

　　缺水地区的水电站经常停用，有的仅在配合农业灌溉时才运行，停用时间很长；有的是抽水蓄能机组，低谷时抽水，高峰时放水发电。这些水电机组，除了气蚀与磨蚀外，还存在钢铁设备的停用锈蚀。

　　2）防止水轮机冲蚀的措施

　　防止水轮机冲蚀的措施如下：

　　（1）碳钢与铸钢叶片容易受气蚀和其他腐蚀作用引起失效，常用的对策是更新转轮，采用新的材料。如果仅局部损坏可用黏合剂黏补或焊补。

　　如某厂 65MW 水轮机转轮叶片气蚀损坏后，将叶片更换为 0Cr13Ni6，下环与水流接触部分焊 18-8 型奥氏体不锈钢防护，上冠与下环的材质用含锰与硅的铸钢代替普通铸钢。

　　在检修中发现有气蚀坑洞或有大面积冲蚀时，大多数情况是进行焊补和黏补。目前黏合剂发展很快，为转轮的修补提供了方便。例如，不锈钢过流部件表面蚀坑(孔)会加速气蚀的形成和发展，在发现后，应在活动导叶正负压面腐蚀区域采用聚氨酯涂层进行防护，是先对腐蚀表面进行喷砂处理、用环氧胶(金属修补剂)将蚀孔填平，然后对需防护表面进行喷砂处理、喷涂聚氨酯涂层，涂层厚度为 0.5～0.75mm。这种防护措施的缺陷是聚氨酯涂层较厚，在对活动导叶和转轮进行防护后，导叶和转轮叶片的型线将发生变化，会对机组的出力、效率、气蚀及水力性能产生一定影响。

(2)叶轮的良好线型是防止气蚀和其他腐蚀的基础，保持水轮机组的稳定运行也对保持水流稳定有利，通常应使冲蚀速度在 0.05～0.1mm/a。

(3)避免机组长时间处于静水停机状态，以防止过流部件表面泥包的形成及加速坑蚀的发展。

2. 水轮机转轮叶片的断裂与防止

1)水轮机转轮叶片的断裂

含铬 13%的不锈钢既具有较高的耐蚀性，也有相当高的强度，常作为结构用钢，汽轮机和水轮机叶片都可使用这种材料。使用含铬 13%的不锈钢作为转轮材料可避免出现气蚀与冲蚀，但是容易产生断裂。某水电厂有转轮直径为 2.5m 的 11MW 水轮发电机 2 台，作为抽水蓄能机组运行。其转轮材料为含铬 13%并含镍的不锈钢，使用 5 年多后发生转轮叶片断裂损坏，其中一台的叶片全部断裂，另一台叶片出现大量裂纹。某厂进口的 37MW 水轮机组使用进口的不锈钢转轮，使用 10 年后也发生了叶片断裂故障。

水轮机组在运行中受水流作用，在转轮后产生涡带。涡带的中心呈真空状，其大小及真空程度不断变更，引起转轮振动，有时甚至使尾水管发生振动，还引起转轮气蚀。振动的作用施加于受水流压力作用而旋转的转轮，会使之产生疲劳断裂。

水轮机的压力变动对其疲劳断裂有很大影响，例如，当叶轮叶片型线不理想时，水流与叶片作用引起压力脉动、涡带使压力波动，都可引起金属疲劳；抽水蓄能机组作为水轮机和水泵时压力不同，也可引起金属疲劳，如某厂抽水蓄能机组叶片的损坏就与其运行方式有一定关系。

2)防止叶片断裂的方法

防止叶片断裂的方法如下：

(1)高强度钢通常对应力腐蚀敏感，在选取叶片新材料时，既应考虑其强度和耐蚀性，也应考虑其抗应力腐蚀破裂与腐蚀疲劳的能力。

(2)应采取措施减轻以致消除水轮机的压力脉动，使叶片保持良好的流线型，这对减轻气蚀和疲劳都有作用。

(3)应改善水轮机组的运行工况，使之保持稳定。

3. 防止水轮机发生腐蚀的其他方法

根据水轮机的工作环境和腐蚀特点，目前常用的防止金属结构腐蚀的方法还有涂料保护法、金属热喷涂保护法、电化学保护法等。

涂料保护法是在金属结构表面涂敷一层保护膜，将金属与外部电解质隔绝，以达到防止金属腐蚀的目的。这种方法施工简单、费用低且保护周期短，一般为5～10年。

金属热喷涂保护法是将电位高于被喷涂金属的金属镀在表面使基体金属成为微电池的阴极而得到保护，同时被喷涂金属是覆盖层，起将金属基体与外界环境隔绝的保护作用。金属热喷涂保护法防腐蚀效果明显，且周期较长，一般为15年以上，在水下或干湿交替的恶劣环境中应用较多。

电化学保护法主要采用外加电流阴极保护法，是将被保护的金属结构与直流电源的负极相连作为阴极，用另外一种金属与直流电源的正极相连作为辅助阳极，从而达到保护阴极的作用。

二、水电工程设施的腐蚀与防护

水电站离不开水电工程设施，著名的三峡大坝也可以说是三峡水电站的水电工程设施。

水电工程设施中的各种永久性钢结构和机械设备，包括工作闸门、压力水管、拦污栅、起重机、厂房钢结构、埋件、工作桥、管道系统、机械等。水电工程设施处于潮湿的大气环境、干湿交替、含沙的高速水流、酸雨、漂浮物的撞击、微生物和化学物质等复杂的腐蚀环境之内，在使用过程中会受到环境因素的化学、电化学、微生物和摩擦等作用而发生腐蚀破坏，危及其耐久性，影响其使用寿命。当然，环境条件和腐蚀介质不同，腐蚀形态、腐蚀破坏的程度也不相同，如钢闸门、拦污栅、引水钢管等长期处于恶劣的腐蚀环境中，受氧、高速水流、水中漂浮物以及海水等化学和物理的综合因素作用，往往会产生严重腐蚀。水电工程设施中金属结构受到腐蚀损伤后，构件截面面积减小，应力提高，容易导致整个结构强度和刚度下降，降低结构承载能力，影响设备正常使用功能，缩短使用寿命。

为了防止或减轻水电工程设施的腐蚀，一方面在设计金属结构时，必须做好防腐蚀设计，避免金属结构在使用过程中发生腐蚀，并有利于进行防腐蚀施工；另一方面制造单位与防腐蚀施工单位应互相配合，避免金属结构构件在成形后无法进行防腐蚀处理，同时采用先进的防腐蚀技术。目前主要采用防腐蚀涂料、热喷涂和电化学防腐蚀方法。

防腐蚀涂料一直是水电工程设施的主要防腐蚀措施。水电工程设施上部结构所用的防腐蚀涂料，不但要求具有较强的耐腐蚀性能，还要求具有优异的耐光老化性能。

大气环境下的钢结构按 10~20 年的使用寿命设计，需要进行防腐蚀涂装的部位和区域非常广泛。如将密封性的涂料在闸门之上进行均匀涂抹，形成一层薄膜，进而将金属结构保护隔离起来，使其无法与外界的腐蚀环境相互接触，从而达到防止闸门腐蚀的目的。实际用涂料防腐蚀时，施工简单且费用较低，因此应用较多，但其保护周期较短，有的是 3~4 年，有的是 6~9 年，很少有 10 年以上的，所以采用涂料防腐蚀时要定期进行检查，必要时替换。

大气防腐蚀领域的耐候涂料有沥青类涂料、酚醛树脂涂料、醇酸树脂涂料、氯化橡胶涂料、氯磺化聚乙烯涂料、高氯化聚乙烯涂料、丙烯酸涂料、聚氨酯涂料、有机硅类涂料、氟树脂涂料等。目前，水电工程设施上部金属结构的防腐蚀，主要使用的还是中低档涂料，如醇酸树脂涂料、氯化橡胶涂料，使用高档涂料如氟涂料的还很少，应有更多应用。

水利枢纽各类工作闸门最广泛使用的防腐蚀方法是金属喷涂层，特别是在三峡水利枢纽工程中，充分使用了金属喷涂防腐层和有机涂层相结合的防腐蚀体系。金属热喷涂防腐蚀是把一种化学活动性比钢活泼的金属，如锌、铝或锌铝合金等喷涂在闸门表面上，形成均匀覆盖的涂层。由于该涂层金属的化学性质比铁元素活泼，对钢铁具有双重保护作用：一是像涂料那样起覆盖作用，将金属基体与腐蚀介质隔离开来；二是当涂层遭到破坏时，涂层可与基体构成腐蚀电池，起牺牲阳极的阴极保护作用。由于金属热喷涂防腐蚀效果较好，因此保护周期较长，一般为 15 年左右，效果好的可达 25 年以上。正是因为该方法具有较好的保护性，目前被广泛应用在水电工程设施中。

水电工程设施中的闸门也多采用阴极保护方法防腐蚀。

水电站的用水通常来自于大江大河上面修建的水库。引水压力钢管主要分为明钢管、钢筋混凝土管、坝内埋管和地下埋管等结构形式。明管的涂料系统可以采用富锌底漆、环氧云铁和脂肪族聚氨酯面漆体系；压力管道内壁的涂料要为多年的浸水使用而设计，多采用无溶剂环氧涂料、耐磨环氧涂料等。

实际水电工程设施金属结构的防腐蚀，应结合实际情况与环境条件，将几种防腐蚀方法结合在一起使用，以达到更好的防腐蚀效果。

第二节　其他新能源发电设备的腐蚀与防护

人类进入 21 世纪，一场新的能源革命正在悄悄进行。根据经济社会可持续发展的需要，迫切需要发展以清洁、可再生能源为主的能源结构，以逐渐取代以化石能源为主的能源结构。与广泛使用的常规能源(如煤、石油、天然气、水能等)

相比，新能源是指在新技术基础上开发利用的非常规能源，包括风能、太阳能、海洋能(潮汐能)、地热能、生物质能、氢能、核聚变能、天然气水合物能源等。我国的新能源发电领域除核能发电外，风力发电、太阳能发电、潮汐发电、地热发电、生物质发电等都有一定规模，为未来人类解决能源短缺问题描绘了令人振奋的前景，但要使这幅蓝图真正成为现实还面临着诸多问题。研究新能源发电设备的腐蚀与防护问题，将有利于新能源发电技术发挥出它们巨大的潜力，为人类的持续发展铺平道路。

一、风力发电设备的腐蚀与防护

　　风是可再生能源，风电作为一种环保洁净的绿色能源，是国家实施可持续发展战略能源建设的需要，是优化能源结构、减少环境污染、推进技术进步、实现节能减排目标的重要手段，正得到大规模的开发和利用，在未来的一段时间内还将继续扩大其在我国能源结构中的比重。截至 2018 年底，风力发电 3253.2 亿 kW·h，占全部发电量的 4.79%。

　　风力发电是利用风力带动风车叶片旋转，再通过增速机将旋转的速度提升来促使发电机发电的。依据目前的风车技术，大约 3m/s 的微风速度就可以开始发电。

　　一套风力发电机组往往由若干个系统、结构和零部件组成，包括机舱(内有齿轮箱、发电机)、转子叶片、轴心、低速轴、高速轴、紧急机械闸、偏航装置、电子控制器、液压系统、冷却元件、塔、风速计及风向标等，大多数材质是碳钢、铸铁等金属材料。具体构造上，不同厂家的存在一些差别。

　　机舱包容着风力发电机组的关键设备齿轮箱、发电机。维护人员可以通过风力发电机塔进入机舱。机舱左端是风力发电机转子，即转子叶片和轴。转子叶片捉获风，将风力传送到转子轴心。现代 600kW 风力发电机上，每个转子叶片的测量长度大约为 20m，被设计得很像飞机的机翼。转子轴心附着在风力发电机的低速轴上。风力发电机的低速轴将转子轴心与齿轮箱连接在一起。600kW 风力发电机的转子转速相当慢，为 19～30r/min。轴中由用于液压系统的导管来激发空气动力闸的运行。齿轮箱左边是低速轴，它可以将高速轴的转速提高至低速轴的 50 倍。高速轴以 1500r/min 运转，并驱动发电机。它装备有紧急机械闸，在空气动力闸失效或风力发电机被维修时用。发电机通常称为感应电机或异步发电机。现代风力发电机的最大电力输出通常是 500～1500kW。偏航装置借助电动机转动机舱，以使转子正对着风，由电子控制器操作。电子控制器可以通过风向标来感觉风向。通常，在风改变其方向时，风力发电机一次只会偏转几度。电子控制器包含一台不断监控风力发电机状态的计算机，并控制偏航装置。为防止故障(如齿轮箱或发电机的过热)，该控制器可以自动停止风力发电机的转动，并通过电话调制解调器来呼叫风力发电机操作员。液压系统用于重置风力发电机的空气动力闸。

冷却元件包含一个风扇(用于冷却发电机)和一个油冷却元件(用于冷却齿轮箱内的油)。一些风力发电机也采用水冷。风力发电机塔载有机舱及转子。通常高的塔具有优势,因为离地面越高,风速越大,600kW风力发电机的塔高为40～60m。塔可以是管状的,也可以是格状的。管状塔对于维修人员更为安全,因为他们可以通过内部的梯子到达塔顶,格状塔的优点在于价格低廉。风速计及风向标用于测量风速及风向。

我国自20世纪50年代中期开始研制风力发电机,目前风力发电场的分布范围不但包括"三北"(东北、西北、华北)地区、沿海地区和内陆地区,还开始向风能资源更加优良的海上发展。各种不同的气候条件和环境因素,使风力发电设备从基础结构、塔筒、叶片、机舱,到各类机械零部件或电气元器件,都面临材料腐蚀的考验。有些腐蚀因素甚至是致命隐患,极大影响着风力发电设备的安全运行和使用寿命。如东南海岛上风力发电机的锈蚀现象严重,在海雾作用下轴承的磨损加重,可造成风力发电机损坏,海雾还造成发电机的电气部分损坏,其中既有电气绝缘的恶化,也有腐蚀现象。在海岛上安装的风力发电机使用抗大气腐蚀的不锈钢制作,虽然成本有所提高,但使用寿命明显延长。因此,无论是陆地风电场,还是海上风电场,都对风力发电设备的防腐技术提出了更高要求。

根据ISO 12944-2,可以将风电机组所处的腐蚀环境等级分为大气腐蚀环境、水和土壤腐蚀环境,其中大气腐蚀环境分为C1很低、C2低(低污染水平的大气,大部分是乡村地带)、C3中(城市和工业大气,中等的二氧化硫污染以及低盐度沿海区域)、C4高(中等含盐度的工业区域和沿海区域)、C5-I很高(高湿度和恶劣大气的工业区域和高含盐度的沿海区域)、C5-X极端(具有高含盐度的海上区域以及具有极高湿度和侵蚀性大气的热带亚热带工业区域)6个等级,水和土壤腐蚀环境分为Im1淡水、Im2海水或微咸水(不带阴极保护)、Im3土壤、Im4海水或微咸水(带阴极保护)4个等级,这是目前风电机组金属表面防腐蚀设计的主要依据。除此之外,还应考虑沙漠戈壁地区的风蚀环境、北方地区的低温环境及两者的叠加,即风沙低温区环境。

风力发电设施需要大量的混凝土结构和钢结构,这些结构在其所处环境中会发生腐蚀,尤其是在海洋环境中的腐蚀十分严重。

陆上风力发电设备面临的最主要腐蚀问题是大气中沙粒、水滴、冰雹等造成的磨损腐蚀,多发生于沙漠戈壁风电场塔架迎风面及底部、风电叶片表面、箱式落地变压器迎风侧面等位置。磨损会造成钢结构破坏、效率下降和损失。

相对陆上风电机组而言,海上风电机组面临的腐蚀环境更为严苛,更容易受到各类腐蚀的影响。海水中金属构件的腐蚀区域分为海洋大气区、飞溅区、潮差区、全浸区和海泥区。受物理、化学和生物因素的影响,碳钢在海洋环境中的不同区域表现出不同的腐蚀特征。

其中海洋大气区是海水蒸发形成的,属于 ISO 12944 规定的最高大气腐蚀环境等级 C5-X 级。因为海洋大气中的水蒸气在毛细管作用、吸附作用和化学凝结作用等影响下,容易附着在钢铁表面形成一层肉眼看不到的水膜,水膜中有溶解氧、氯离子、硫酸根离子和其他一些盐分,是导电性很强的电解质溶液,同时由于钢铁表面的不均匀和钢结构成分中有少量碳原子存在,极易形成无数个原电池,有利于发生电化学腐蚀,腐蚀速度为内陆地区大气腐蚀速度的 4~15 倍。

海洋大气区高湿度、高盐雾、长日照,最突出的腐蚀问题是盐雾腐蚀问题。盐雾对金属的腐蚀受盐雾液滴中溶解氧的影响。盐雾是一种极小的液滴,比起同体积的盐水,盐雾与空气的接触面积大得多,因此溶解氧也多得多。氧能引起金属表面阴极去极化过程,从而阻止由于腐蚀物的产生而使腐蚀速度下降的趋势,促进阳极腐蚀继续进行。因此,盐雾腐蚀与盐水浸渍腐蚀在机理方面不同,腐蚀强度更高。盐雾对金属的腐蚀作用,还因为盐雾溶液中主要腐蚀介质为氯离子。氯离子具有很小的水合能,容易吸附在金属表面,同时氯离子的半径很小,具有很强的穿透本领,容易取代氧化物中的氧在吸附点上形成可溶性的氯化物,破坏金属表面的钝化膜,加速钢铁的点蚀、应力腐蚀、晶间腐蚀和缝隙腐蚀等局部腐蚀,使钢铁表面难以形成长期稳定的致密锈层,导致腐蚀速度上升。

在飞溅区,海水润湿时间长、干湿交替频率高、海盐离子大量积聚、海浪飞溅对金属表面频繁冲击、海风等使得供氧充分,是造成腐蚀速度加剧的重要因素。飞溅海水中的气泡会冲击破坏材料表面,使该部分的防腐涂层很容易脱落。因此,在整个海洋环境中,飞溅区是电化学腐蚀最为严重的区域。

潮差区由于每天一次数小时接触海水,金属的电化学腐蚀也十分强烈,但比飞溅区腐蚀速度慢。钢结构基础的水下区与潮差区部分由于氧含量不同而形成氧浓差电池,潮差区部分由于供氧充分而成为宏观电池的阴极区,水下部分则变为阳极区向阴极区提供保护电流,因而潮差区部分腐蚀较轻。海洋生物能够栖居在潮差区结构的表面,如果附着生物均匀分布,则会在结构表面形成保护膜而减轻腐蚀,如果局部附着,则会因供氧不同而导致附着物下面的钢表面腐蚀严重。

全浸区的设施长期浸泡在海水中,腐蚀受到海水盐度、温度、溶解氧浓度、水中污染物和海生物的影响,腐蚀速度比其他区慢。全浸区又分为浅水区(低潮位以下 20~30m)、大陆架全浸区(30~200m)和深水区(200m 以下)。浅水区海水流速大,存在近海化学和泥沙污染,溶解氧和二氧化碳处于饱和状态,生物活跃,水温较高,是全浸区腐蚀较为严重的部分;随着水深增加,海水流速降低,水温下降,气含量降低,生物活动减少,腐蚀相对浅水区轻;随着深度进一步增大,压力增大,矿物盐的溶解量下降,水温、气含量、水流进一步降低,腐蚀以应力腐蚀为主,相对较轻。即在平均低潮位以下附近的海水全浸区出现一个腐蚀峰值,在平均低潮位以上附近的区域则出现腐蚀最低值,这是因为随着潮位的涨落,水线上方湿润钢表面的供氧总要比浸在海水中水线下方钢表面的充分得多，而且彼此构成一个回路，形成氧浓差腐蚀电池，富氧区为阴极，得到了不同程度的保护，腐蚀最弱，相对缺氧区为阳极，因而出现一个明显的腐蚀峰值。

飞溅区与潮差区均为干湿交替区，表面盐含量高于大气区，海水氧含量高于全浸区，同时海水中夹杂的泥沙和海面浮游物体对其进行冲刷撞击，形成最为苛刻的腐蚀环境，一般腐蚀速度为 0.3～0.5mm/a，最高可达 1mm/a，为全浸区的 3～10 倍。

海泥区位于全浸区以下，主要由海底沉积物构成。海底沉积物的物理性质、化学性质和生物性质随海域和海水深度不同而不同。海泥实际上是饱和了海水的土壤，供氧不足，电阻率低、导电性好、盐含量高，特别是氯离子含量高，既有土壤的腐蚀特点，又有海水的腐蚀行为。相对来讲，海泥区的电化学腐蚀较轻。当海泥中存在硫酸盐还原菌时，会在缺氧环境下生长繁殖，对钢材造成比较严重的腐蚀。

对于混凝土结构，一方面会因海浪冲击、风化等物理作用而使混凝土变得疏松、粉化；另一方面环境中的二氧化碳会与混凝土中的氢氧化钙生成碳酸盐，使混凝土的碱性变弱，导致混凝土碳化，而且碱性减弱会导致其中钢筋的钝化作用失去，另外离子会与混凝土中的氢氧化钙反应，引起钢筋的腐蚀和体积膨胀，导致混凝土开裂，如硫酸盐与混凝土中的氢氧化钙发生反应，会使体积增大，导致强度降低。

钢结构腐蚀会导致构件失效，机组停止运转，严重时出现断裂，产生灾害；混凝土结构腐蚀会导致强度降低，严重时会导致坍塌。

海洋风力发电投资高，技术含量高，维修困难，出现机组停运等事故会导致重大的经济损失；腐蚀产物或者废弃物进入海洋中，势必污染海洋，危害海洋生物。因此，必须对风力发电机组进行长效防腐，对于机组的每一部分，在设计上、材料上、密闭性上，都应该考虑到防腐蚀问题。

目前，应用于风力发电机组的主要防腐蚀方法有涂层法、镀层法、阴极保护法、预留腐蚀余量法、选用耐腐蚀材料等，用来提高风电机组零部件的防腐蚀及防护能力。

(1) 涂层法。涂层法属于物理隔离防腐，常用的防腐涂料有环氧沥青、富锌环氧、聚酯类涂层、环氧玻璃钢等，辅助材料为固化剂。其有效防腐年限为 10～20 年，保护效率为 80%～95%。有一种新型纳米改性环氧封闭漆涂层体系，其防腐年限可达 20 年。金属热喷涂也是涂层法中的一种，其原理是利用某种形式的热源将金属喷涂材料加热，使之形成熔融状态的微粒，在动力作用下以一定的速度冲击并沉积附着在基体表面上，形成具有一定特性的金属涂层。可用于金属喷涂的材料较多，如锌、不锈钢等。其中不锈钢涂层具有耐磨损及保护周期长等特点；

锌涂层不仅具有覆盖、耐腐蚀作用，更重要的是具有阴极保护功能。电弧喷涂复合涂层体系，即先采用电弧喷涂再涂装涂料，防腐年限可达 50 年。工艺上涂层法对结构物表面粗糙度要求较高，操作时对空气潮湿度也有较为苛刻的要求，涂料配比及喷涂厚度控制也有相当严格的工艺，因此该方法操作难度较大。

缓蚀剂因具有工艺简便、成本低廉、适用性强等特点而被广泛用于金属腐蚀防护，将缓蚀剂加入涂料中可以提高涂料的防腐蚀性能。纳米材料因其特有的光学效应，能有效抵御紫外线照射对有机高分子涂层的降解作用，从而可有效改善涂层的防腐蚀性能。应用缓蚀剂和纳米材料的优点对现有防腐蚀涂料进行改性优化，可以全面提高涂料的综合性能，有望对海上风电设备提供更好的腐蚀防护。

（2）镀层法。镀层法也属于物理隔离防腐，常用的防腐镀层有镀锌、镀铬等。该方法可分为热浸镀法和电镀法两种，工程上常用的是热浸镀工艺。

（3）阴极保护法。阴极保护法属于电化学防腐，分为外加电流的阴极保护和牺牲阳极的阴极保护，前者主要应用高硅铸铁阳极材料，被保护物体作为阴极；后者主要应用锌、铝等活性比铁高的铸造阳极材料，焊接在结构物上。这两种方法均需要腐蚀介质作为原电池导电回路，因此适用于水下区、泥下区。

（4）预留腐蚀余量法。有些环境中材料的腐蚀程度不是很高，材料对腐蚀环境也不是很敏感，且很难采取常规防腐蚀方法。在这种情况下，工程上通常采用预留腐蚀余量的方法，即根据金属材料的年腐蚀速度及构件的预期寿命年限要求，在保证安全性的基础上增加金属材料的厚度，在一定范围内主动接受腐蚀，以保证风电基础达到预期寿命年限的防腐蚀方法。采用这种方法通常需要监测结构物被腐蚀的程度，按照设计寿命设计好腐蚀余量后，一般配装可定期拆卸观察的腐蚀挂片进行腐蚀程度评估，防止介质腐蚀加剧造成不必要的损失。

（5）选用耐腐蚀材料。耐腐蚀钢材通常是在普通钢材的冶炼中加入一定的锰、铬、磷、矾等元素，以提高其抗腐蚀的能力。采用这种方法一般都会使成本增加。工程上，当上述几种防腐蚀方法均无法解决腐蚀问题时，应充分考虑介质特性选用满足技术经济要求的耐腐蚀材料。

《风力发电机组　第 1 部分：通用技术条件》（GB/T 19960.1—2005）要求风力发电机组及部件的所有外露部分应涂漆或镀层，其中基础及支撑结构（塔架）、风轮叶片及机舱罩和整流罩、发电机组、控制电气设备、变压器等部件是重点。涂镀层应表面光滑、牢固和色泽一致。对于风沙低温区或近海盐雾区的机组，其涂镀层应考虑风沙或盐雾的影响。

1. 塔架的腐蚀防护

塔架的腐蚀防护是一项非常重要的工作，因为塔架高度在几十米以上，风机安装后需要运行几十年，平时维护保养比较困难，因此防腐蚀设计必须达到长效防护的要求，防护涂料需具有优异的长效防腐蚀和耐紫外老化的性能。

目前，塔架防腐普遍采用涂层保护法，包括外部表面防护和内部表面防护。根据《风力发电机组 塔架》(GB/T 19072—2010)规定，风力发电机组塔架外部表面的防护处理包括表面预处理、底层处理、中间层喷漆、面层喷漆，内部表面的防护处理包括表面预处理、底层处理、面层喷漆。各金属部件在预制场地预制完成后送进抛丸车间进行表面处理，达到表面粗糙度要求后按照涂装设计程序依次完成设计厚度的底漆、中层漆、面漆喷涂。常用的塔架涂料以环氧富锌类、聚酰胺环氧类和聚氨酯类为主。完成每一层漆的喷涂后都需要用测厚仪测量干膜厚度，总涂层干膜厚度一般不小于 300μm，视设计工况确定。附着力试验也是喷涂工艺所必需的，用来验证设计及喷涂工艺的准确性。

对于海洋风力发电，盐雾和阳光均可从塔架内部人梯和检查口照射到内部，需要重点防护。塔架各分段的连接螺栓处于海洋大气区，底座固定螺栓处于海水潮差区。由于螺栓对于整体结构强度至关重要，为此，连接螺栓是腐蚀防护的难点，可采取涂料和环氧胶泥联合保护的设计方案，首先采用防腐蚀底漆进行涂装，待涂料充分干燥固化后，采用环氧胶泥进行包覆，以提高对防腐蚀介质的抗渗透和隔离密封性能。

对于海洋大气区的钢结构，包括主机和塔筒，一般采用涂层保护或喷涂金属层加封闭涂层保护，要求面漆具有良好的耐候性。"环氧富锌底漆+环氧云铁漆+脂肪族聚氨酯面漆"的三层复合防腐体系为最常用涂层体系。对于海洋大气区的风电叶片，一般采用腻子修补缺陷后涂装叶片涂料进行防护。

处于飞溅区、海水潮差区的塔筒钢结构，目前主要是综合采用预留腐蚀余量法、热喷涂金属保护法、重防腐涂层保护法防腐，也可采用包覆玻璃钢、树脂砂浆以及合金等方法进行保护。热喷涂金属可选用铝、铝合金和锌、锌合金材料。热喷涂涂层表面应均匀一致、无气孔或基体裸露的斑点，否则附着不牢的金属熔融颗粒会影响涂层使用寿命。涂料主要类型是富锌涂料和聚氨酯涂料等，在预制场地预制完成后送进抛丸车间进行表面处理，达到表面粗糙度要求后按照涂装设计程序依次完成设计厚度的底漆、中层漆、面漆喷涂，各层涂料分别采用环氧富锌底漆、聚酰胺环氧中间漆、聚氨酯面漆等。重防腐涂层通常与阴极保护联合使用，可采用环氧玻璃鳞片涂料或者无溶剂环氧涂料。飞溅区与潮差区的钢筋混凝土承台一般采用"环氧封闭漆+重防腐涂料+聚氨酯面漆/环氧面漆"的复合涂层体系进行防腐。飞溅区和水位变动区域的混凝土结构腐蚀主要是海水渗透后对其中钢筋的破坏，目前多数采取涂层防护技术。

在海水全浸区，通常采用阴极保护、阴极保护与重防腐涂料或金属热喷涂相结合的方法，其中涂料和金属热喷涂的作用主要是减少阳极使用量和改善阴极保护的电流密度分布情况。单独采用阴极保护时，应考虑施工工期的防腐措施。全浸区的涂料体系可与潮差区一致。

在海水泥土区，通常采用阴极保护。目前常用的牺牲阳极材料是锌合金、铝合金等，但铝合金在海泥区要慎用。钢结构水下海泥区，采用外加电流的阴极保护比牺牲阳极的阴极保护更具有优势，主要是因为牺牲阳极保护对钢结构的保护不完全。从环保角度看，在漫长的保护周期内，牺牲阳极的腐蚀产物的影响要远大于外加电流的影响。另外，外加电流的阴极保护安装相对容易，更重要的是可实施远程监控。对于深入海泥区的基础钢结构，可只采取阴极保护措施，也可采用防腐涂层加阴极保护的联合防腐措施。

2. 叶片的腐蚀防护

叶片是风机吸收风能的核心部件，它的设计和制造是一个多学科问题，涉及空气动力学、机械学、气象学、结构动力学、控制技术、风荷载特性、材料疲劳特性、试验测试技术及防雷技术等多方面的知识。

《风力发电机组　风轮叶片》(GB/T 25383—2010)中指出，风力发电机组叶片暴露在腐蚀性环境中后不容易接近，在许多情况下不可能重做防腐层，防腐保护措施应重视设计、材料选择。目前，叶片材料多为玻璃纤维增强复合材料(GRP)，基体材料为聚酯树脂或环氧树脂，这些材料不但强度高，易成形，而且耐腐蚀性强，在陆地环境应用不存在问题。根据空气动力学原理，表面光洁度以及流挂物会极大地影响叶片转化风能的效率。在海上应用时，潮湿空气中的盐分容易在叶片表面积聚，不但影响其转化效率，而且造成一定程度的腐蚀。为了解决这个问题，目前主要采用涂层技术对海上风机叶片进行腐蚀防护，涂层干膜厚度要求达到335μm，底层采用环氧底漆，中层为环氧耐磨漆，面层采用丙烯酸聚硅环氧涂料或丙烯酸聚氨酯面漆等；也有的在叶片表面增加一层胶衣树脂，它具有较好的耐酸、耐碱、耐海水、耐盐雾、抗太阳辐射及防紫外线老化等优良性能，且柔韧性非常好，满足我国"十一五"863计划"MW级风力发电机组风轮叶片原材料国产化"重点项目提出的叶片表面保护涂料应能提高叶片耐紫外线老化、耐风沙侵蚀以及耐湿热、盐雾腐蚀能力，适应我国南北方不同极端气候条件下风电场的使用要求，可保证风轮叶片20年的设计使用寿命。

目前，涂料技术已经对风机叶片起到了良好保护，但是由于海洋环境复杂多变，风机叶片还会遭遇其他问题，如防覆冰、防污等。因此，必须开发出一些多功能的综合性防腐蚀技术，如根据水滴在超疏水表面上自由滚动的现象而提出的超疏水涂层技术。张乐显等采用氟碳树脂、有机硅改性的丙烯酸树脂、纳米二氧化钛等研制出一种高性能风电叶片防护涂料，具备优异的耐磨性、耐候性和盐雾性，还具备一定的防覆冰和自清洁作用。Chao等在风机叶片表面制备了一层聚偏二氟乙烯(PVDF)超疏水涂层，其疏水角为(156±1)°，滚动角为 2°，展现出良好的防覆冰性能。

为了提高海上直驱风电发电机转子磁钢的防腐蚀性能，磁钢采用稀土钕铁硼永磁材料，用聚氨酯灌封树脂和固化剂混合制作的黏结剂灌封，再用高性能复合材料粘贴，用聚氨酯面漆涂刷作转子磁钢的表面防护层。实践表明，转子磁钢安装时被整体包覆，具有良好的海上防腐蚀能力，抗高低温冲击、高温高湿、盐雾的性能也良好。

发电机定子的绝缘防腐蚀层，由靠近电力设备本体表面的不饱和聚酰亚胺无溶剂浸渍树脂层和暴露在外的氟硅橡胶层组成，在渤海海上风电示范站的海上风力发电机组中应用，已平稳运行 3 年以上时间。

3. 机舱及其内部的腐蚀防护

机舱内部包含了风机最重要的部件，如结构件、机械部件和电气部件等，是防腐的核心区域。对每个部件单独采用防腐蚀措施成本较高，因此通常采取整体防腐和关键零部件加强防腐的办法。

1) 整体防腐

整体防腐蚀的设计理念是将机舱整体与外界隔离，也就是将机舱外壳设计成一个尽可能密闭的空间，再用带除湿功能的鼓风机使机舱内部形成正压，阻止外界腐蚀性空气直接进入，改善腐蚀环境，降低机舱内部的腐蚀防护要求。机舱罩和导流罩多采用玻璃钢材料，其不但质量轻，成本低，而且耐腐蚀性也较强，可采用与叶片相同的防腐涂料。

2) 对结构部件、机械部件、电气部件等关键零部件加强防腐

机舱内的结构部件包括主支撑底座和设备支架等，因部分结构件暴露在外面且日常很难触及，故该类部件都设计热镀锌或者涂层加强防腐，在部件预制阶段完成，在装配完成后需要修补。

机械部件主要包括轮毂、主轴、联轴器、齿轮箱、偏航轴承、变浆轴承、偏航齿轮、变浆齿轮等。其中轮毂为铸造件，表面采用氧化处理；主轴连接面为机械加工面，为保证平面度，通常不做防腐，暴露部位采用与结构部件相同的防腐蚀方法；联轴器为高弹性特殊材料，表面无法防腐，只能靠预留腐蚀余量来保证使用寿命；齿轮箱、偏航轴承及变浆轴承的内部充填润滑油防腐，外部的防腐蚀方法与结构部件的相同；偏航齿轮与变浆齿轮表面因频繁咬合，磨损较大，且需要润滑，因此采用表面涂抹黄油实现隔离空气防腐和润滑的双重作用。

电气部件主要包括发电机、变压器、控制柜/开关柜、各类驱动电机等。提高设备外壳防护等级实现与空气的隔离是电气设备的重要防腐手段，但是因多数电气设备在运行中需要散热，这是一对矛盾。

发电机是持续旋转设备,必须持续高效散热才能正常运转。对于双馈型风机,因其转速较高,发电机采用常规的密闭冷却散热系统,内部构造无须考虑防腐,只需采用与结构件相同的防腐方法解决外表防腐问题。对于永磁直驱型风机,其发电机转速低,无法从结构上实现密闭冷却散热,一般靠空气自然冷却以达到散热要求,定子铁芯和转子线包容易发生强烈腐蚀。为确保散热和防腐达到一种平衡,一般设计铁芯采用耐腐蚀材料,转子线包则采用真空浸漆工艺配合氟硅橡胶材料加强防腐。

变压器一般为落地箱式,在北方风沙低温环境下,沙尘、冷凝、紫外线对腐蚀影响比较严重,因此要采用防腐等级不低于塔架外表面的防护涂料,地面接触部分应采用与基础环相同的防护体系;海上盐雾腐蚀严重,风机的箱式变压器一般采用干变,散热方式也是直接空气冷却,采用绝缘树脂浇注实现变压器铁芯防腐蚀。尽管如此,箱式变压器还会出现盐雾腐蚀现象,如箱体相关金属构件锈蚀、变压器盖板及固定螺钉锈蚀,排风机轴、罩以及电磁锁、行程开关等均有不同锈蚀,变压器室隔离不锈钢网门也经不住海上盐雾侵蚀。为此,箱式变压器的箱体选用非金属玻璃增强水泥(glass-fiber reinforced cement,GRC)材质或不锈钢制造。GRC 非金属材质的主要原材料是低碱度硫铝酸盐特种水泥和耐碱玻纤(增强材料)。非金属 GRC 材质箱体,具有较高的抗拆、抗冲击和抗压强度,具有抗暴晒、抗辐射及隔热能力,防冻、防潮、阻燃,特别是具有极强的抗风化性和耐蚀性,是适合盐雾环境的最佳材质。在日温差变化大的情况下,箱内不产生凝露,使用寿命长达 50 年以上。不锈钢材质也是抗腐蚀极佳的原材料,但价高、加工难度大。箱体的支撑部分是钢质底架,其防腐措施是整体进行热镀锌处理,在盐雾环境下使用还应加涂防腐涂层增加保护,延长防腐时间。为提高箱体的防护等级,建议采用全封闭正压通风模式结构,使箱内维持正压,减少外界盐雾气体进入箱体内,相对降低盐雾腐蚀程度。箱体内隔板、底板,建议采用 1.5~2mm 敷铝锌板再加漆层保护。敷铝镀锌板是近年出现的,具有防腐、耐热、高反射性等优点,是以55%铝、43.4%锌与 1.6%的硅在高温 600℃固化而组成的铝-铁-硅-锌致密四元结晶体,既形成屏障,又与油漆之间具有优异的亲和附着力,防腐性极强。箱体上的门可采用彩色钢板,因质轻,方便开启,但建议对包边的铝型材进行喷塑处理。若采用敷铝锌板门则更佳,但门重,开启时要注意固定。变压器室隔离门采用 304不锈钢网,确保不腐蚀。相关外露金属,如行程开关、风机轴等,均应涂凡士林或专用防锈油脂加以保护。

控制柜/开关柜散热量一般较小,采用提高防护等级隔绝空气来实现整体防腐蚀;也有部分控制柜散热量较大,通常采用柜体安装小型空调控制柜内温度的方法,并使用粉末涂料。各类驱动电机的运转频率较低,且功率较小,采用密闭隔绝空气的方法实现防腐,在外壳上增加散热面积达到散热要求。

4. 其他部件的腐蚀防护

除上述部件外，塔架基础埋地钢筋混凝土同样面临腐蚀问题，特别是其钢筋自施工之初便埋在地下，容易被忽视，一旦出现问题难以处置。混凝土交付使用时如果存在裂缝，则腐蚀介质更容易到达钢筋表面，钢筋锈蚀的速度会大大加快。钢筋混凝土结构腐蚀包括：①破坏性肿胀，即氯离子侵入钢筋混凝土中会生成含铁氯盐，在氯盐的作用下钢筋混凝土中的不稳定产物可生成水化氯铝酸钙，导致混凝土固体体积可增大 2 倍多；②电化学腐蚀，即氯离子渗透到钢筋表面时，钢筋表面局部的碱性保护膜被破坏，钢筋成为活化态，在水和氧气充足的条件下，活化的钢筋表面成为阳极，未活化的钢筋表面作为阴极，产生电化学腐蚀，使钢筋表面形成腐蚀坑。因此，有必要优化设计与施工。如采用耐腐蚀钢筋，最大限度地提高混凝土本身的耐久性；在使用中保持低渗透性，以限制环境侵蚀介质渗透进入混凝土；对混凝土进行表面处理；在混凝土中掺加阻锈剂；进行电化学保护，预防钢筋锈蚀；混凝土浇筑完成以后，表面涂刷防腐涂料，可采用一般建筑用钢筋防腐涂料，或者是有针对性地进行设计和选择涂料。完好的混凝土保护涂层能阻绝腐蚀性介质与混凝土接触，弥补混凝土的多孔性缺陷，从而延长混凝土和钢筋混凝土的使用寿命。

目前，常见的钢筋混凝土结构基础的防腐蚀方法是涂料防护、阴极保护或添加缓蚀剂技术等。添加高性能缓蚀剂可提高混凝土的抗裂性、抗碳化性和抗海水中氯离子的渗透性等。如设计高性能混凝土配方时，可通过聚合物改性方法，减小氯离子在钢筋混凝土中的迁移速度，从而达到防腐蚀的目的。

综上所述，风电作为一种清洁的可再生绿色能源，具有广阔的发展前景，但海洋腐蚀环境对海上风电设备的腐蚀防护提出了严峻挑战，目前的防腐蚀技术还存在以下问题：

(1)缺少国家标准。国外有统一的、比较完整的标准，对防腐蚀技术的各方面都有规定。目前国内大多参考执行其他海洋环境下设备及设施的标准，针对海上风电的国家标准还没有建立。

一般的标准制定需要经过试用、发现问题、解决问题几个阶段，最后形成比较成熟的标准，供大家参照。我国现在还处在初期阶段。

(2)腐蚀监测薄弱。通过腐蚀监测可以了解腐蚀原因，为防腐蚀设计提供科学依据，同时可以预测使用寿命，提高防腐蚀效果。目前，海上风电的腐蚀监测技术比较薄弱，需要进一步研究更全面的腐蚀监测技术。

(3)环境污染问题。如在涂料防腐蚀技术中，含有重金属和一些难降解的有机物，其无论在生产过程还是使用过程中都会危害环境，因此需要开发新的绿色环保型涂料。

总之，一方面高湿度、高盐雾、紫外照射、海水浸泡、浪溅区形成的干湿交替等运行环境对海上风电设备的防腐提出了更高的性能要求；另一方面，海上风电的防腐蚀技术，将向绿色环保、多功能、智能化的方向发展，以适应未来海上风电发展的要求。另外，我国海岸线长，各海域腐蚀环境存在差异，应依据实际环境调整防腐蚀设计。

二、太阳能发电设备的腐蚀与防护

太阳能利用是当代能源开发研究中相当活跃的一个领域。太阳能发电有两大类型：一类是太阳光发电，即将太阳光能直接转变成电能的一种发电方式；另一类是太阳热发电，是将太阳能转化为热能，再将热能转化成电能。截至 2018 年底，太阳能发电 894.5 亿 kW·h，占全部发电量的 1.32%。

太阳光发电包括光伏发电、光化学发电、光感应发电和光生物发电四种形式，其中光化学发电又包括电化学光伏电池、光电解电池和光催化电池。主要是光伏发电。发电系统主要包括太阳能电池组件(阵列)、控制器、蓄电池、逆变器、用户即照明负载等。其中，太阳能电池组件和蓄电池为电源系统，控制器和逆变器为控制保护系统，负载为系统终端。

太阳热发电包括两种转化方式，一种是将太阳热能直接转化成电能，如半导体或金属材料的温差发电、真空器件中的热电子和热电离子发电、碱金属热电转换以及磁流体发电等，另一种是将太阳热能通过热机(如汽轮机)带动发电机发电，与常规热力发电类似，只不过是其热能不是来自燃料，而是来自太阳能。

太阳能发电装置需要使用多种材料，存在许多腐蚀问题。如采光材料的光老化和大气腐蚀，包括太阳光引起的表面衰降、水汽和大气中腐蚀性介质的侵蚀、热循环引起的疲劳以及涂层的截面扩散和组分变化等；载热介质与集热器的交互作用，包括载热介质对集热器材料的均匀腐蚀、局部腐蚀(如应力腐蚀)等；储能介质与储能装置之间的作用，包括相变储能介质的融化与冷凝过程中材料的应力腐蚀，热化学蓄热过程中可能出现的与电化学、光化学、辐射化学有关的腐蚀等；结构材料的大气腐蚀和冷热疲劳等。施工时的疏忽也可能引发腐蚀，如搬运时在金属表面造成伤痕，使用了非指定的接合工具，固定支架的螺栓采用的是不符合要求的产品等。

金属支架的腐蚀往往是太阳能发电系统维护的盲点，要注意防腐蚀。因为电镀钢板、铝及支撑太阳能电池板的金属支架受环境影响，多少会出现腐蚀现象。根据金属种类及表面涂膜性能的不同，腐蚀程度各异，但只要有水和氧气，金属就会腐蚀，使材料上出现孔洞。金属支架如果发生腐蚀，板材本身及接合部的强度就会降低，可能因强风和地震而遭到破坏，如遭受强风袭击导致电池板掉落等。太阳能发电系统的支架上容易发生腐蚀的部位，首先是金属表面及切割加工后产生的端面，如在制造支架的过程中切割金属板材形成的端面；其次是在地面与混凝土基础上设置的支架的根部，与太阳能电池板的接合部分，螺栓孔等与不同金属直接接触的部分。其中支架根部和不同金属的接点处是危险区域。在容易出现海盐粒子的海岸附近，氯化物附着到支架上后，其周围会出现局部腐蚀。虽经雨水冲洗后，影响减小，但被电池板遮住、不易受到雨淋的支架上仍会残留氯化物，发生腐蚀的可能性较高。

　　支架中大量使用的钢材表面，会进行热浸镀锌等加工，即通过电镀处理防腐蚀。不镀锌钢材的平均腐蚀速度最多 0.1mm/a，而镀锌钢材的约是其 1/10。镀层在厚度较最初减少90%时失去效力。另外，镀锌工艺不同，防腐蚀效果不一样。日本热浸镀锌协会在受海盐粒子影响严重的北陆高速公路德合川桥进行的大气暴露 10 年试验结果显示，含有铝和镁的高耐候性热浸镀锌铝合金的腐蚀失重是热浸镀锌的 1/6 左右。因此，需要考虑环境及整个太阳能发电设施的生命周期来选择镀锌工艺。

　　太阳能发电系统中，地面与混凝土基础相接的部位容易发生腐蚀。在道路标识及金属护栏上，也经常看到根部出现孔洞等破烂不堪的现象。这是因为地面及遭受雨淋的混凝土表面湿度较高，金属被浸泡时间太长。埋在地面及混凝土下的部分与外部露出的部分之间会产生电位差，加快腐蚀速度。不同金属接触后，因标准电极电位存在差异，会生成电流，离子化趋势较强的金属一侧会发生严重腐蚀，如镀锌钢材与不锈钢组合后，镀锌侧会腐蚀，为了防止支架根部和不同金属接点处的腐蚀，要进行排水处理等，不要让金属周围有水，例如，混凝土基础上部采用倾斜设计、不要留存水等，支架周边采取有效的排水措施；在多个金属材料相接触的部位尽量避免使用不同金属，必须使用不同金属时应尽可能选择电位差较小的材料。

　　在太阳能热发电站中，Al-12.07%Si 共晶合金是一种较为理想的中高温相变储能材料，具有储热密度大、热效率高、储热温度高、无污染、相应储能换热设备小和价格适中等优点，但在熔融状态时会与 Cu、Mg、Zn 等元素形成较低熔点(低于 Al、Si 的熔点)的共晶体，从而对储能容器内壁造成腐蚀。对于使用铁基材料的容器，碳、硅、锰、镍等元素对铝在铁基体中的扩散有较大影响。材料中碳含量越高，侵蚀越严重，界面也越不规则；当提高钢铁中镍含量时，合金层中 Fe2Al5 的数量减少，合金扩散层厚度明显下降；当钢中含铬时，合金扩散层厚度也减小，但其减小程度远比镍小；随着钢中锰或硅含量的增加，合金扩散层厚度也会降低。因此，选择镍、铬、锰或硅含量高的钢铁材料如 S31008(06Cr25Ni20) 不锈钢作为太阳能热发电站储能容器材料，能较好地耐受 Al-12.07%Si 的腐蚀，从而延长整个系统的使用寿命。向太阳能发电储热熔盐中加入三氧化二钇并混合均匀，能够显著降低储热器、换热器、熔盐泵等储热熔盐接触设备的腐蚀速度，延长其使用寿命和提高太阳能发电系统的稳定性。高温下铝及其合金熔融液对金属容器的侵蚀相当严重，严格限制工作温度<620℃，并涂以高温防腐涂层，能延长容器材料的使用寿命，并满足工程应用的要求。

总之，对于太阳能发电过程中存在的上述腐蚀问题，很大程度上只能通过提升材料和涂层性能、选择性能更为优越的载热介质和储能介质等途径来解决，同时加强管理，尽量避免人为造成的腐蚀或不应该发生的腐蚀。

我国的太阳能发电产业整体尚处于起步阶段，面临着许多瓶颈与障碍，核心设备和关键配件的材料仍有待实际项目运行检验，需要更进一步深入研究。

三、潮汐发电机组的腐蚀与防护

潮汐能是一种不消耗燃料、没有污染、不受洪水或枯水影响、用之不竭的再生能源。在海洋各种能源中，潮汐能的开发利用最为现实、最为简便。中国海岸线曲折，蕴藏着十分丰富的潮汐能资源。全国潮汐能理论蕴藏量大约为 0.11TW，年发电量约为 $2750×10^8 kW \cdot h$；可供开发的约 $3580×10^4 kW$，发电量为 $870×10^8 kW \cdot h/a$。潮汐发电与普通水力发电原理类似，它是利用海水平面周期性地升降，涨潮时将海水储存在水库内，以势能的形式保存，然后在落潮时放出海水，利用高低潮位之间的水位差，使水流推动横切堤坝放置的水轮机旋转，带动发电机发电。差别在于海水与河水不同，蓄积的海水落差不大，但流量较大，并且呈间歇性。而且潮汐发电机组长期在盐雾和海水里运行，受海水侵蚀、海生物附着等因素影响，极易导致金属构件腐蚀，同时受气蚀破坏，造成设备运行效率低下、大修频繁、使用寿命缩短，严重影响机组的稳定和安全。

1. 潮汐发电机组的腐蚀

国内外潮汐电站的运行维护资料显示，潮汐电站发电机组的腐蚀，主要是水轮机过流部件的腐蚀，腐蚀部位主要是叶片及灯泡体，最突出的腐蚀形式是点蚀、气蚀、缝隙腐蚀和应力腐蚀。

1) 点蚀

潮汐电站水轮机叶片金属材料中不可避免地含有杂质和非金属夹杂物，尤其是硫化物杂质，这些部位是容易形成蚀孔的敏感部位。同时海水中含有的大量 Cl^- 会不均匀地在吸附在金属表面，造成钝化膜的不均匀破坏，导致腐蚀电位超过点蚀电位，在金属表面形成直径几微米、呈亚稳定状态的微型凹陷，新鲜的基体金属溶解生成的 Fe^{2+} 会水解产生 H^+ 阻碍小蚀坑的钝化，导致基体金属继续溶解，使小蚀坑逐渐扩展为点蚀源。

当蚀坑形成后，腐蚀产物的堆积所形成的闭塞电池造成金属表面部分区域出现向纵深发展的腐蚀小坑，其余区域不腐蚀或腐蚀轻微，未腐蚀区和腐蚀区的金属形成大阴极小阳极的"钝化-活化腐蚀电池",进一步加速腐蚀发展。通常其腐蚀深度大于其孔径,严重时甚至会穿透钢板,因此是一种很危险的局部腐蚀,一般不能以重量减少多少来评价其腐蚀程度。

要减少点蚀的危害:一是提高材料的耐点蚀能力,减少钢中的夹杂物,特别是硫杂质的含量;二是提高基体的抗点蚀能力,增加铬、钼、氮等影响基体耐蚀性的合金元素;三是对材料表面进行钝化处理,提高钝化膜的稳定性。

2)气蚀

气蚀是固体表面与液体相对运动所产生的表面损伤,当液体内的静压力下降到低于同一温度下液体的蒸汽压时,在液体内会形成大量气泡。同时,溶解在液体中的气体也可能析出而形成气泡。随后,当气泡到达液体压力较高的地方时,体积将急剧缩小而发生溃灭。气泡上下壁面的溃灭速度不同,远离材料表面的气泡壁将较早破灭,而最靠近材料表面的气泡壁将较迟破裂,气泡内所储存的势能转变成较小体积内流体的动能,于是形成向材料表面的微射流。此微射流在极短的时间内(微秒级)就完成对材料表面的定向冲击,在局部产生极高的瞬时压强,所产生的应力相当于"水锤"作用,在过流部件表面形成气蚀针孔,随后在针孔壁处萌生裂纹,裂纹以疲劳方式向内部扩展,最后趋于平行表面方向扩展,当几个裂纹相连时造成表层小块剥落,上述过程反复进行,使表层材料不断剥落。同时,气泡溃灭时会产生很高的温度,一方面会使过流部件材料表层发生相变甚至使其熔化;另一方面局部的高温、高压作用,可能导致材料的局部氧化,而气泡溃灭的反复冲击,使氧化膜反复产生和消失,进一步加剧气蚀。局部高温(300℃以上)还会使金属表面存在着高温区和低温区电位差,形成电化学腐蚀电池,加强气泡溃灭对金属局部的力学破坏作用。

气蚀会导致过流部件表面发生破坏,出现海绵状小凹坑,进而可在表面形成大面积凹坑,深度可达20mm,气蚀坑边沿形成坑唇,这是气蚀的主要形貌特征。例如,浙江温岭江厦潮汐试验电站转轮叶片(材质为 ZG20MnSi)在海水介质中运行 2050h 后停机检查,发现转轮叶片的正反两面都出现严重的气蚀现象,气蚀部位在叶片的出水边,气蚀面积达 0.8m² (约占叶片总面积的 16%),气蚀区呈海绵状形貌,孔洞深一般为 2~3mm,个别孔洞深 8mm 左右,少数孔洞直径在 4mm左右。

按气蚀发生的部位,可以将其分为翼型气蚀、间隙气蚀、局部气蚀和空腔气蚀。除小型潮汐电站可能使用立轴水轮机外,一般的大中型潮汐电站采用的都为贯流式水轮机形式,通常只存在翼型气蚀和间隙气蚀。

(1)翼型气蚀。翼型气蚀是指转轮叶片在工作时,其背面部分区域出现负压,并降到水的汽化压力以下时所产生的气蚀。翼型气蚀一般发生在叶片背面,靠近出水边下半部轮环处和叶片背面轮毂处,但轴流转桨式水轮机的翼型气蚀破坏区分布在叶片进水边的后部及出水边外缘附近。气蚀区金属表面出现海绵状针孔，表面有灰暗无光泽蜂窝及透孔，并伴有金属疏松脱落。

(2)间隙气蚀。间隙气蚀是指通过狭小通道或缝隙时，水流因局部流速升高、压力降低而对金属材料所产生的侵蚀现象。轴流转桨式水轮机的间隙气蚀多发生在叶片外缘与转轮室之间以及叶片内缘与转轮体之间的间隙附近区域。混流式水轮机的间隙气蚀多发生在叶片上下端面、立面密封附近及顶盖。冲击式水轮机在喷针全关闭下存在漏水间隙时，也会发生间隙气蚀。间隙气蚀的形态与缝隙前后压差、缝隙宽度及长度有关。长度相同时，缝隙越小初生气蚀越被推迟；宽度相同时，长度越短越不易发生气蚀，但当长度增长到一定值时，长度对气蚀发生的影响不显著。

(3)局部气蚀。水流在不平整表面绕流时，由于局部压力降低发生的气蚀称为局部气蚀。轴流转桨式水轮机中，局部气蚀发生在转轮室连接不平滑台阶、有凹陷处及凹凸叶片固定螺钉处。

(4)空腔气蚀。水轮机在非设计工况下运行时，如果转轮水流的法向出口遭到破坏，则会在转轮出口与尾水管进口形成低压涡带，涡带中心形成真空而产生空腔气蚀。空腔气蚀主要会造成尾水管破坏。

2. 潮汐发电机组的腐蚀防护措施

为预防和减少潮汐发电机组的腐蚀问题，延长机组使用寿命，可考虑采取以下措施进行防护。

1)提高基体金属的耐蚀性能

由于潮汐发电机组长期工作在海水和盐雾环境下，其材料选择不同于传统水力发电机组。如果采用一般的碳钢，难以耐受这样恶劣的环境，最好选用铬、钼、氮含量高的的不锈钢，如00Cr25Ni4Mo4、00Cr18Ni16Mo5(N)或00Cr25Ni7Mo3(N)。江厦潮汐发电机组投产时采用的是碳钢，运行一段时间后发现腐蚀严重，后经表面采用奥氏体不锈钢补焊，防腐效果很好。国外潮汐发电机组的水轮机和发电机等重要部件普遍采用不锈钢或铝质青铜材料，也采用不锈钢作为防护覆盖层和堆焊层对碳钢表面进行保护。同时，提高设备的加工工艺，保证金属材料的纯度和表面光洁度，也能提高基体金属的耐蚀性能。

2)表面保护

表面保护主要是通过涂覆耐腐蚀涂层(包括金属热喷涂涂层)，将金属基体与环境介质隔离开，从而避免金属受腐蚀介质的影响，结合使用防污漆还能防止海生物的附着。但采用表面保护也不是万无一失的，一旦表面涂层等因施工或运行原因出现局部缺损，由于形成大阴极小阳极腐蚀电池，暴露在环境介质中的金属基体将会加速发生腐蚀。

3) 阴极保护

阴极保护可采取牺牲阳极保护法和外加电流保护法，如法国圣玛罗潮汐电站和朗斯潮汐电站、苏联基斯湾潮汐电站、加拿大安那波里斯潮汐电站和我国江厦潮汐电站等都采用了阴极保护，从实际运行来看，都取得了较好的保护效果。

当然，为最大限度地减轻潮汐发电机组的腐蚀，必须结合多种防腐措施，综合防护。

四、地热发电设备的腐蚀与防护

地球内部储存着大量的热能，其中具有开采价值的是温泉与地热田。我国地热资源储量丰富、分布广泛，北京、天津、陕西、河北、辽宁、广东、江西、云南、四川、西藏都先后发现有较为丰富的地热资源。地热能的开发利用方式可分为直接利用和地热发电，我国在地热直接利用方面一直位居世界前列。据 2015年世界地热大会的资料报道，截至 2014 年末，我国地热利用的总装机容量和年利用总热量分别为 17870MW 和 174352TJ/a。但我国地热发电研究工作起步较晚，始于 20 世纪 60 年代末。1970 年 5 月中国科学院首次在广东省丰顺县汤坑镇邓屋村建成第一座设计容量为 86kW 的扩容法地热发电试验电站，地热水温度 91℃，厂用电率 56%。随后又相继建成江西温汤、山东招远、辽宁营口、北京怀柔等地热试验电站共 11 座，容量大多为几十至一两百千瓦。1976 年，全世界海拔最高的地热发电站在我国羊八井盆地建成发电，装机 4 台，单机容量 25.18MW，总容量达 100MW，居世界第 18 位，是我国最大的地热发电站。

常用的地热发电有地热蒸汽发电、蒸汽扩容法发电和中间介质法发电三种。

(1) 地热蒸汽发电。地热蒸汽发电是直接利用地下热水所产生的蒸汽经过分离器除去杂质(≥10μm)后引入普通汽轮机做功发电，适用于高温(160℃以上)地热田的发电，系统简单，热效率为 10%～15%，厂用电率 12%左右。

(2) 蒸汽扩容法发电。蒸汽扩容法发电是根据水的沸点和压力之间的关系，将地热井口来的中温地热汽水混合物送到一个密闭的容器中降压扩容，使温度不太高的地热水因气压降低而沸腾变成蒸汽，再引到常规汽轮机做功发电，扩容后的地热水回灌地下或作其他方面用途。由于地热水降压蒸发的速度很快，是一种闪蒸过程，同时地热水蒸发产生蒸汽时它的体积迅速扩大，所以这个容器称为"扩容器"或"闪蒸器"。例如，羊八井电站使用 150℃的高温水作为热源，使其在扩容器中减压蒸发产生蒸汽推动汽轮发电机发电。蒸汽扩容法发电是利用地热田热水发电的主要方式之一，包括单级扩容法系统和双级(或多级)扩容法系统。

(3) 中间介质法发电。中间介质法发电又称热交换法地热发电，是通过热交换器利用地下热水来加热某种低沸点介质(如氟利昂、异戊烷、异丁烷、正丁烷、氯丁烷等)，使之变为气体来推动汽轮机发电，排气经冷凝后重新送到蒸发器中，反复循环使用，这是利用地热水发电的另一种主要方式，也称为双流体地热发电系统。该方式分单级中间介质法系统和双级(或多级)中间介质法系统。河北怀来地区自 20 世纪 70 年代初期就开始用高温的温泉水发电，它是使用 80℃以上的热水加热氯乙烷推动汽轮发电机工作，功率达 200kW。

在地热开发利用过程中，普遍存在的问题是地热水的腐蚀与结垢。热水管道、汽水分离器、集汽箱、汽轮机、冷凝器、水力喷射抽气器和排水管路都有腐蚀或结垢、积盐现象。地热流体的腐蚀和结垢是地热水化学组分、流速与所用材料相互作用的复杂结果。因为地热水通常含有许多化学物质，如 O_2、H^+、Cl^-、H_2S、CO_2、SO_4^{2-}、硼酸(高的含量可达 200mg/L 以上)等，是酸性高盐含量水，较高的盐分、硫化物和二氧化碳气体对设备具有很强的侵蚀性，所流过设备都遭受腐蚀。

地热水在扩容器中蒸发后，许多侵蚀性气体进入蒸汽中，引起蒸汽及凝结水系统的腐蚀。据测试，在闪蒸器产生的蒸汽中，CO_2 和 H_2S 等不凝结气体可达 2%。在不凝结气体中 CO_2 占 95%以上，所以蒸汽 pH 为 5 左右。因此，地热电站腐蚀严重的部位集于负压系统，如汽机排汽管、冷凝器和射水泵及管路，其次是汽封片、冷油器、阀门等。腐蚀速度最快的是射水泵叶轮、轴套和密封圈。未经处理的铸铁叶轮一般运行 3～6 个月就要更换，排汽管和射水管路一般运行 3 年就要更换。

以羊八井地热发电站为例，羊八井地热水中 H_2S 含量为 3~6mg/L，SiO_2 含量为 100～250mg/L，CO_2 含量为 5～10mg/L，硼酸含量为 77.6mg/L。这些物质能与输送地热流体的金属材料发生化学腐蚀和电化学腐蚀，例如，H_2S 受大气氧化后，产生高酸性水，从而导致"硫酸盐浸蚀"，使碳素钢及镀锌钢管道和设备的表面发生腐蚀，形成麻坑，严重时还会导致设备、阀门、开关等的腐蚀失效。当地热水中含有游离的盐酸、硫酸或氢氟酸时，表面腐蚀还会加剧。

地热流体中的盐类物质在地下一定深度是处于稳定的饱和状态，一旦地热水温度、压力发生变化，稳定状态被打破，盐类物质就会析出并沉积成垢。地热电站的结垢有多种形式，通常为碳酸钙垢的沉积。碳酸钙垢不仅会在地热井中沉积，还会引起电站管道设备结垢，减小输送地热流体的管径，增加管道系统的阻力，加大输送地热水的功耗，造成阀门卡涩从而导致内漏等。例如，羊八井地热电站 1000kW 机组自 1977 年 10 月投产以后，地热井结垢的矛盾就逐渐暴露出来，主要成分是 $CaCO_3$。

由于地热水的水质及其中所含的侵蚀性气体无法改变，除了应设法适当排除其中一些有害杂质外，目前地热电站的防腐阻垢措施主要是以下几种：

(1)主要设备部件采用耐腐蚀材料，如使用不锈钢的喷射泵、阀门等，管道可采用不锈钢管道，也可采用镀锌管道，散热器采用抗腐蚀能力强的铸铁散热器。

(2)在易腐蚀部件(泵轴、管道、水箱、散热器等设备)上涂防腐涂料(如环氧树脂或耐热防腐涂料)加以保护。

(3)采用系统密封隔氧措施,尽量避免空气渗入系统。

(4)对于自喷地热井,采用机械空心通井器定期轮流通井除垢(一般一天一次),可做到通井时减负荷不停机连续发电;对于不能自喷的地热井,采用深井泵升压引喷,使地热水不会发生汽化现象,以避免其结垢。

(5)在地热水汽输送母管系统的井口设加药泵,加入水质稳定剂如聚马来酸酐和有机磷酸盐等,在阻垢的同时还可起到一定的缓蚀作用。也可定期对水汽输送母管进行化学清洗,除去管道内的垢层和腐蚀产物。将喷射泵工作介质水的 pH 由 5 提高到 6,使其接近中性,也有利于减轻系统的腐蚀。

(6)对腐蚀、结垢严重的管道设备进行更换。

第十二章　输变电设备的腐蚀与防护

第一节　输变电设备的腐蚀

目前电网的发展趋势是远距离、大容量、超高压、交直流混合输电，其中线塔和变电站是输变电的核心环节，它们的安全稳定关系到整个电网的安全稳定运行。线塔和变电站的组成都可分为地上部分和地下部分。线塔的地上部分主要是电线和杆塔，变电站的地上部分包括电线、接地开关、断路器、变压器及互感器等。线塔和变电站的地上部分大多为金属制造，如铝、钢、锌、铜等。线塔和变电站的地下部分都主要是接地网，接地网材料主要是碳钢、镀锌钢等。

地上和地下设备的耐蚀性对线塔和变电站的运行稳定、使用寿命起着至关重要的作用，严重影响电网输变电的正常运行，是电力系统输变电运行安全生产亟待解决的问题。因此，确保地上和地下设备免受腐蚀是保证电网安全稳定运行的主要举措，对电力生产的安全经济运行具有重大意义。

一、输变电地上设备的腐蚀

线塔和变电站地上设备的腐蚀主要是大气腐蚀，特别是污染大气环境和滨海地区的海洋性气候引起的大气腐蚀。大气腐蚀是材料与其周围大气环境相互作用的结果。如滨海地区线塔和变电站的地上设备长期处于海洋性大气环境中，大气中水分(湿度)、氯离子含量高，含氯离子的海盐粒子被风携带并沉降在暴露的金属表面上，通常具有很强的吸湿性，易溶于水膜中形成强腐蚀性介质，引发金属的腐蚀。

二、输变电地下设备(接地网)的腐蚀

接地网是电力系统的重要设施，具有将电力系统与大地相连、为故障电流及雷电流提供泄放通道、稳定电位、提供零电位参考点等功能，是发电、变电和送电系统安全运行以及电力系统设备和人身安全的重要保障。一般来说，接地网主要用于工作接地、防雷接地和保护接地。其中工作接地是为了满足电力系统正常运行所采取的接地，如将三相交流送变电系统中的中性点接地，可以防止设备静电荷的积累，为射频电流提供均匀和稳定的导体，引起继电保护设备动作，排除接地故障，稳定电气和电路的对地电位；防雷接地是针对防雷保护需要，为了避免雷电冲击对电力系统造成危害，而将各种防雷设备进行接地，以降低雷电流通

过时的地电位，保护设备和人身免受雷电放电的危害，并作为大气雷电和瞬态功率噪声的泄流途径；保护接地是为了保证人身安全，将各种高压电气设备的金属外壳接地，以免人身受因机壳内部偶然碰地而引起的电击，为电源电流和故障电流提供返回途径，也为开关冲击提供放电途径以保护设备，并且组成中性线电流系统。

任何对地网的破坏都有可能引起接地系统性能的下降并造成巨大危害，如当接地网因腐蚀而接地不良时，地网将满足不了热稳定性要求，无法承受雷电冲击或短路事故所形成的大电流。一旦地网烧毁，设备接地点的电位及地表的局部电位差将猛升，高压窜入二次回路，将造成设备大量毁坏，直接威胁电力系统设备和人身安全。

近年来，随着我国电力事业的发展，电力容量不断增大，电压等级不断升高，对电网的安全稳定性也越来越重视。但接地技术的发展与电力技术的飞速进步极不协调，尤其是未能有效解决接地网的防腐问题，使接地装置成为电力系统安全运行的薄弱环节，因接地网缺陷而导致的电力运行事故屡屡发生。

在我国，接地网的设计依据国家推荐标准《交流电气装置的接地设计规范》(GB/T 50065—2011)进行，通常使用普通碳钢(如角钢)或镀锌碳钢(如镀锌扁钢、镀锌钢管)焊接而成，深埋在地下。接地网因长期埋在土壤环境中，不仅会受土壤的电化学腐蚀作用，还会受运行设备泄流等造成的杂散电流腐蚀。统计资料显示，接地网材料多则 10 年，少则 3～4 年便有可能发生损坏，严重时甚至会断裂。接地网腐蚀已经成为接地装置发生故障的主要原因之一，不得不更换或敷设新的碳钢接地网，但损失不小。以一个 110kV 的变电站为例，如果对其接地网进行更换或是敷设新的碳钢接地网，所需材料的直接投资费用约为 40 万元，再加上大量人力、物力的消耗，以及更换过程中对变电站的路面、草地等设施造成的破坏，损失更大。表 12-1 是南方某省部分变电站接地网的腐蚀情况，表 12-2 是西北某省

表 12-1　南方某省部分变电站接地网腐蚀情况

变电站名称	电压等级/kV	投运年份	开挖检查年份	接地网腐蚀情况	土壤情况
1#变电站	220	1960	1981	Φ12mm 圆钢腐蚀为 Φ4mm，12mm×4mm 扁钢腐蚀为 8mm×2mm，扁钢变脆、起层、松散、局部断裂	黑黏土
2#变电站	220	1959	1981	Φ12mm 圆钢腐蚀为 Φ4mm，12mm×4mm 扁钢腐蚀为 10mm^2，扁钢变脆、断裂多处	红黏土
3#变电站	220	1961	1982	30mm×4mm 扁钢断裂 13 处，有些扁钢腐蚀达 50%	—
4#变电站	110	1965	1982	12mm×4mm 扁钢断裂 10 多处，有些扁钢腐蚀达 80%	—
5#变电站	110	1969	1981	Φ9mm 圆钢腐蚀为 Φ3mm，12mm×4mm 扁钢断裂多处	—
6#变电站	220	1964	1988	Φ9mm 圆钢腐蚀为 Φ2～Φ3mm；20mm×3mm 扁钢腐蚀达 70%，扁钢局部为锯齿形、起层变脆、局部断裂	含沙黏土
7#变电站	220	1967	1987	30mm×4mm 扁钢腐蚀达 30%	红沙土

部分变电站电缆沟内接地体的腐蚀数据，表 12-3 是我国发生的一些接地网事故。表 12-1~表 12-3 说明接地网的腐蚀问题极为普遍，也相当突出，由于接地装置不完善或腐蚀失效而造成的事故危害极大。因此，对接地装置的可靠性和使用寿命必须给予足够重视，对接地网的腐蚀及其防护必须进行深入研究。采取各种措施对接地网进行保护，防止接地网材料腐蚀，延长其使用寿命，对于提高生产运行的安全性和经济性都有重大意义。

表 12-2　西北某省部分变电站电缆沟内接地体的腐蚀数据

变电站名称	原截面/(mm×mm)	运行年限/a	腐蚀率/%	腐蚀状况
8#变电站	30×4	10	>12	多处断
9#变电站	40×4	15	>10.66	多处断
10#变电站	45×4	15	6.47	严重腐蚀
11#变电站	25×4	17	>5.68	多处断
12#变电站	20×4	17	>4.7	多处断
13#变电站	25×4	19	>5.26	多处断
14#变电站	25×4	30	>3.3	多处断

表 12-3　我国部分接地网事故

事故地点	事故原因	事故后果
1981 年广东某村变电站	接地装置不合格，员文线绿相刀闸雷击闪络接地	35kV 1#、2#电压互感器刀闸和员文线黄、红相刀闸同时损坏，短路电流烧坏了部分接地网，地电位升高，高电压窜入二次回路及操作系统，烧坏电源及保护盘，使保护和开关拒动，进而伤及 220kV 变压器并造成大面积停电
1986 年广西某电厂 110kV 开关站	设备引下线在地下几十厘米处严重腐蚀，有的仅剩 Φ7.5mm；电缆支架的水平连接线腐蚀严重，A 相母线侧的支柱瓷瓶在雨雾中闪络，造成弧光接地，A 相接地发展成两相短路，最后发展成三相短路	烧坏二次电缆、端子排及二次设备，一台 100MW 发电机损坏，造成全厂停电
1985~1986 年湖北省三个 220kV 变电站	变电站接地不良	变电站内弧光短路事故扩大为全站停电和设备严重损坏事故
1991 年浙江某 110kV 变电站	接地装置存在问题，35kV 开关站接地短路	一次系统事故扩大到二次系统，造成全所停电 13h，一、二次设备大量损坏
1994 年四川某发电厂	变压器中性点接地不良，系统发生污闪	变压器、发电机严重烧毁，损失严重
1994~1996 年天津某电厂 220kV 变电站	接地网明显腐蚀	多次出现拉闸时电弧较大、电容式电压互感器的击穿保险放电损坏，熔断器开关动作跳闸，其他隔离开关出现过电压现象

1. 接地网的腐蚀机理

接地网金属材料通常埋设于地面下 0.3~0.8m 的土壤中。金属材料在土壤中会由于其电化学不均一而存在电位差，形成腐蚀原电池，主要发生电化学氧去极化腐蚀，在强酸性土壤中会发生氢去极化腐蚀。

接地网金属材料腐蚀的阳极过程是金属溶解并释放出电子：

$$n\text{H}_2\text{O}+\text{Fe}\xrightarrow{n\text{H}_2\text{O}}\text{Fe}^{2+}\cdot n\text{H}_2\text{O}+2\text{e}^-$$

接地网金属材料腐蚀的阴极过程主要是氧的去极化作用，即氧与电子结合而生成氢氧根离子：

$$\text{O}_2+2\text{H}_2\text{O}+4\text{e}^-\longrightarrow 4\text{OH}^-$$

氧到达阴极的步骤比较复杂，传质进行得比较缓慢。因为空气中的氧要通过相当厚的土层才能到达金属表面，再通过一层静止液层而到达阴极。因此，氧的流动取决于土壤的结构与湿度。氧在干燥疏松土壤中的传质比较容易，金属的腐蚀严重。氧在潮湿的黏性土壤中的传质速度较小，腐蚀过程主要受阴极过程控制。

在酸性土壤中，接地体腐蚀的阴极过程主要是氢的去极化作用，即H^+与电子结合而生成氢原子：

$$\text{H}^++\text{e}^-\longrightarrow\text{H}$$

在含有硫酸盐还原菌的土壤中，阴极还可能发生硫酸根的还原反应：

$$8\text{H}_2\text{O}\longrightarrow 8\text{H}+8\text{OH}^-$$

$$8\text{H}^++8\text{e}^-\longrightarrow 8\text{H}\ (\text{析出的氢原子吸附在铁表面})$$

$$\text{SO}_4^{2-}+8\text{H}(\text{吸附})\xrightarrow{\text{细菌}}\text{S}^{2-}+4\text{H}_2\text{O}$$

在酸性土壤中，Fe以水化离子$\text{Fe}^{2+}\cdot n\text{H}_2\text{O}$溶解在土壤水分中，在中性土壤或碱性土壤中，$\text{Fe}^{2+}$与$\text{OH}^-$进一步生成$\text{Fe(OH)}_2$：

$$\text{Fe}^{2+}+2\text{OH}^-\longrightarrow\text{Fe(OH)}_2$$

Fe(OH)_2不稳定，很快在O_2和H_2O的作用下生成溶解度很小的Fe(OH)_3：

$$2\text{Fe(OH)}_2+\frac{1}{2}\text{O}_2+\text{H}_2\text{O}\longrightarrow 2\text{Fe(OH)}_3$$

Fe(OH)_3也不稳定且比较疏松。一方面Fe(OH)_3覆盖在钢铁表面，但与基体结合不紧密，因而形成膜的保护性能较差；另一方面由于钢铁表面上的土壤缺乏机械搅动和对流，Fe(OH)_3和土粒会黏结形成一层紧密层，使Fe(OH)_3转变为更稳定的产物FeOOH或Fe_2O_3：

$$Fe(OH)_3 \longrightarrow FeOOH + H_2O$$

$$2Fe(OH)_3 \longrightarrow Fe_2O_3 \cdot 3H_2O \longrightarrow Fe_2O_3 + 3H_2O$$

随着时间的推移，阳极过程会受到阻碍，使腐蚀速度降低。

当土壤中存在 $HCO_3{}^-$、$CO_3{}^{2-}$、S^{2-}等阴离子时，它们会与阳极区产生的金属阳离子发生如下反应，生成不溶性的腐蚀产物：

$$Fe^{2+} + CO_3{}^{2-} \longrightarrow FeCO_3$$

$$Fe^{2+} + S^{2-} \longrightarrow FeS$$

2. 常见的接地网腐蚀形式

接地网长期运行在地下环境中，发生的腐蚀主要是氧浓差电池腐蚀、电偶腐蚀等宏电池腐蚀，也发生微电池腐蚀，有时还发生杂散电流腐蚀和微生物腐蚀等。

1）宏电池腐蚀

土壤是一个由土粒、土壤溶液、土壤气体、有机物、无机物、带电胶体和非胶体颗粒等多种成分构成的极为复杂的不均匀多相体系。土壤中含有的盐类物质溶解在水中，使土壤具有离子导电性，成为一种电解质；土壤中的部分氧气溶解在水中，与接地网金属材料发生氧化还原反应，构成腐蚀原电池。这样，接地网金属材料作为阳极逐渐失去电子，变成铁锈。从宏观上看，不同位置土壤的物理化学性质(特别是电化学性质)总是存在不均匀性，不仅随着土壤的组成及其含水率的变化而变化，而且随着土壤结构及其紧密程度不同而不同，导致埋在土壤中的接地网在不同部位有不同电位，由此产生的腐蚀是宏电池腐蚀。全国土壤腐蚀试验网站经过长期埋片试验积累的大量数据显示，由宏电池腐蚀引起的钢铁试件腐蚀占80%左右。通常宏电池腐蚀包括两种类型，即氧浓差电池腐蚀和电偶腐蚀。

(1)氧浓差电池腐蚀。土壤中氧浓差腐蚀电池的存在是碳钢接地网发生严重腐蚀的重要原因之一。

在大范围内，变电站的土壤质地、土壤颗粒、孔隙率、盐含量、含水率、地下水位等的变化，会导致接地网金属材料在不同区域的自腐蚀电位发生变化。当区域间的土壤性质不同时(如沙土和黏土)，接地网金属材料会由于充气不均而形成氧浓差电池，有的区域充气情况较好，土壤中氧含量高，有的区域充气情况较差，土壤中氧含量低。氧含量高的部位的接地体电位高，成为阴极受到保护，氧含量低的部位的接地体成为阳极被加速腐蚀。在地下水位频繁波动的区域也能发生这种氧浓差电池腐蚀，因为接地网所处地下 0.3~0.8m 的土壤会随降水情况或季节变化而干湿交替，使水线上下存在氧浓差，导致水线附近的接地体发生腐蚀；

在地表交接处，接地网引下线可能发生界面氧浓差腐蚀；滨海地区变电站土壤中的氯离子会随着与海洋距离的增大而含量减少，并且在含水量方面也存在一定差异，当接地体穿过这些不同的土壤区域时，理化性质的不同易造成氧浓差腐蚀电池，充气较差的接地体作为阳极而加速腐蚀。

在小范围内，如在电阻率小且氧含量高的环境中，如果土壤中填埋有砂石、砖头、水泥块等，并与接地体接触，则接地金属材料表面可能会产生点蚀。因为对于含有夹杂物的土壤中的接地体来说，土壤的透气性比夹杂物的透气性好，那么与夹杂物接触的区域就会因缺氧而成为腐蚀宏电池的阳极，而与土壤接触的部分就成为阴极。阳极氧化生成 Fe^{2+}，并很快转化为 $Fe(OH)_3$，$Fe(OH)_3$ 具有胶黏作用，可以阻碍氧气向夹杂物周围扩散，从而导致阳极活性提高，并在该区域形成明显的蚀坑。这也是埋设接地网时不能用建筑垃圾填埋而需用颗粒均匀的土壤回填且不能带夹杂物的原因。

(2) 电偶腐蚀。电偶腐蚀也称为接触腐蚀或双金属腐蚀，这里是指电位不同的金属电性相连，置于同一种电解质中产生的腐蚀，实际上是由两个电位不同的电极构成的宏观原电池腐蚀。在同一介质中，当电位不相等的金属相互接触时，会有电偶电流流动，其中电位较正的金属为阴极，电位较负的金属为阳极、发生溶解，在大阴极小阳极情况下，腐蚀会大大加速，并集中在局部，导致阳极区发生严重坑蚀或穿孔。金属间的电位差越大，驱动电压越高，相应的腐蚀电流越大。

电偶腐蚀常在改造和扩建的接地网中发生。因为接地网在维修或改造时，部分已经锈蚀的旧钢材被替换成新的钢材，新钢材与旧钢材接触后，因腐蚀电位不同会形成电偶腐蚀电池。这时，新的钢材将成为阳极加速腐蚀，而旧的钢材则成为阴极受到保护。

接地网在焊接时造成的焊接点金相变化，会导致焊接点与非焊接区形成电位差，焊接点作为阳极，其面积远小于作为阴极的非焊接区，被严重腐蚀。

不同种类的金属接触也会形成电偶腐蚀，例如，碳钢与铜连接时，电位较负的碳钢部件便成为偶对中的阳极而加速腐蚀。当然，也可以利用电偶腐蚀的原理，通过牺牲阳极金属来保护阴极金属，从而达到保护接地网的目的，如使用镀锌钢作为接地体材料，或是采用牺牲阳极的阴极保护法等。

2) 微电池腐蚀

由于接地网使用的金属材料总存在化学成分、组织结构、物理状态或表面膜的不均一性，因此金属表面各处存在电位差，会在土壤中形成许多微小的阴极区和阳极区；由于这些阴极区和阳极区之间相距仅几毫米甚至几微米，所以组成的是许多微小的原电池。这些微电池不断发生反应所引起的金属腐蚀现象就是微电池腐蚀。由于微电池腐蚀分布在整个金属上，外形特征十分均匀，故又称均匀腐蚀，它是一种普遍存在的腐蚀形式。由于微电池腐蚀的阳极区与阴极区距离很近，所以其腐蚀速度受土壤电阻率影响不大，主要取决于阳极和阴极反应过程。

在接地网中，全部由微电池作用引起腐蚀的情况很少，只有在金属构件尺寸较小或土壤性质均匀的情况下，微电池腐蚀才被认为是主要的腐蚀形式。

通常来讲，接地网土壤腐蚀取决于宏电池腐蚀和微电池腐蚀的共同作用。但是在实践中，由于微电池腐蚀只在微观状态下进行，反应程度很弱，加上又是均匀腐蚀，其危险性相对较小，一般不会造成严重危害；而且，当知道材料的腐蚀速度和使用寿命后，可以在设计时将此因素考虑在内，估算出材料的腐蚀容差并留出一定的裕度。宏电池腐蚀的危害相对较大，在实际工作中应当更注重对宏电池腐蚀的研究。

3) 杂散电流腐蚀

杂散电流是一种漏电现象，它是由电源(如电气火车、有轨电车、电焊机、电解槽、电化学保护等)设备漏失出来的、在规定的电路之外流动的电流，分为直流和交流两类。杂散电流的大小、方向都不固定。由杂散电流特别是直流杂散电流引起的腐蚀称为杂散电流腐蚀，其实质是电化学腐蚀。其腐蚀机理类似于对金属进行电解，如图 12-1 所示，电流流入的地方带有负电荷，成为腐蚀电池的阴极区，一般发生析氢反应；电流流出的部位带正电荷，成为腐蚀电池的阳极区，金属溶解而发生腐蚀破坏。理论上讲，杂散电流量越大，金属腐蚀量越大。按照法拉第定律，根据流过的杂散电流的电量可以计算出金属的损失量。所以，理论上一年中持续流过 1A 的电流大概能腐蚀溶解 9kg 的铁。由此可见，直流杂散电流腐蚀的危害是很严重的，但是由于电流效率的影响，实际的损耗量并没有这么大。

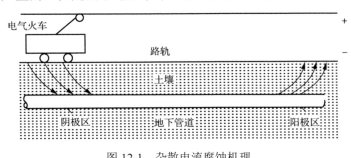

图 12-1　杂散电流腐蚀机理

交流杂散电流一般为工频杂散电流，它主要来源于电气火车、高压和超高压电网以及三相输电线路等。交流杂散电流产生的腐蚀较轻，一般仅为同等电量直流杂散电流腐蚀量的 1%左右，且接地网泄流时，交流电通过接地网的时间很短，因而通常不考虑交流杂散电流腐蚀。

变电站接地网的作用是向大地排放各类故障电流、雷击电流或感应电流等，因此接地网必然会受到杂散电流腐蚀。杂散电流腐蚀集中产生在电阻小、易放电的局部位置，如涂层破损、剥落的缺陷部位、尖角边棱凸出处，严重影响电网的安全经济稳定运行。

导地线对杆塔产生的泄漏电流也会影响接地网的腐蚀。因为导地线与杆塔之间分别用绝缘子和空气间隙进行绝缘，这样导地线与杆塔形成一个电容，其地线感应电压可达到万伏以上，从而使铁塔产生相应电位。该电位导致接地网周围不同地点间产生电位差，并在接地网中产生电流，从而使接地网金属材料发生腐蚀，其腐蚀程度较拉线棒更为严重。

4) 微生物腐蚀

在土壤中，某些微生物可以参与或促进金属腐蚀，降低材料的稳定性能，这种腐蚀称为微生物腐蚀。微生物腐蚀并非微生物本身对金属产生侵蚀，而是微生物的生命活动间接地影响金属腐蚀的电化学过程，主要表现为四种方式：一是产生某些具有腐蚀性的代谢产物，如硫酸、有机酸和硫化物等，恶化金属腐蚀的环境；二是影响电极反应的动力学过程，如硫酸盐还原菌活动的催化作用，会加速腐蚀的阴极去极化过程；三是改变金属所处环境的盐含量、氧含量、pH 等，使金属表面形成局部腐蚀电池；四是分泌黏液，在金属表面沉积黏泥，破坏金属表面的保护膜，并形成局部贫氧区，引起氧浓差电池腐蚀。

土壤中能参与金属腐蚀过程的微生物不多，其中最重要的是能参与硫、铁元素循环的菌类，常见的有硫杆菌(如氧化硫杆菌、氧化亚铁硫杆菌和排硫杆菌等)和硫酸盐还原菌(厌氧菌)。一般而言，有机质含量高的土壤较容易发生微生物腐蚀。

第二节　输变电设备的腐蚀防护

一、输变电地上设备的腐蚀防止

防止输变电地上设备腐蚀的方法主要是合理选材、采用表面覆盖层和改变环境。对于处于滨海地区的变电站设备，改变所处的大气环境较难，主要通过合理选材和采用表面覆盖层防腐。

1. 合理选材

耐大气腐蚀的金属材料，一般有耐候钢、不锈钢、铝、钛及钛合金等。不锈钢有较好的耐大气腐蚀性能，如耐蒸汽、潮湿大气性好。铝的耐大气腐蚀性能也较高，在空气中很容易生成一层致密的氧化铝薄膜而有效防止铝继续氧化和腐蚀，因而具有优异的抗蚀性，但其强度较低，通常在其中加入其他元素生成铝合金以提高其机械性能。钛及钛合金不仅具有优良的耐蚀性，而且强度高，耐热性好，某些钛合金还具有良好的耐低温性能，在常温下极易形成一层致密的、与金属结合紧密的钝化膜，这层薄膜在大气及腐蚀介质中非常稳定，具有良好的抗蚀性。工程材料大多数采用耐候钢。

2. 表面覆盖层

表面覆盖层包括临时性保护和永久性保护两种。临时性保护是指不改变金属表面性质的暂时性保护方法，包括油封、蜡封或可剥性塑料覆盖，主要适用于材料储存、技术构件使用前需去除覆盖层的情况。镀层、涂层和热喷涂、磷化或钝化等形成的覆盖层是永久性保护层，其中利用涂层来防护是目前采用的主要方法之一。涂层防腐的作用机理是"屏蔽"和涂料中的颜料起的缓蚀剂或阴极保护作用。

重防腐涂料是指能在严酷腐蚀环境下应用并具有长效使用寿命的防腐涂料。氟碳涂料以其优异的性能被许多领域广泛应用，如因其优良的耐候性、良好的抗腐蚀性能，氟碳重防腐涂料被用于跨海大桥、海上平台和钻井架等的海洋防腐。以氟碳涂料作为面漆的重防腐涂料是今后金属设备防腐的主流方向，特别是滨海地区变电站设备防腐的重要方向。

二、输变电地下设备即接地网的腐蚀防止

为了减轻或防止接地网的腐蚀，延长接地网的使用寿命，有关研究和技术人员提出了许多防止接地网腐蚀的措施，这些措施按防腐蚀机理可分为五类：一是增加接地体截面积，物理延长其使用寿命；二是从接地体材料本身入手，合理选材，包括更换其他材质的接地体或采用复合材料以及新材料等；三是根据金属腐蚀的电化学原理，对其进行电化学保护，最为常用的方法是"阴极保护"；四是对接地体进行表面保护，将其与土壤介质隔离，如涂刷导电防腐涂料等；五是使用防腐降阻剂改良土壤或更换土壤等。这些防腐蚀措施在一定范围内都有所应用，但是其可行性和技术经济性还值得进一步分析研究。

1. 增加接地体截面积

近几十年来，为了避免因腐蚀产生事故，电力设备接地网所使用接地体的横截面积有逐年增大的趋势，如扁钢由早期的 12mm×4mm 逐渐增加到 60mm×6mm，有的甚至达到了 80mm×8mm，接地体钢材耗量相应增加了近十倍。显然，材料费用的增加倍数更大。增加接地体的截面积是延长接地网使用寿命的一种最直接的办法，但是这一办法并没有从根本上解决问题，因为它不能降低金属的腐蚀速度，属于治标不治本的措施。接地体截面加大后，不但增加了钢材的消耗量，浪费了大量的金属材料，增加了接地体的焊接和弯折等施工的难度，而且很不经济。

2.合理选材

1)选用其他金属材料作为接地体

与碳钢相比,有些金属(包括不锈钢以及有色金属中的铜、铝、铅、锌等)在一些环境中的耐腐蚀性能较强,如在低浓度的 NaOH、CO_2、海水等环境中,铜的耐腐蚀性能较强;在含 H_2SO_4、SO_2 环境中,铅表现得十分稳定,即使是在较高浓度(90%)的 H_2SO_4 环境中,铅的腐蚀速度也低于 0.05mm/a;在含 NH_3、CO_2、醋酸等的环境中,铝的腐蚀速度也不足 0.05mm/a;而在碱性环境中,比较适用的金属材料则是锌。因此,针对接地网土壤介质的不同情况,可以选择比较合适的有色金属作为接地体材料以提高其耐腐蚀性能。

目前在接地体材料中,除碳钢以外应用较多的金属材料是铜,苏联也曾使用过不锈钢材料的接地体。以美国为代表的许多西方发达国家使用铜材作为接地材料的情况比较普遍,其铜质接地网的应用技术已经相当成熟。原国家电力公司在2000 年提出的关于《防止电力生产重大事故的二十五项重点要求》中也指出,对于接地网腐蚀比较严重的枢纽变电站,为防止发生接地网事故,其接地体宜采用铜质材料。铜质接地网在耐腐蚀性及热稳定性方面具有碳钢接地网无可比拟的优势。一方面,铜质接地网接地体的热稳定截面积只有碳钢接地网接地体热稳定截面积的 1/3;另一方面,根据国外对某些接地金属材料在数十种土壤中进行腐蚀速度评估试验的平均结果(表 12-4),铜在土壤中的腐蚀速度相当小(平均腐蚀速度小于 0.03mm/a),土壤腐蚀对铜接地体的影响几乎可以忽略,这就大大延长了接地网的使用寿命,同时也省去了大规模开挖检查和接地网改造的费用,节省了大量的人力、物力和财力。所以从寿命价格比来说,铜质接地网是有优势的。

表 12-4　几种金属材料在土壤中的腐蚀速度

材料	年平均腐蚀速度/(mm/a)	年最大点蚀速度/(mm/a)	埋设土壤种数	埋设时间/a
钢铁	0.21	1.4	44	12
铜	0.03	<0.2	29	8
铅	0.02	>0.7	21	12
锌	0.15	>1.2	12	11

但是,在我国广泛应用铜质接地网还存在多方面问题。一是铜的单位价格较贵,一次性投资成本较高;二是铜材的强度不够,需要增加接地体的截面积,根据计算,接地体的直径每增加 30%,截面积可增加 69%,直径每增加 50%,截面积可增加 125%,这更会提高一次性投资成本;三是铜材的施工工艺复杂,需要使用专用的工具并采用放热熔接技术来搭接接头,这也提高了铜质接地网的成本和建设难度。有资料表明,铜质接地网的使用寿命比碳钢接地网的使用寿命长 1~2

倍，但成本却增加了 5～6 倍。此外，当铜材与碳钢等异种金属连接时，会发生电偶腐蚀，从而危害其他接地设备的安全。因此，《电力工程地下金属构筑物防腐技术导则》(DL/T 5394—2007)对铜材的使用做出了具体规定，允许在条件适合且技术经济合理的前提下采用铜材作为接地体，并同时规定了为防止其引起电偶腐蚀所应采取的相应措施。

2) 采用复合材料或新材料作为接地体

复合材料通常是指通过高温高压等特殊工艺手段，在碳钢或铜质基体金属上复合一层有一定厚度的铜、铝、锌等其他耐腐蚀的金属，如镀锌钢、铜包钢、不锈钢包钢、不锈钢包铜等，也指一些使用其他特殊材料包裹的接地体材料，如玻璃钢和热缩管材等，还指使用特殊配方的混凝土包裹在碳钢表面制成接地极。同时，一些非金属接地材料，如石墨、导电水泥等新材料也不断被开发出来作为金属接地体的替换产品。

一般来讲，复合材料或新材料的耐蚀性能都要优于普通碳钢材料，但也或多或少存在一些问题，即使目前实际应用最广泛的复合材料镀锌钢也有一些问题。从 170 多年前镀锌首次得到应用以来，镀锌已广泛用于钢铁的保护。镀锌钢的价格相对铜来说便宜，耐腐蚀性又比碳钢强，镀锌碳钢(扁钢、圆钢)已经成为我国电力接地网的首选材料。热镀锌钢一方面能够将碳钢与土壤环境介质隔离开，其表面的氧化膜更能阻碍腐蚀电流的流动从而抑制腐蚀；另一方面，锌的电偶序比碳钢低，当两者结合在一起时，锌将成为牺牲阳极，而碳钢则成为阴极得到保护。采用热镀锌的方法，虽然可以提高碳钢接地体的耐腐蚀性能，但是其耐腐蚀性能与所使用碳钢的材质和镀锌层的质量以及土壤腐蚀介质的状况有密切关系，并主要取决于锌层的厚度及完整性。有试验表明，镀锌钢接地体的耐腐蚀性能与普通碳钢接地体的差别不大，在杂散电流的作用下，热镀锌钢表面的锌镀层会很快被电解掉，从而失去对碳钢的保护作用。也有文献资料指出，锌通常只在温和的碱性环境下有较好的耐蚀性，而对酸性土壤的耐蚀性能较差；在一般的土壤介质中，锌的腐蚀速度约为 0.065mm/a，而目前我国热镀锌钢的锌层厚度通常仅有 0.05～0.06mm，所以只能起到一年的保护作用。甚至有文献指出，镀锌钢表面锌层的脱落会加速钢材的腐蚀，还观察到当热镀锌钢的锌层遭到破坏时，其腐蚀不但没有得到控制，反而会出现腐蚀加剧的现象。所以，仅靠镀锌层来保护碳钢接地网是远远不够的，其使用效果存在着一定的限度，难以保护接地体长期处于完好无损的状态。

3. 阴极保护

因为接地网的腐蚀以电化学腐蚀为主，所以采用通过改变金属的电位而达到减轻金属腐蚀目的的阴极保护方法，可以从原理上防止接地网金属材料的腐蚀。

1) 外加电流保护法

外加电流保护法特别适用于保护面积较大的接地网，或是对全厂埋地金属进行保护，尤其是在土壤电阻率较高且分布不均匀的地区，外加电流保护法更具有绝对的优势。其缺点是需要有可靠的直流电源设备，需要经常维护检修，当附近有其他地下金属设施时还可能产生干扰腐蚀等。

2) 牺牲阳极保护法

目前土壤中使用的牺牲阳极材料主要有锌合金和镁合金两种。当土壤电阻率在 $10\Omega\cdot m$ 及以下时，应采用锌合金牺牲阳极，其特点是电流效率较高；在腐蚀过程中表面溶解均匀，腐蚀产物疏松易脱落，不会覆盖在阳极表面阻碍其继续腐蚀；电位和电流在一定程度上能够自动调节，所以一般不会存在过保护的问题。其缺点是理论发生电量较小。当土壤电阻率在 $10\Omega\cdot m$ 以上时，应采用镁合金牺牲阳极，其特点是电位值较负，甚至可低于–1660mV，因而驱动电压大，适用于电阻率较大的情况；但是如果设计不合理，可能会出现过保护现象；而且镁合金牺牲阳极的电流效率比较低。需要注意的是，在使用埋地牺牲阳极时，为了降低其接地电阻，并防止其表面因钝化而失去活性，埋入地下的牺牲阳极周围都必须回填专用的填充料，并且要加水至饱和，使其充分湿润。

牺牲阳极不仅可以防止接地网腐蚀，还能降低接地电阻，并起到接地极的作用，有助于工频电流和雷电流的流散，大大减少杂散电流的腐蚀。其缺点是能产生的有效电位差及输出电流量有限，且电流调节困难，只适用于电流量需求较小的场合；阳极消耗量大，每隔数年需开挖检查，定期对牺牲阳极进行更换，增加了工作量。所以，牺牲阳极保护法一般只宜在保护面积较小、土壤电阻率较低且分布均匀的接地网中采用。

阴极保护是防止土壤金属腐蚀的有效方法之一，它通过对腐蚀反应进行积极干预，从机理上抑制电化学腐蚀过程，可以从根本上防止金属接地网发生腐蚀，从而达到彻底保护的效果；阳极与阴极间有毫安级电流通过，可破坏细菌的生存环境，减少微生物腐蚀；阴极保护方法不仅适于新建接地网的防护，而且可以用来对已投运的接地网进行改造，延长其使用寿命，一般估计可延长其使用寿命至 30～40 年。总的来讲，阴极保护技术施工方便，运行管理简单，运行时间长，运行稳定，保护效果良好，适于在电力系统接地网上推广应用。

4. 对接地体进行表面保护

对接地体进行表面保护是通过在接地体表面涂装耐腐蚀材料，包括导电防腐涂料、沥青等，将接地体与土壤腐蚀介质隔离开，从而达到保护接地体的作用。

导电防腐涂料是近年来新兴的用于接地网防腐的新技术，它既能将接地金属材料与土壤介质隔离开，防止接地金属腐蚀，同时又可正常导电，不影响接地网向土壤介质排放泄流电流。

导电防腐涂料既具有很低的电阻率(低于土壤电阻率并与被保护金属的电阻率相接近)，又能够耐受酸、碱、盐的腐蚀，且用量较小，价格也不是很贵，所以整体成本不高。有关资料介绍，导电防腐涂料可使碳钢接地网的寿命延长到30～50年。随着使用的普及，涂料价格将比镀锌费用低，并比镀锌更耐腐蚀。

目前，国内外都在开发各种高性能导电防腐涂料。一般导电填料有碳系、金属粉末型、金属氧化物系及复合型。国外在导电涂料上的研究方向主要集中在涂层的高效、功能化上。在涂料中加入碳纳米管，同时保持碳纳米管的分散性良好，能大大增大涂料的导电性能，通过碳纳米管与导电填料的优化复配，能够减少涂料中填料的用量，大大降低涂料的成本。因此，作为碳纳米管改性的导电涂料的研究是目前的研究热点。我国开发的导电涂料主要以添加型导电涂料为主。金属类导电填料在国内有大量研究，如针对金属填料抗氧化性差或导电性差进行了大量研究，但是不能达到大面积接地网使用的要求。国内对碳系导电涂料的研究也很多。

目前，国内成功用于接地网防腐的导电涂层较少。因为使用导电防腐涂料时，对导电涂料的理化性能和导电性能的要求比较高，而且在施工之前必须对碳钢接地体进行表面预处理，现场用的碳钢接地体表面不允许残存有水分、泥沙等杂质，否则要予以清除；对于表面腐蚀情况较严重的接地体，需用钢刷刷掉表面的锈，仅可容许有轻微的锈斑；对于焊接点处的焊渣也应清除干净，以保证涂料与基体金属结合良好；在涂装过程中不可避免地会存在漏涂、针孔、破损等缺陷，这些缺陷一旦发生腐蚀，就会构成大阴极小阳极的腐蚀电池，导致腐蚀集中在这样一些微小区域，以至于碳钢接地材料发生局部腐蚀穿孔或断裂；另外，导电防腐涂料存在老化问题。

5. 改良或更换土壤介质

改良土壤介质的方法，是指在接地体周围的土壤中填充高效膨润土降阻防腐剂。使用膨润土降阻防腐剂后，一方面接地体周围土壤的电阻率大大降低，接近于接地体金属的电阻率；另一方面起到隔绝空气的作用，加上防腐剂的作用，接地体金属耐受腐蚀的能力提高。但使用膨润土降阻防腐剂时要注意，在敷设接地网时应严格按照降阻剂的施工工艺进行包裹，否则非但不能起到防腐作用，反而可能因为膨润土中所含有的大量铝离子而加速碳钢的腐蚀。另外，更换土壤也可起到降低土壤电阻率和腐蚀性的作用。采用改良或更换土壤介质的办法对土壤腐蚀性较强区域的接地网腐蚀防护有较好作用，其他地区也可选择性使用。

主要参考文献

阿科利津ПА. 1988. 热能动力设备金属的腐蚀与保护[M]. 沈祖灿, 译. 北京: 中国水利电力出版社.

艾万思U R. 1976. 金属的腐蚀与氧化[M]. 华保定, 译. 北京: 机械工业出版社.

曹楚南. 2008. 腐蚀电化学原理[M]. 北京: 化学工业出版社.

陈加兴, 万鑫. 2014. 滨海风电风机基础防腐蚀研究[J]. 山西建筑, 40(17): 81-83.

陈枭, 张仁元, 李风, 等. 2009. 太阳能热发电中储能容器防护涂层的制备与研究[J]. 材料导报: 研究篇, 23(8): 48-50.

樊德元, 王杏卿. 1987. 直流输电系统中接地电极材料及有关腐蚀问题的研究[J]. 高电压技术, (2): 49-53.

方坦纳M G, 格林D N. 1982. 腐蚀工程[M]. 左景伊, 译. 北京: 化学工业出版社.

龚洵洁, 李宇春, 彭珂如, 等. 2001. 钼酸盐缓蚀剂在自来水中的缓蚀机理研究[J]. 腐蚀科学与防护技术, 13(4): 208-210.

韩延德. 2010. 核电厂水化学[M]. 北京: 原子能出版社.

贺晓泉, 安磊, 尚景宏, 等. 2012. 一种用于海上风电发电机定子绝缘防腐蚀的涂装工艺[J]. 腐蚀与防护, 33(7): 640-642.

黄歆. 2012. 水电站金属结构设备的腐蚀检测与维护[J]. 科协论坛, 8(下): 39-40.

火时中. 1988. 电化学保护[M]. 北京: 化学工业出版社.

贾朋刚, 赵鹏, 刘玉鑫, 等. 2016. 水电机组常用不锈钢材料耐腐蚀性对比研究[J]. 全面腐蚀控制, 30(10): 52-55.

江克忠, 贺晓泉, 安磊. 2014. 海上直驱风电发电机转子的防腐蚀应用[J]. 腐蚀与防护, 35(12): 1266-1269.

李采文, 石营. 2016. 水利水电工程金属结构腐蚀分析与研究[J]. 科技资讯, (9): 47-48.

李美明, 徐群杰, 韩杰. 2014. 海上风电的防腐蚀研究与应用现状[J]. 腐蚀与防护, 35(6): 584-589, 622.

李宇春, 龚洵洁. 2004. 材料腐蚀与防护技术[M]. 北京: 中国电力出版社.

梁磊, 周国定, 倪鹏, 等. 2004. 铜陵电厂凝汽器黄铜管换不锈钢管[J]. 汽轮机技术, 46(4): 305-307.

刘斌, 涂小涛, 姜海波. 2010. 西沙某风力发电项目腐蚀防护方案设计[J]. 腐蚀与防护, 31(7): 556-559.

刘俊珺, 张志训, 武占海. 2018. 大气环境对风电机组腐蚀的影响[J]. 腐蚀与防护, 39(6): 480-483.

刘绍银. 2008. 输变电系统中的化学问题及对策[J]. 湖北电力, 32(3): 8-10.

刘新. 2008. 电力工业的防腐及特种涂料要求[J]. 现代涂料与涂装, 11(7): 48-51.

刘永辉, 张佩芬. 1993. 金属腐蚀学原理[M]. 北京: 航空工业出版社.

吕太, 高学伟, 李楠. 2009. 地热发电技术及存在的技术难题[J]. 沈阳工程学院学报(自然科学版), 5(1): 5-8.

罗莎莎, 李鑫泉, 钟虎平, 等. 2017. 海上风电叶片接闪器防腐蚀研究[J]. 山东化工, (46): 16-18, 23.

孟冬燕. 2001. 输变电设备外防腐技术的最新进展[J]. 电气时代, (10): 33.

钱达中, 谢学军. 2008. 核电站水质工程[M]. 北京: 中国电力出版社.

时士峰, 徐群杰, 云虹, 等. 2010. 海上风电塔架腐蚀与防护现状[J]. 腐蚀与防护, 31(11): 875-877, 885.

孙红尧. 2005. 防腐蚀氟涂料在水利水电工程上的应用现状与前景[J]. 化学建材, 21(1): 15-17.

孙明华, 刘飞. 1998. HC太阳能屏蔽防腐蚀涂料[J]. 涂料工业, (10): 11-13.

汤海珠, 谢学军, 傅强, 等. 2002. 热力系统新型停用保护缓蚀剂[J]. 腐蚀科学与防护技术, 14(6): 356-358.

托马晓夫 H Д. 1964. 金属腐蚀及其保护的理论[M]. 华保定, 曹楚南, 杜元龙等, 译. 北京: 中国工业出版社.

王涛, 李萍, 倪雅, 等. 2013. 海洋能源建筑腐蚀防护[J]. 全面腐蚀控制, 27(16): 7-8, 39.

王小平, 米建文. 2002. NaOH调节汽包锅水的运行效果与技术分析[J]. 中国电力, 35(9): 25-27.

魏宝明. 2008. 金属腐蚀理论及应用[M]. 北京: 化学工业出版社.

吴剑, 黄国柱, 计兰宝. 1978. 地热电站的腐蚀及选材[J]. 机械工程材料, (6): 33-39.

肖衍, 李永坤, 王淑香. 1985. 地热能源开发中的结垢和材料问题[J]. 区域供热, (1): 18-23, 37.

肖云骥. 2011. 海上风能发电箱式变电站防盐雾措施及建议[J]. 电气制造, (2): 52-54.

谢学军, 樊华, 潘玲, 等. 2005. 水内冷发电机空芯铜导线腐蚀行为研究[J]. 腐蚀科学与防护技术, 17(6): 429-431.

谢学军, 付强, 廖冬梅, 等. 2015. 金属腐蚀及防护效益分析[M]. 北京: 中国电力出版社.

谢学军, 龚洵洁, 彭珂如. 2010. 咪唑啉类缓蚀剂BW的高温成膜研究[J]. 腐蚀科学与防护技术, 22(5): 423-426.

谢学军, 龚洵洁, 许崇武, 等. 2011. 热力设备的腐蚀与防护[M]. 北京: 中国电力出版社.

谢学军, 吕珂, 晏敏, 等. 2007. 铜水体系电位-pH图与发电机内冷水pH调节防腐[J]. 腐蚀科学与防护技术, 19(3): 162-163.

谢学军, 潘玲, 龚洵洁, 等. 2007. 水内冷发电机空芯铜导线的防腐蚀[J]. 材料保护, 40(10): 75-77.

谢学军, 晏敏, 胡明玉, 等. 2006. 发电机内冷水处理方式探讨[J]. 腐蚀科学与防护技术, 18(4): 273-277.

杨光明, 胡金义. 2004. 水利水电工程金属结构腐蚀分析与研究[J]. 大坝安全, (5): 76-79.

查全性. 2002. 电极过程动力学导论[M]. 北京: 科学出版社.

张绍正. 2012. 潮汐电站水轮机过流部件的腐蚀及防护[J]. 能源研究与利用, (4): 23-25.

中国腐蚀与防护学会. 1987. 金属腐蚀手册[M]. 上海: 上海科学技术出版社.

周柏青, 陈志和. 2009. 热力发电厂水处理[M]. 北京: 电力工业出版社.

朱春英. 2009. 新型潮汐机组防腐防污新技术的研究和应用探讨[J]. 大电机技术, (3): 54-56.

朱日彰. 1989. 金属腐蚀学[M]. 北京: 冶金工业出版社.

ВАйНМАН А В. 1995. 高压汽包炉腐蚀的防止[M]. 钱达中, 彭珂如, 译. 北京:水利电力出版社.

Kot A A, Деева 3 В. 1982. 水力发电厂大容量机组水化学工况[M]. 沈祖灿, 译. 北京: 电力工业出版社.

Pourbaix M, Staehle R W. 1973. Lectures on Electrochemical Corrosion[M]. New York: Plenum Press.

Riggs O L, Loke C E. 1981. Anodic Protection[M]. New York: Plenum Press.

Scully J C. 1975. The Fundamentals of Corrosion[M]. 2nd ed. NewYork: Pergdmon Press.

Xie X J, Zhang Y L, Wang R, et al. 2018. Research on the effect of the pH value on corrosion and protection of copper in desalted water[J]. Anti-Corrosion Methods and Materials, 65(6): 528-537.